2.1対応

Affinity Photo アフィニティフォト による 画像補正・編集入門

向井領治［著］
Mukai Ryoji

Mac
Windows

Rutles

本書に掲載されているURL、Webページ、ソフトウェアの操作方法などは、本書執筆時点の情報に基づくものです。執筆後に変更される可能性があります。あらかじめご了承ください。

はじめに

本書は、イギリスに本拠を置くSerif社が開発する画像編集アプリケーション「Affinity Photo 2」の入門書です(執筆時点のバージョンは2.1.1)。対象OSは、macOS版とWindows版です(iPad版は扱いません)。

2015年に初めて登場したAffinity Photoは、安価で買い切り制ながら、機能の豊富さと扱いやすさで頭角を現したアプリです。写っていないものをAIで描くような派手な機能はありませんが、その質実剛健さも特徴の1つといえるでしょう。

本書では、画像編集アプリの初心者を対象に、スマートフォンやデジタルカメラで撮影した写真をよりよく仕上げたり、多少の加工をしたりするための基礎知識を中心に紹介します。

アプリがどれほど高機能であっても、画像編集を行う上で基礎となるのは、個々の機能を理解することです。はじめのうちは機能を1つずつ使うことになるかもしれませんが、それでも日常的な用途や商品写真の切り抜きのような比較的簡単な用途には十分役立ちますし、それらを組み合わせれば少しずつ複雑な画像編集もできるようになります。どれほど複雑な画像編集も、すべては個々の機能の積み上げでできているのです。

なお、画像編集アプリの主たる用途の1つにイラストの作成がありますが、前述の方針により割愛しています。また、商業印刷や、創作性を強調するような高度な用途や作例も扱いません。それらについてはAffinity Photoの公式学習サイトやユーザーによるブログや動画、専門家の手による膨大な数のPhotoshopの活用書を読み替えることなどで対応してください。

本書を読むにあたって、必要な知識はとくにありません。写真を撮るのが好きな方、撮った写真をさらに魅力的に加工してみたい方であれば、どなたでもお読みいただけるでしょう。

本書が読者の皆様のお役に立てば幸いです。

2023年夏　向井領治

contents

Chap
1

準備

Affinity Photoを使う準備をしましょう。アプリの特徴を踏まえ、まずは体験版をインストールします。機能に納得したら、購入手続きをします。紙面では明るいインターフェイスを使っているので、可能であれば切り替えてください。

1-1 Affinity Photoとは

Affinity Photoの特徴を踏まえ、
できることと、できないことを把握しましょう。
単品でも購入時できますが、
Affinityシリーズのすべてが使える
お得なユニバーサルライセンスもあります。

Affinity Photoの概略

「Affinity Photo」は、イギリスに本拠を置くSerif社が開発する、おもにビットマップ画像を編集するアプリケーションです。2015年7月に最初のバージョンが、2022年11月には初めてのメジャーバージョンアップである「Affinity Photo 2」(Ver.2)がリリースされました。以下本書では「Affinity Photo」と表記します。本書執筆時点でのバージョンは2.1.1です。Affinity Photoの公式サイトは下記URLにあります。

「Affinity Photo」
https://affinity.serif.com/ja-jp/photo/

⬆ Affinity Photoの操作画面

Affinity Photoには、macOS版、Windows版、iPadOS版があります。本書では、操作性や機能がほぼ共通であるmacOS版とWindows版をとりあげます。iPadOS版はインターフェースが大幅に異なるため、本書では扱いません。

Affinity Photoの特徴を簡単に紹介します。

●●●●受賞歴とユーザーに支持された高機能

画像編集のジャンルには、OSに付属するような簡易的なものから、豊富な機能を持つものまで、数多くのアプリケーションがあります。

高機能のものではAdobe社の「Photoshop」がもっとも有名ですが、Affinity Photoは登場以来、Appleや写真家団体が主催するイベントなどにおいて数々の賞を受賞したり、世界中で数百万人のユーザーを獲得するなどして、頭角を現しています。AIを使って写っていないものを描くような派手な機能はありませんが、画像編集に対する質実剛健さが特徴と言えます。

また、Affinity Photoは新しく開発されたアプリですので、古い時代のパソコンの習慣にとらわれることなく、操作がしやすいことも特徴です。

●●●●低価格で、買い切り制

Affinity Photoは、Photoshopに比べるとずっと安く、しかも買い切り制です。一定期間ごとに料金がかかるサブスクリプション制ではありません。本書執筆時点の個人ユーザー向けライセンス価格は次の通りです(為替事情などで変動することがあります)。

- macOS版:10,400円
- Windows版:10,400円
- iPad版:2,700円

※いずれも税込み、本書執筆時点。ほかに、営利企業向け、教育機関向けのライセンスがありますが、それらについては公式Webサイト https://affinity.serif.com/ja-jp/affinity-pricing/ を参照してください。

Photoshop単体プランの価格は月額2,728円、PhotoshopとLightroomを含む「フォトプラン(20GB)」の価格は月額1,078円ですから、Affinity Photoは、Photoshop単体の4か月分、フォトプランの約10か月分よりも安くなる計算です。

また、次期メジャーバージョンとなるVer.3が発売されるまで、Ver.2のアップデートは無料で提供されます。ただし、ver.3がいつ登場するかは分かりません。なお、Ver.1.xの時代は7年以上続きました。

●●●●ライセンスはOSごとに必要だが、台数に制限なし

個人ユーザーの場合、Affinity Photoのライセンスは、対応OSごとに購入する必要があります。ただし、同じOSの端末であれば、台数に制限はありません。

たとえば、MacとWindowsとiPadを1台ずつ使っている場合は、OSごとに1つずつ購入する必要があるので、合計23,500円になります。場合によっては、「Affinity V2ユニバーサルライセンス」（次ページコラム参照）を検討してもよいでしょう。

一方、1人でMacのみ、あるいはWindowsのみを使っている場合は、macOS版、あるいはWindows版のライセンスを1つ購入すればよいので、何台にインストールしても料金は10,400円です。

また、非商用利用にかぎり、インストールした機器を同じ世帯の人が利用することも認められています。ただし、フォトグラファーとグラフィックデザイナーのようにそれぞれが職業として利用するような場合は商用利用にあたると考えられるため、それぞれが個人ライセンスを購入する必要があります。

++ **Note** ++

Appleの「Mac App Store」と、Microsoftの「Microsoft Store」では、ストア独自の台数制限が設けられています。

●●●●アプリ本体とヘルプは日本語対応済み

Affinity Photoは海外製のアプリケーションですが、購入や利用にあたって英語で困ることはまずないでしょう。上級テクニックの学習にあたっては、Photoshop向けのものを読み替えることもおすすめします。

アプリ本体のメニューやメッセージ、オンラインヘルプは、ときおり分かりづらい文章が見られることもありますが、ほぼすべて日本語化されています。また、販売はダウンロードのみですが、開発元の公式Webサイトや購入手続きのページも日本語化されています。

開発元が開設している学習サイト「Affinity Spotlight」や、公式YouTubeチャンネルは英語のみですが、Googleなどが提供するWebページの翻訳サービスや、YouTubeの字幕自動生成機能と自動翻訳機能を活用してください。解説には画像や動画が多く使われますし、自動翻訳に多少不自然な日本語があっても、基本的な機能が分かれば見当もつきやすいでしょう。

「Affinity Spotlight」
https://affinityspotlight.com

Affinity Photo公式YouTubeチャンネル
https://www.youtube.com/@AffinityPhotoOfficial

また、膨大な数が刊行されているPhotoshop向けの解説書などが参考になります。Affinity Photoの操作に合わせて読み替える必要がありますが、基礎から活用までのあらゆるレベルにおいて、アイデア自体は十分活用できます。

ほかに、Affinity Photoの日本人のユーザーによるブログや同人誌などもあります。Photoshopに比べると数は少ないものの、少しの手間をかければ、情報源に困ることはないでしょう。

Affinity Photo Column

Affinityシリーズがすべて使える「ユニバーサルライセンス」

Affinityシリーズには、本書で扱う「Photo」のほかに、Adobe Illustratorと同じベクトル画像制作用アプリの「Affinity Designer」と、Adobe InDesignと同じページレイアウト用アプリの「Affinity Publisher」があります。「Photo」や「Designer」で個別の素材を用意して、「Publisher」でそれらをまとめてレイアウトするという位置づけです。

Affinity Photoと同様に、DesignerとPublisherにもmacOS版、Windows版、iPad OS版があり、それぞれの単品の価格も同じです。

Affinityシリーズの購入方法には、アプリごと、OSごとに単品で購入するほかに、シリーズのすべてのアプリを利用できる「Affinity V2ユニバーサルライセンス」があります。価格は24,400円で、買い切り制です。Affinity Photoを複数のOSで使用する場合や、ほかのAffinityアプリも使用する場合は、これも検討してみてください。公式Webではシリーズのことを「スイート」と表記しています。

ただし、Affinityシリーズのアプリは、いずれも日本語組版のルールには対応しません（次ページ「Affinity Photoができないこと」参照）。このことは、とくに「Publisher」で問題になります。たしかに、Affinityシリーズは操作性が共通で学習の負担が少なく、「Publisher」は「Photo」と「Designer」の橋渡し役としても機能するので、少なからず役に立つ場合もあります。しかし、制作するものにもよりますが、日本語の組版ルールに徹底して対応したInDesignの代替としてはかなり難しいでしょう。

とはいえ、イラストやタイポグラフィーの制作アプリとして使うのであれば、「Designer」はIllustratorの代替品として魅力的ですし、「Publisher」を無視したとしても、「Affinity V2ユニバーサルライセンス」のほうがお得な場合があります。個人でMacとWindowsの両方を使うことは少ないと思いますので、パソコンについてはどちらかのみを使うものとして試算してみましょう（左図）。

個別に購入した後から「Affinity V2ユニバーサルライセンス」へアップグレードする方法は用意されていないようです。重複購入を避けるためには最初に購入するときに決める必要があるので、もしもiPadOS版や「Designer」にも魅力を感じるのであれば、それぞれの体験版も使って検討してみてください。

- 「Photo」のみを、MacまたはWindowsのどちらか1つと、iPadで使う
  10,400+2,700=13,100円
- 「Photo」と「Designer」の両方を、MacまたはWindowsのどちらか1つで使う
  10,400×2=20,800円
- 「Affinity V2ユニバーサルライセンス」
  24,400円
- 「Photo」と「Designer」の両方を、MacまたはWindowsのどちらか1つと、iPadで使う
  (10,400+2700)×2=26,200円

Affinity Photoができないこと

Affinity Photoには数多くの機能がありますが、できないことや、Photoshopに比べると不利になることもあります。具体的な内容は用途によりますが、一般的なものを以下に挙げておきます。

日本語組版に非対応

Affinity Photoは、日本語独自の組版ルールには対応していません。具体的には、縦組み、ルビ、圏点、縦中横、行頭行末の禁則文字などです。

このため、Webのバナー画像程度の小さなものを制作する場合でも、文言を縦組みで入れたい場合は対策が必要です。横組みと縦組みでは向きや位置が異なる場合があるため、1文字ごとに改行して行間を詰めるだけでは、縦書きには見えません。

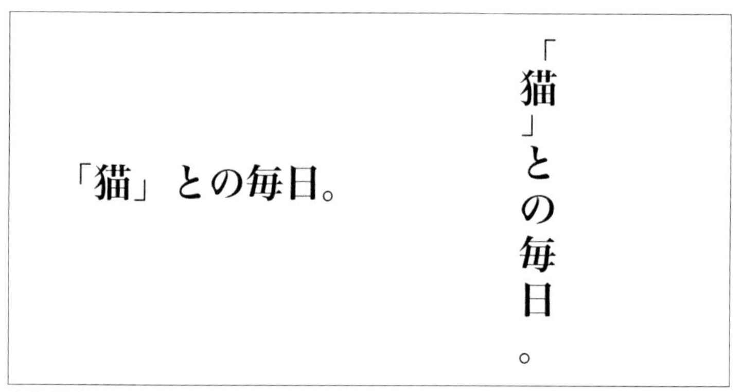

⬆ 句読点やカギ括弧のような基本的な文字でも、改行しただけでは縦書きには見えない

印刷会社のサポート情報がほとんどない

印刷業者に印刷を依頼する場合は、作成したファイルの互換性や、サポート情報に注意する必要があります。

今日、業者に印刷を依頼する場合は、互換性に優れたPDFファイルを使うことが一般的になっています。たしかに、「Photo」を含めたAffinityシリーズのアプリからPDF形式で出力することは可能ですし、「PDF 1.4（Acrobat 5）」や「PDF/X-4」などの互換性を選ぶこともできます。

しかし、商業印刷の分野ではAdobe製品が独占的な地位を占めているのが現実で、Affinityシリーズを対象にしたサポート情報はほとんどありません。

個人レベルで発注できる通販印刷でも、Affinityシリーズで作成したPDFを明確に拒否している場合もあれば、明記していなくても受け付けてもらえる場合や、大歓迎するという業者もあり、対応が分かれています。

印刷を依頼する場合は、Affinityシリーズを使った入稿ガイドを公開している業者を選ぶか、互換性に注意したうえでAdobe製品向けの入稿ガイドを自分で読み替えるなどの必要があります。

なお、Webページに組み込む画像素材として使う場合や、家庭用プリンターを使って印刷するような場合は、まず問題はないでしょう。Affinity Photoは、数多くのファイル形式による読み込みと書き出しに対応しています。

Photoshopそのものではない

当然のことですが、Affinity PhotoはPhotoshopそのものではありません。同等の機能がない場合や、機能そのものはあってもオプションが少ない場合もあります。

Affinity Photoに対して、Photoshopの代替品として過剰な期待をすると、期待外れになりかねません。とくに重視する機能がある場合は、購入前に体験版を使ってよく確認しましょう。

動作に必要なもの

Affinity PhotoのmacOS版およびWindows版の動作には、それぞれ次の環境が必要とされています。なお、ユーザーインターフェースが大幅に異なるため、本書ではiPad OS版は扱いません。

macOS版の動作要件

ハードウェア

- Appleシリコン（M1/M2）チップ、または、Intelプロセッサを搭載したMac
- 8GB以上のRAMを推奨
- システムディスクに最大2.8GB空き容量（インストールにはそれ以上の空きが必要）
- 1280×768以上のディスプレイ

OS

- macOS Catalina 10.15以降

Windows版の動作要件

ハードウェア

- マウスまたはこれに相当する入力デバイスを備えた64ビット版のWindowsベースPC（32ビット版はありません）

- ハードウェアGPUアクセラレーション（Direct3Dレベル12.0対応カードが必要）
- 少なくともDirectX 10互換のグラフィックスカード
- 8GB以上のRAM推奨
- 1GBのハードドライブ空き容量（インストールにはそれ以上の空きが必要）
- 1280×768以上のディスプレイ

OS

- Windows 11
- Windows 10（2020年5月のアップデート「2004、20H1、ビルド19041」、またはそれ以降）

Ver.2.xのアップデート

Affinity Photo Ver.2のライセンスを購入すると、Ver.2.xのアップデートは無料で利用できます。アップデートは比較的短期間で行われ、細かな機能の追加や改善が図られることが多いようです。
アップデートの内容の詳細は、下記のURLで確認できます。項目は膨大ですが分かりやすく紹介されているので、必要に応じて参照してください。

https://affinity.serif.com/ja-jp/whats-new/

アップデートが公開されると、アプリの起動時に自動的にメッセージが表示されます。アップデートをインストールするには、表示に従って操作してください。

1-2

インストールと購入

Affinity Photoの体験版の
インストールから購入までの手順を紹介します。
購入は日本語で行えるので、
ここではおおまかな流れや留意点の紹介にとどめます。
本書では、開発元による公式ストアでの手順を紹介します。

購入までの流れ

最初のインストールから購入までのおおまかな流れは次のとおりです。

①購入する前に、すべての機能を30日間無料で使える体験版をインストールして、実際に試しましょう。興味があれば、「Designer」や「Publisher」も同様に試してみてください。
②気に入ったら、必要なアプリと対応OSを検討しましょう。複数のアプリを使う場合は、それぞれを単品で購入するよりも、「Affinity V2ユニバーサルライセンス」のほうがお得になることがあります。ライセンス形態のポイントと価格については、P.010「Affinity Photoの概略」を参照してください。
③購入を決心したらライセンスを購入し、インストールしたアプリを正規版として登録します。

●●●●購入は公式Webストアをおすすめ

Affinity Photoシリーズのインストールと購入はいくつかの場所で行えますが、著者としてはSerif社の公式Webストアである「Affinity Store」をおすすめします。

Affinity Storeの利用にあたってはAffinity IDを登録する必要がありますが、Affinityシリーズで使用するブラシなどのオプションを販売していて、ときには無料で配布されることもあります。

また、購入する製品によっては、インストールしたAffinityシリーズのアプリをアクティベーション（正規購入品として登録）するために、Affinity IDを使うことがあります。

●●●●体験版のインストール

「Affinity Store」から体験版をインストールするには、Webブラウザーを起動して下記のURLへアクセスします。

https://affinity.serif.com/ja-jp/photo/#buy

「無料試用版」のボタンをクリックするか、ページの末尾近くまでスクロールします。必要に応じて、希望のOSのカテゴリーにある「無料でお試し」(体験版)または「今すぐ購入」ボタンをクリックします。以後は画面の表示に従って進んでください。体験版をインストールするにも、「Affinity ID」を登録する必要があります。

⬆ Affinity Store

●●●●Ver.1からアップグレードする

Ver.1を購入していた場合は、「V2ユニバーサルライセンス」を割引価格で購入できます。詳細は下記のURLを参照してください。

https://affinity.serif.com/ja-jp/store/upgrade-offer/

●●●●ライセンスを購入し、正規版として登録する

ライセンスを購入するには、アプリの起動時に表示される画面や、Affinity Storeにある「今すぐ購入」ボタンをクリックし、表示に従って操作します。

ライセンスを購入したら、インストール済みのアプリを正規版として登録します。この手続きは「有効化」または「アクティベーション」と呼びます。アプリの起動時に表示されるウィンドウにそれらの文言があるはずですので、それに従って操作してください。また、アクティベーション完了後にはアカウントへのリンクを確認するボタンが表示されます。とくに理由がないかぎり、リンクすることをおすすめします。

⬆ アクティベーションの例

なお、体験版を試してからライセンスを購入する場合でも、アプリを再インストールする必要はありません。体験版に対してアクティベーションを行うと、正規版として使えるようになります。

手続きが反映されるまで、時間がかかることがあります。期待通りにアクティベーションできない場合は、アプリをいったん終了し、5～10分程度待ってから再度試してください。

●●●●公式ストア以外で購入する場合

Affinity Photoは、「Affinity Store」以外の場所からも購入できます。とくに、単品で購入する場合はこの方法でもよいでしょう。

【Mac】macOS付属の「App Store」アプリを開き、「affinity photo」のキーワードで検索します。

【Windows】Windows付属の「Microsoft Store」アプリを開き、「affinity photo」のキーワードで検索します。

アプリの開発元が「Serif Labs」または「Serif Europe Ltd」であることを確認してください。以後のインストール手順は各ストア共通です。

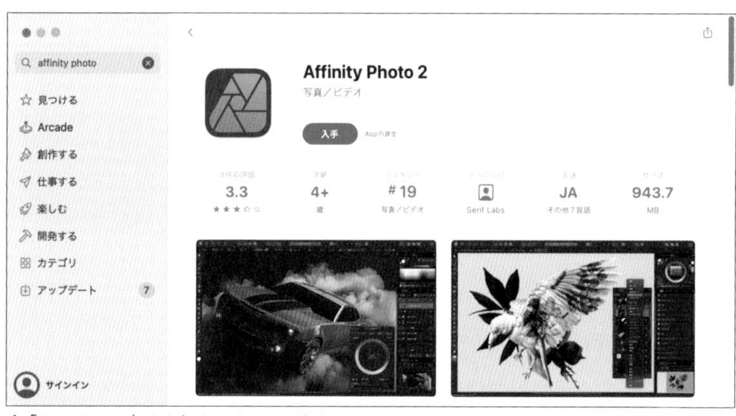

⬆「App Store」からもインストールできる

どちらでも、最初は無料アプリとしてインストールして、体験版として利用できます。購入の手続きは、アプリ起動時の表示に従ってください。

++ Note ++

ほかにも、代理店の各社から購入できる場合があります。本書執筆時点では、ノイテックス社の「ダウンロードGoGo!」（https://d-gogo.com）、ソースネクスト社（https://www.sourcenext.com）、ベクター社の「PCショップ プロレジ」（https://pcshop.vector.co.jp）で扱われています。

1-3 起動と終了

Affinity Photoの起動と終了の方法を紹介します。
本書ではアプリ全体の配色をグレーに定更していますので、
紙面と合わせたい場合は変更してください。

起動と終了

インストールしたAffinity Photoを起動する方法は、OSの標準的なものです。

【Mac】「LaunchPad」を開き、「Affinity Photo 2」のアイコンをクリックします。

【Windows】スタートメニューを開き、「Affinity Photo 2」のアイコンをクリックします。

体験版の状態、つまり、アクティベーションを済ませていない状態で起動すると、最初にライセンスに関する選択を行うウィンドウが表示されます（状況によって、内容は図と異なる場合があります）。必要に応じて選んでください。正規版として登録すると、このウィンドウは表示されなくなります。

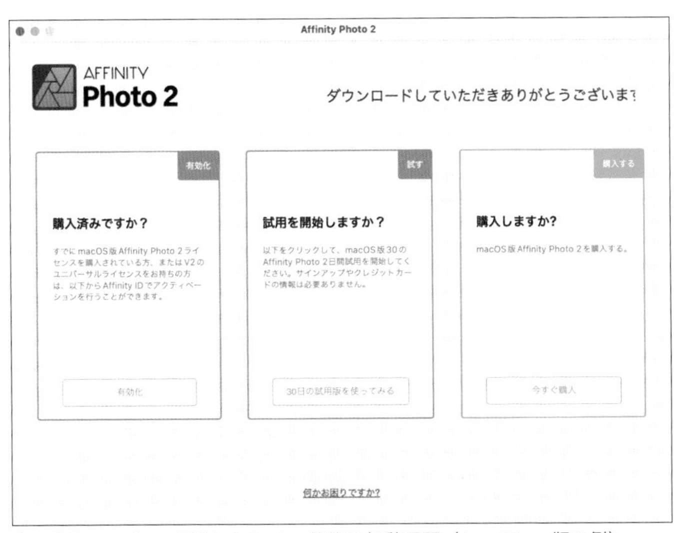

⬆ アクティベーションを済ませていない状態の起動画面（App Store版の例）

次に、図のようなウィンドウが表示されます。ウィンドウ上端のタイトルバーに「新規ドキュメント」とあるとおり、これは新規ドキュメントを作成するものです。いまは閉じておきましょう。ウィンドウ右下にある「キャンセル」ボタンをクリックします。

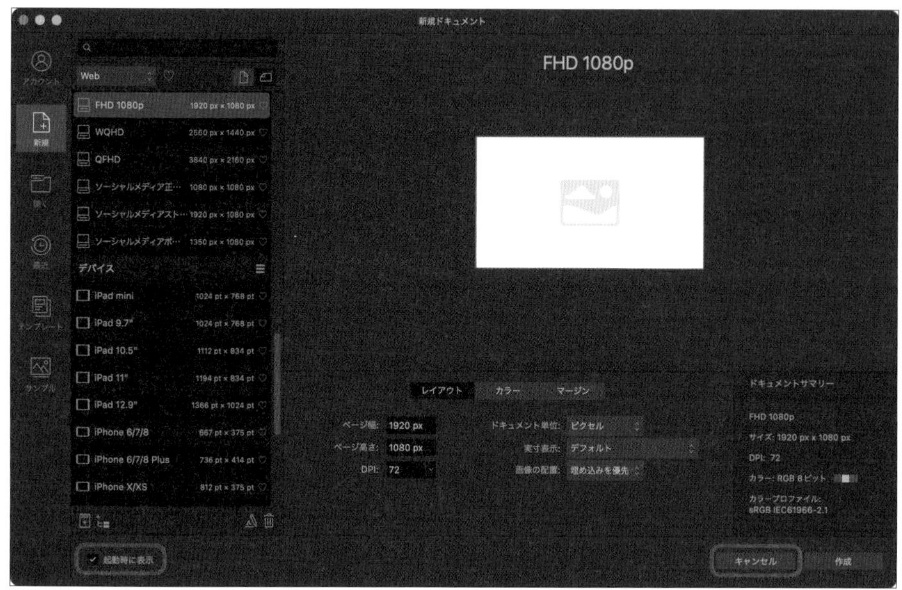

⬆「新規ドキュメント」ウィンドウ

起動時にこのウィンドウを開きたくない場合は、ウィンドウ左下にある「起動時に表示」のチェックをオフにしてから、ウィンドウ右下のボタンを操作します。

するとおおよそ次のような状態になります。これが、何もファイルを開いていない状態です。

⬆ Affinity Photoのウィンドウ。何もファイルを開いていない状態

●●●●「新規ドキュメント」ウィンドウを開く

起動時に表示しないように設定した後で、「新規ドキュメント」のウィンドウを開きたい場合は、次のように操作します。

- [ファイル]→[新規...]を選びます。

●●●●アプリを終了する

アプリを終了する手順は、一般的なアプリと同様です。

【Mac】[Affinity Photo 2]→[終了]を選びます。

【Windows】[ファイル]→[終了]を選びます。

まだ保存していないファイルがあればメッセージが表示されるので、必要に応じて選んでください。これも、一般的なアプリと同様です。

ただし、操作状況によっては、実行中の処理の確定または取り消しを求められる場合があります。未保存の操作をすべて破棄する場合でも、いったんどちらかを選ばなければアプリを終了できません。メッセージに従って操作してください。

⬆ 終了するには実行中の操作を確定する必要がある場合のメッセージの例

全体の配色を変える

初期設定では、Affinity Photoはブラックをベースにした配色になっています。ただし、このまま画面を撮影すると紙面で読みづらいため、本書では以後グレーをベースにした配色へ変更したものとして紹介を進めます。

本書の紙面と同じ表示にしたい方は、以下の手順に従って操作してください。ブラックのまま使いたい方は、紙面のスクリーンショットを読み替えてください。

STEP 1 環境設定のウィンドウを開きます。

【Mac】[Affinity Photo 2]→[設定...]を選びます。

【Windows】[編集]→[設定...]を選びます。

STEP | 2　ウィンドウ左側の「ユーザーインターフェース」カテゴリーを選び、右側のオプション一覧から「UIスタイル」の「明るい」ボタンをクリックします。

STEP | 3　表示がグレーをベースにしたものへ変わります。確認したら、ウィンドウ右下の「閉じる」ボタンをクリックしてウィンドウを閉じます。

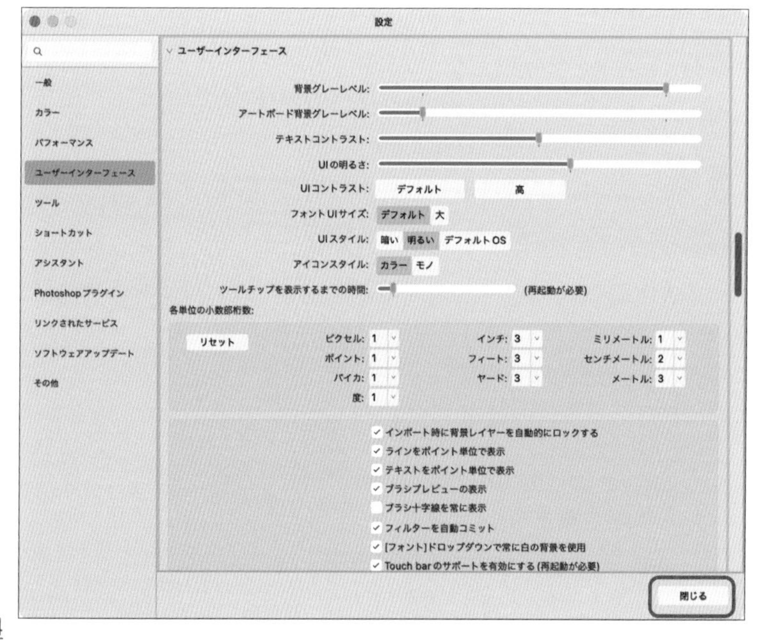

Chap 2

予備知識と操作の基本

作品を保管するファイル、作業場所となるワークスペースの基本構成、画像表示のさまざまな方法を紹介します。すべてを覚える必要はありませんが、いずれも画像編集にとって重要なものです。

2-1 ファイルの管理

ファイルは、作品や作業を保管する大切なものです。
また、扱い方によっては画質に影響することもあります。
はじめに、ファイルの扱いを把握しましょう。

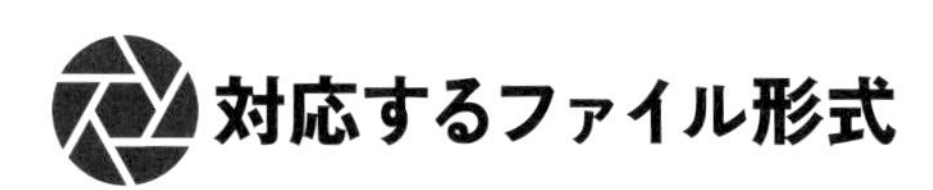

対応するファイル形式

画像ファイルには、用途に応じて数多くの形式があります。Affinity Photoが対応するファイル形式は次のとおりです。

対応するファイル形式

ファイル形式	読み込み	書き出し
Adobe Illustrator（AI）	●	
Adobe Freehand（10およびMX）	●	
Adobe Photoshop（PSD）	●	●
Adobe Photoshop（PSB）	●	
DNG	●	
EPS	●	●
GIF	●	●
HEIF/HEIC/HIF	●	
JPEG	●	●
J2K、JP2	●	
JPEG-XR/JXR(WDP/HDP)	●	
JPEG-XL	●	●
PDF	●	●
PNG	●	●
RAW	●	
SVG	●	●
TGA	●	●
TIFF	●	●
WEBP	●	●

ファイル形式	読み込み	書き出し
OpenEXR	●	●
Radiance HDR	●	●
フィット	●	

一般的な用途としては、以下のことを把握しておけば十分でしょう。

- 広く一般的に使われている標準的な形式であるJPEG、PNG、GIF、TIFFは、読み書きともにサポートされます。
- 最近のApple、Canon、Sonyなどの製品で使われる「HEIF／HEIC／HIF」形式は、読み込みがサポートされています。
- 一眼レフデジタルカメラなどで利用できるRAW形式は、数多くの機種のものに対応しています。対応するメーカー名と機種名のリストは、https://affin.co/rawlistにあります。
- Adobe Photoshop形式（PSD）は、読み書きともにサポートされます。ただし、テキストは書き出し時にラスタライズ（画像化）されます。
- Adobe Illustrator形式（AI）は、読み込みのみサポートされます。書き出しはできません。
- PDFは読み書きともにサポートされます。ただし、テキストはラスタライズされます。

PSD、AI、PDFの各形式は、完全な互換ではありません。ほかのユーザーと交換するなど、共有する目的で使う場合は、どのように機能するのか、自分が必要な機能がサポートされているのか、十分テストすることをおすすめします。

++ **Note** ++

各ファイル形式に特有の制限に関する詳しい情報が必要な場合は、[ヘルプ]→[Affinity Photo 2ヘルプ]を開き、「付録」→「サポートされているファイル形式」を参照してください。

ネイティブ形式はafphoto

Affinity Photoのネイティブのファイル形式は独自のもので、拡張子は「afphoto」です。以下、本書では「afphoto形式」と呼びます。

ここでの「ネイティブ」とは、アプリで行った作業を最大限保存できる、Affinity Photoオリジナルの形式という意味です。画像編集を行うときは、まずafphoto形式でファイルを保存してください。

同じ内容がほかのファイル形式で必要になった場合、たとえば、Webページの素材に使うなど不特定多数に公開する場合や、Affinity Photoを扱えないユーザーと共有したい場合は、目的に応じたファイル形式へ書き出します（エクスポートします）。

その場合も、afphoto形式のファイルを手元で保管しておきましょう。作業をその状態から再開できますし、もっともオリジナルに近い状態で画質を保つことができます。

ファイル形式に注目すると、Affinity Photoでの作業の流れは次の図のようになります。もしも、どの形式で保存すればよいか分からなくなったときは、まずafphoto形式を選んでください。いったんアプリを終了する必要があっても、画質を損なうことなく、作業内容を最大限保存できるからです。

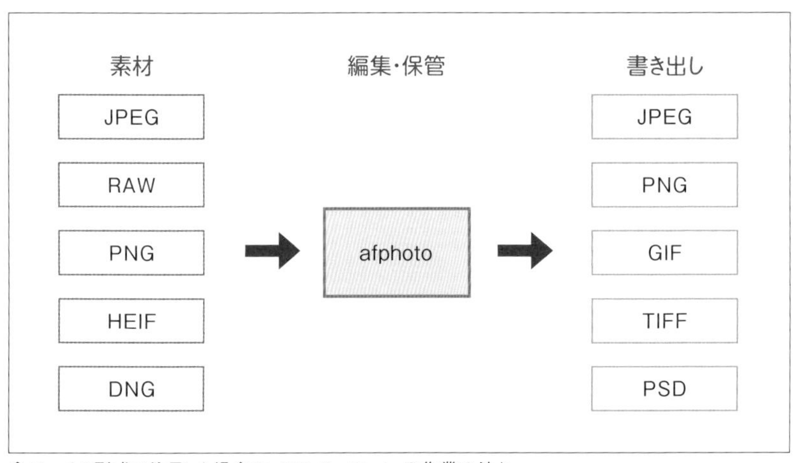

⬆ファイル形式に注目した場合の、Affinity Photoの作業の流れ

++ **Note** ++

Affinityシリーズのネイティブのファイル形式の拡張子は、Designerは「afdesign」、Publisherは「afpub」と、アプリによって異なりますが、起動するアプリを分けているだけで、実はいずれのアプリでも相互に開くことができます。変換も必要ありません。

●●●●編集作業を保管する必要がないときは

Affinity Photoで行う作業がごく単純なものである場合など、afphoto形式で残す必要がないときは、そのまま上書き保存することもできます。たとえば、JPEGファイルをトリミング（切り抜き）するだけでよい場合は、作業を終えたときに［ファイル］→［保存］を選ぶと、同じ形式で上書き保存できます。

ただし、元のファイル形式では扱えない機能を使った場合は、そのままでは上書き保存できません。たとえば、JPEG形式では透明の背景は扱えません。そのため、JPEG形式のファイルを開いて、Affinity Photoで背景を透明にすると、その画像はJPEG形式の規格では扱えなくなるため、JPEG形式では保存できなくなります。
その場合は、JPEG形式の規格に収まるように操作するか、または、afphoto形式で保存するかを選ぶ必要があります。たとえば次の図では、「画像の統合して保存」（「画像を」の誤字と思われます）とはファイル形式の制限に収めて保存する、「別名で保存」とはafphoto形式で保存するという意味です。

⬆ 編集によって元の規格で扱えなくなったときは、保存方法を選ぶ必要がある

●●●● 別の形式で保存するには「書き出し」

いま開いているものとは別の形式でファイルを保存するには、書き出し（エクスポート）します（書き出しの詳細はP.222「ファイルとして書き出す」を参照）。
なお、[ファイル]→[名前をつけて保存...]を選んだときは、afphoto以外の形式を選べません。

既存のファイルを開く

既存のファイルを開くには、一般的なアプリと同様に、[ファイル]→[開く...]を選びます。最近使用したファイルを再び開く場合は、[ファイル]→[最近使用したドキュメントを開く]のサブメニューから選ぶほうが簡単です。最近使用したファイルは、自動的にここに登録されます。
続いて表示されるOS標準のファイル選択ウィンドウで目的のファイルを選ぶと、ワークスペースに画像が表示され、編集を始められる状態になります。ただし、RAW形式のファイルは、Affinity Photoで扱えるようにするために、はじめに「現像」と呼ばれる作業が必要です（P.226「7-2 RAW形式のファイルを扱う」を参照）。

⬆ 既存ファイルを開いて編集を始められる状態の例

++ **Note** ++

何もファイルを開いていない状態に限り、ウィンドウ中央の領域をダブルクリックすると、[ファイル] → [開く...] を選んだときと同様にファイルを選ぶウィンドウが開きます。

●●●● 起動時のウィンドウを使って開く

起動時に開くウィンドウの左端にある、「開く」または「最近」ボタンは、[ファイル] メニューから選んだときと、機能としては同じです。ただし、「最近」はプレビューもあわせて表示されます。

⬆ 起動時に開くウィンドウの「最近使用したもの」は、プレビュー付きで選べる

●●●●ドラッグ&ドロップで開く

【Mac】「Finder」、【Windows】「エクスプローラー」から、ファイルのアイコンをAffinity Photoのワークスペースへドラッグ&ドロップして開くこともできます。

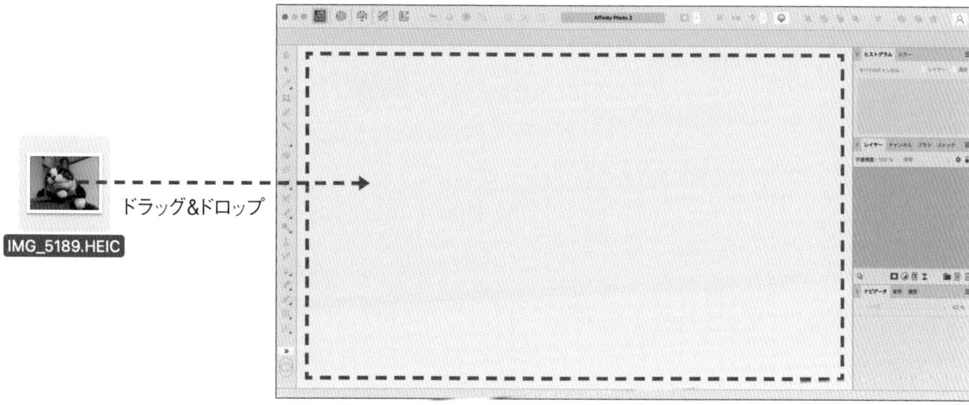

⬆ドラッグ&ドロップでファイルを開く

すでにファイルが開いている場合は、ドロップする場所によって動作が変わります。

- 新しい画像として開くには、ツールバーへドロップします（ツールバーについてはP.036「ツールバー」を参照）。
- いま開いている画像へ新しいレイヤーとして読み込むには、画像へドロップします（レイヤーについてはP.078「4-1 レイヤーの基本」を参照）。

●●●●複数のファイルを同時に開く

通常のファイルを開く手順を使って、複数のファイルを同時に開くことができます。
ファイル選択のウィンドウを使うときは、次のように操作します。

- 連続した場所にあるファイルを選ぶには、Ⓐドラッグして囲む、または、Ⓑ端にあるファイルをクリックしてから、もう一方の端にあるファイルを、shiftキーを押しながらクリックします（Macでアイコン表示にしている場合を除く）。
- 連続していない場所にあるファイルを選ぶには、command／Ctrlキーを押しながら1つずつクリックします。

⬆ファイル選択のウィンドウを使って、同時に複数のファイルを開く

ドラッグ&ドロップして開くときは、あらかじめ【Mac】「Finder」、【Windows】「エクスプローラー」で、ファイルを選んでから操作します。ファイルの選び方は、ファイル選択のウィンドウを使うときと同じです。また、ドロップする位置によって読み込み方が変わる点も、ファイルが1つのときと同じです。

2-2 ワークスペース

アプリの画面全体を眺めて、
画面のどのあたりに、
どんなボタンやウィンドウがあるのか、
簡単に把握しましょう。

ワークスペースの概要

ファイルを開いたら、画面全体を見てみましょう。アプリのウィンドウ全体のことを「ワークスペース」と呼びます。ワークスペースは、編集する画像のウィンドウのほか、さまざまな要素から構成されています。

⬆ Affinity Photoのワークスペース

●●●●すべてのアイコンを表示できない場合

ウィンドウサイズが小さいなどの理由で、すべてのアイコンやメニューを表示しきれない場合は、その領域の端に「≫」アイコンが表示されます。これをクリックするとメニューが開き、表示しきれない分の機能を選べます。目当てのアイコンやメニューが見当たらない場合は、端に「≫」アイコンが表示されていないか確かめてください。

次の図は、ディスプレイの高さが足りないときのツールパネルの例です。

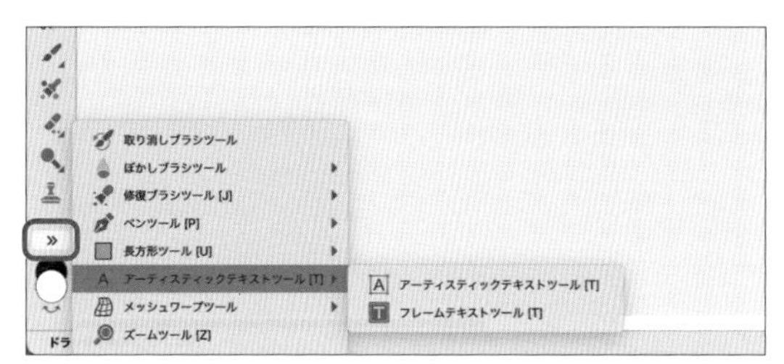

⬆ 表示しきれないアイコンは「>>」メニューにまとめられる

●●●●画像以外の表示を最小限に隠す

1度の操作で、画像以外の表示を最小限に隠すことができます。編集結果を大きな表示で確認したいときに便利です。これには、[表示]→[UI切り替え]（Tabキー）を選びます。元の表示へ戻すには、同じ操作をもう1度行います。

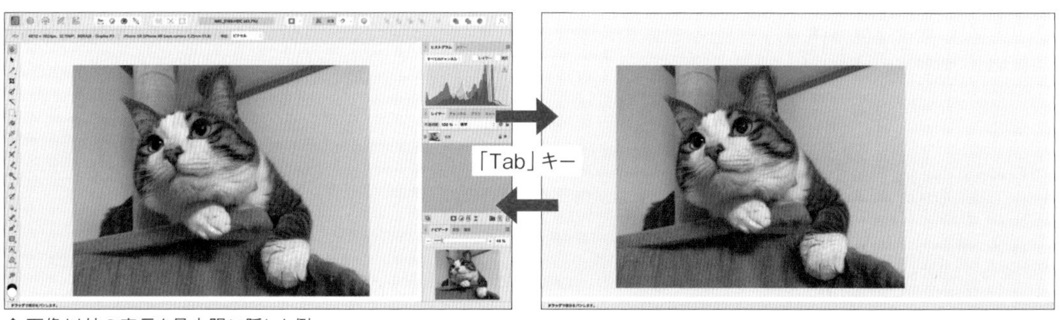

⬆ 画像以外の表示を最小限に隠した例

++ **Note** ++

画像以外の表示を隠している間も、キーボードショートカットは機能します。思わぬキーを押すと操作が分からなくなるので、まだ慣れていない場合は、不用意にキーを押さないほうがよいでしょう。

●●●●下端のヘルプ

ワークスペースの下端には、状況に応じて1行のヘルプが随時表示されます。短いものですが、押すべきキーを忘れたようなときに役立ちます。

⬆ワークスペース下端に随時表示されるヘルプ（図はズームツールの例）

●●●●複数のファイルを開いた場合

複数のファイルを開くと、1つのワークスペースの中にタブで切り替えられるように表示されます。

複数のファイルを同時に見たい場合は、取り外すようにタブをドラッグ&ドロップすると、独立したウィンドウとして表示されます。逆に操作すると、タブ式の表示へ戻ります。

この操作には、［ウィンドウ］→［重ね順］以下のメニューを使うこともできます。このメニューでは、独立したウィンドウにすることは「フロート」、ワークスペースへ合体することは「ドッキング」と呼ばれます。

独立したウィンドウは、背面にあるワークスペースを操作しても、常時前面に表示されます。このような、常時前面に表示されるウィンドウを、一般に「フロートウィンドウ」と呼びます。

⬆タブ式のドキュメントウィンドウは着脱可能

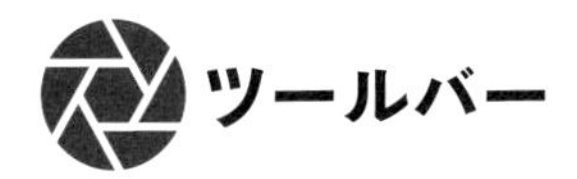

ツールバー

　プルダウンメニューの直下には、主要機能を操作できるボタンを並べたバーがあります。これを「ツールバー」と呼びます。役割としては、数多くのアプリで使われているツールバーと同じです。

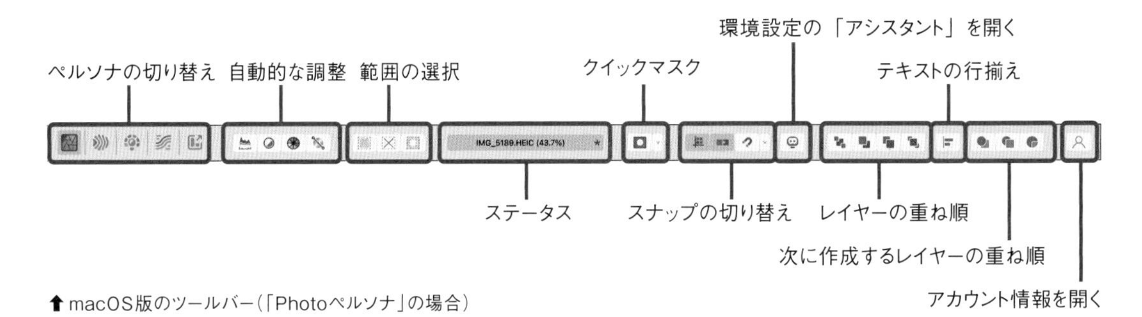

⬆ macOS版のツールバー（「Photoペルソナ」の場合）

●●●●macOS版とWindows版の違い

　macOS版とWindows版では、ツールバーの機能は同じですが、表示に違いがあります。編集中のファイル名、表示倍率、ファイルへの保存状態は、macOS版ではツールバー中央の「ステータス」に表示されます。Windows版には「ステータス」がなく、画像ごとのウィンドウのタイトルバーに表示されます。

⬆ macOS版とWindows版のツールバー（「Photoペルソナ」の場合）

> ＋＋ **Note** ＋＋
> 本書はmacOS版とWindows版の両方を扱うため、原則としてmacOS版をフルスクリーン表示にした状態で撮影しています。

●●●●ペルソナ

　ツールバーの左端にある、やや大きめに表示されている5つのアイコンは、「ペルソナ」を切り替えるものです。ペルソナとは、Affinity Photoが持つ膨大な数の機能やパネルなどを、その時々の目的に応じて扱いやすくするためにセットにしたものです。
　ペルソナは、ユーザーが意図的に切り替えることも、操作に応じて自動的に切り替わることもあります。

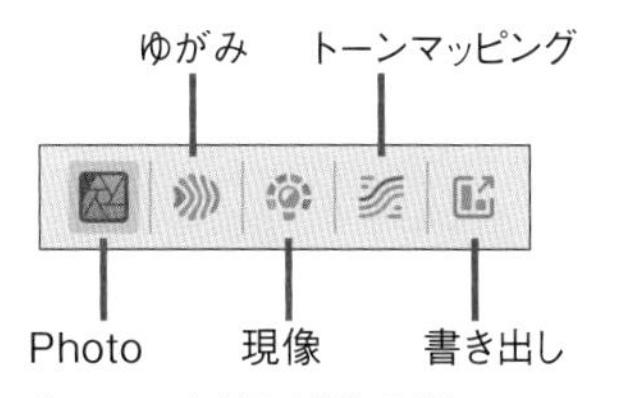

⬆ ペルソナを切り替えるボタン

　ほとんどの操作は、写真編集用の「Photoペルソナ」で行います。本書でも、とくに断らない限りは「Photoペルソナ」で操作するものとします。
　次の図は「Photoペルソナ」と「現像ペルソナ」を比較したものです。いまは、ペルソナを切り替えると、ツールバーに表示される内容が切り替わることだけ覚えてください。

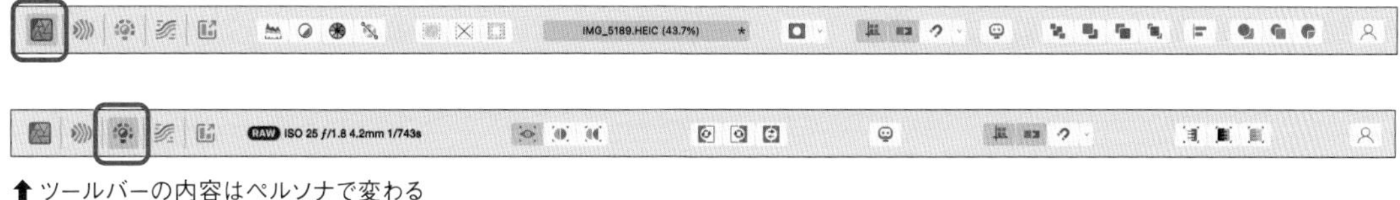

⬆ ツールバーの内容はペルソナで変わる

++ **Note** ++

ペルソナの切り替えには［ファイル］→［ペルソナ］以下のメニューを使うこともできます。また、ツールバーにあるアイコンは5つですが、［ファイル］→［新規パノラマ...］を選ぶと切り替えられる「パノラマペルソナ」があるので、実際には6種類あります。

●●●● ツールバーをカスタマイズする

　ツールバーに配置するボタン類は、必要に合わせてカスタマイズできます。慣れてきたら、よく使う機能に合わせてカスタマイズすると便利です。これには、［表示］→［ツールバーをカスタマイズ...］を選びます（次ページ図）。

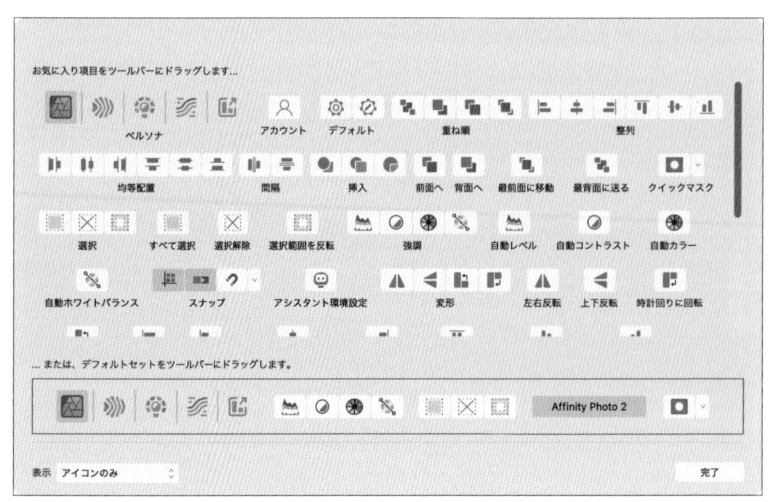

⬆「ツールバーをカスタマイズ」ウィンドウ

「ツールバーをカスタマイズ」ウィンドウが開いたら、目的に応じて次のように操作します。

- 必要なアイコンを配置する：目的のアイコンを、このウィンドウから実際のツールバーへドラッグ&ドロップします。あらかじめグループになっているものもあります。
- 不要なアイコンを削除する：目的のアイコンを、実際のツールバーから取り外すようにドラッグ&ドロップします。
- アイコンの順序を入れ替える：実際のツールバーにあるアイコンを左右へドラッグ&ドロップします。アイコン同士の間隔は、「ツールバーをカスタマイズ」ウィンドウのアイコン一覧をスクロールすると末尾にある「可変間隔」または「間隔」（Windowsでは「スペース」）を使って調整します。
- デフォルトへ戻す：「ツールバーをカスタマイズ」ウィンドウの下のほうにある「...または（Windowsでは「あるいは」）デフォルトセットをツールバーにドラッグします。」のセットをツールバーへドラッグ&ドロップします。

●●●●ツールバーにグループの名前を表示する

ツールバーに、ツールのグループの名前を表示できます。これには、ツールバーを右クリックし、メニューが開いたら[アイコンとテキスト]を選びます。不慣れなうちは表示しておいてもよいでしょう。名前を隠すには、同じメニューを開いて[アイコンのみ]を選びます。

⬆ツールバーにテキストを表示した例

コンテキストツールバー

ツールバーの直下には、状況に合わせて表示する内容を変える「コンテキストツールバー」があります。操作に応じて、さまざまな情報や、操作を実行するボタンなどを表示します。

いまは、操作に応じて内容が変わることだけ覚えてください。次の図は、ツールによって表示が変わる例を示しています。

「表示」ツールを選んだとき

「アーティスティックテキストツール」を選んだとき

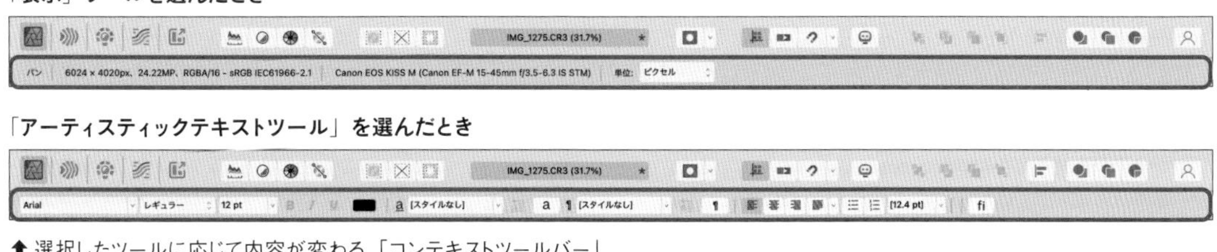

⬆ 選択したツールに応じて内容が変わる「コンテキストツールバー」

ツールパネル

ワークスペースの左端には、おもに画像に対してマウスで操作するツールのボタンがまとめられています。これを「ツールパネル」と呼びます。ツールパネルに表示されるツールは、選ばれているペルソナによって変わります。

ツールを選ぶには、目的のツールのアイコンをクリックします。いま選ばれているツールは、アイコンが強調表示されます。選択しているのがどのツールであるのか、つねに意識してください。

●●●● 隠れているツールを選ぶ

一部のツールは、類似のツールを1つにまとめている場合があります。その場合は、目印としてアイコンの右下に三角形が付きます。

隠れているツールを選ぶには、アイコンを長押ししてメニューを開いてから操作します（メニューが開いたら、マウスのボタンは離してもかまいません）。

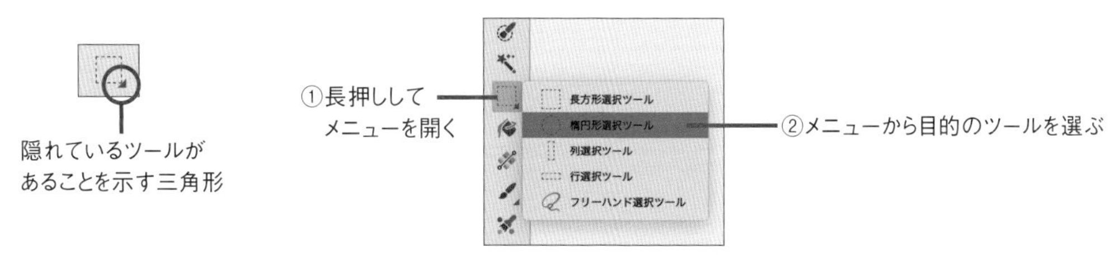

⬆ Photoペルソナでのツールパネルで、隠れているツールを選ぶ

ツールパネルの下端には、作業に使うカラーを表示する円が2つあります。この表示は、「カラー」パネルのものと同じです（パネルの基本的な機能はP.042「パネル」を参照）。

●●●●キーボードショートカットでツールを選ぶ

ツールを選ぶ方法には、キーボードショートカットを使うものもあります。頻繁にツールを持ち替えるときは、手早く確実に選べるようになるので、よく使うものから1つずつ覚えるとよいでしょう。

キーボードショートカットは、ツールにポインターを重ねると名称とともに表示されます。次の図は、切り抜きツールにポインターを重ねているところです。「C」と表示されているので、「C」キーを押すだけで切り抜きツールを選ぶことになります。

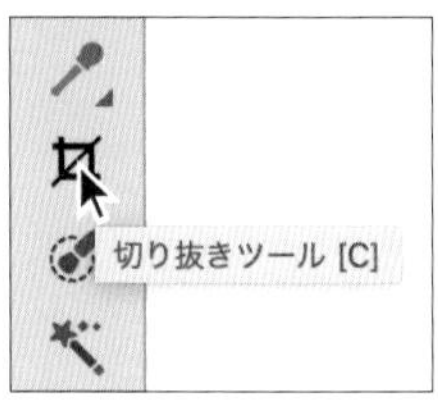

⬆ ツールのキーボードショートカットを調べる

隠れているツールがある場合は、同じキーを押すたびに順に持ち替えられます。

++ **Note** ++

ツールパネルのキーボードショートカットは、commandやCtrlなどの修飾キーを併用しません。キーを押す前に、文字入力できる状態になっていないことを確かめください。

●●●●ツールパネルをカスタマイズする

ツールパネルに配置するツールは、必要に合わせてカスタマイズできます。慣れてきたら、よく使うツールに合わせてカスタマイズすると便利です。カスタマイズ用のウィンドウを開くには、[表示]→[ツールをカスタマイズ...]を選びます。

⬆ツールパネルをカスタマイズするウィンドウ

ウィンドウが開いたら、目的に応じて次のように操作します。

- 必要なツールを配置する:目的のツールを、このウィンドウから実際のツールパネルへドラッグ&ドロップします。
- 不要なツールを削除する:目的のツールを、実際のツールパネルから取り外すようにドラッグ&ドロップします。
- ツールの順序を入れ替える:好みの位置になるように、実際のツールパネルにあるツールを上へドラッグ&ドロップします。グループ分けするには、「ツールをカスタマイズ」ウィンドウの最後にある仕切り線を使います。
- 列数を増やす:ウィンドウ下端にある「列数」を変えます。
- デフォルトへ戻す:ウィンドウ下端にある「リセット」ボタンをクリックします。

好みの状態になったら、ウィンドウ右下にある「閉じる」ボタンをクリックします。

●●●●ツールパネルを移動して使う

ツールパネルはワークスペース左端に固定されていますが、取り外して使うこともできます。これには、[表示]→[ツールをドッキング]を選び、オプションをオフにします。同じコマンドを再度選んでオンにすると、再び左端に固定されます。

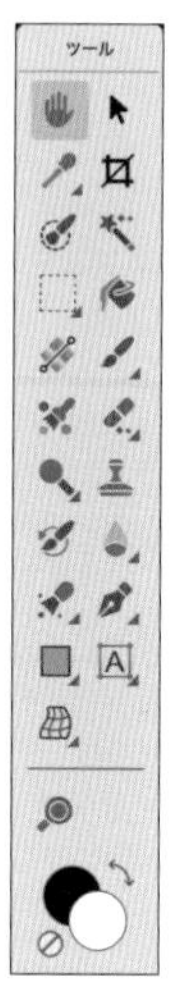

⬆ドッキングをオフにしたツールパネル（図は２列にした状態）

画像の右側で頻繁にツールを持ち替えるような作業を行う場合に設定すると、そのたびにワークスペースの左端までカーソルを移動する手間がなくなります。キーボードショートカットと使い分けるとよいでしょう。

パネル

ワークスペースの右側には、ファイルの状態に応じて、特定の情報を表示したり、操作ができる小さなウィンドウがまとめて表示されています。これらを「パネル」と呼びます。

パネルには多くの種類があるので、必要に応じて、必要なものを開いて操作します。初めのうちは、目的のパネルを前面に開く方法だけ知っておけば十分でしょう。

場所を節約するため、多くのパネルはグループとしてまとめられています。この場合は、パネルの名前が書かれたタブをクリックすると前面に表示されます。

⬆タブをクリックすると前面に表示される

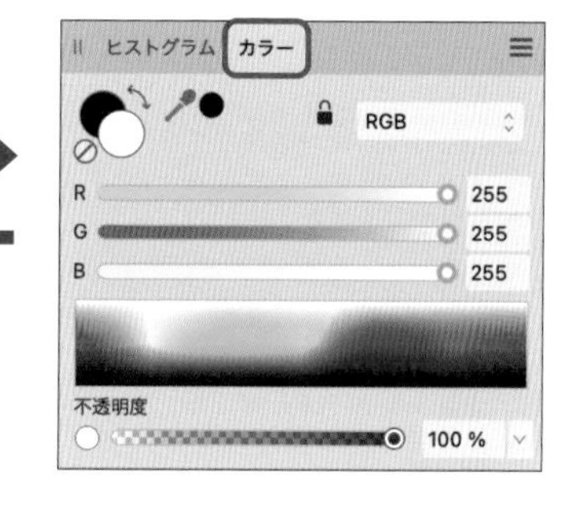

パネルの内容を一時的に隠したり、元へ戻すには、タブをダブルクリックします。複数のパネルがグループにまとめられている段で操作すると、グループごと操作できます。不要なパネ

ルを隠すとほかのパネルを大きく表示できるので、情報が多いパネルを使うときに活用してください。

⬆「ヒストグラム」以外のグループのパネルを隠した状態

++ **Note** ++

ペルソナが変わると、デフォルトで表示されるパネルの組み合わせも自動的に切り替わります。

●●●● パネルをカスタマイズする

パネルは、着脱したり、グループとしてまとめたり、不要なものを閉じたりできます。それぞれ、手順は次のとおりです。

- 独立したウィンドウとして表示する:タブを、好みの位置までドラッグ&ドロップします。グループになっているときは、取り外すように操作します。
- グループにまとめる:タブを、ほかのタブへドラッグ&ドロップします。あるグループから別のグループへ移動することもできます。おおよその位置までドラッグすると強調表示されるので、そこでドロップすると合体します。
- グループの中で順序を入れ替える:タブを左右へドラッグ&ドロップします。
- グループごと移動する:グループ左端にある⦀アイコンを好みの位置へドラッグ&ドロップします。
- 閉じる:目的のパネルを開いてから、右上の☰アイコンをクリックして、メニューが開いたら[閉じる]を選びます。
- いま開いていないパネルを開く:[ウィンドウ]メニューから選びます。[32ビットプレビュー]から[履歴]までの29個がパネルです。
- 表示するパネルの種類や位置をデフォルトへ戻す:[ウィンドウ]→[スタジオ]→[スタジオをリセット]を選びます(スタジオについてはこの後に続けて紹介します)。

●●●●スタジオ

ワークスペースに合体した状態でパネルを配置できる領域を「スタジオ」と呼びます。スタジオは、ワークスペースの左右両端にあります。デフォルトでは右側のスタジオのみ表示されていますが、左側にも用意されているので、パネルやパネルのグループをワークスペースに合体した状態で配置できます。

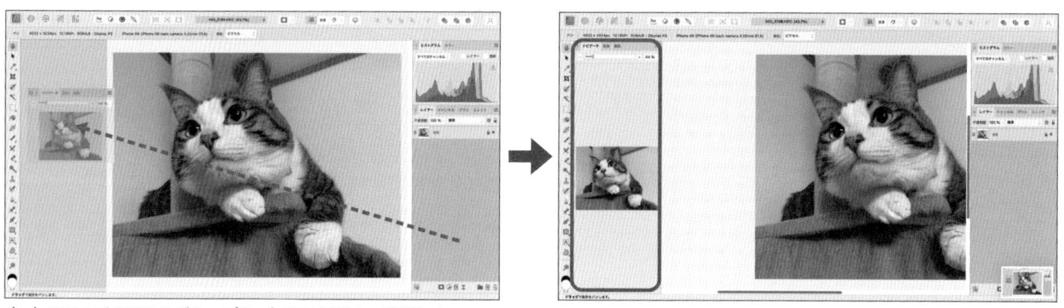

⬆右のスタジオにあるグループを、左のスタジオへ移動した

スタジオを操作すると、すべてのパネルの表示／非表示を1度に切り替えられます。これには、[ウィンドウ]→[スタジオ]→[スタジオを隠す]（command／Ctrl+Hキー）を選び、オプションを切り替えます。

●●●●表示するパネルをまとめて管理する

いま表示しているパネルの位置やグループの状態を、「スタジオプリセット」として複数保存し、切り替えて使えます。

保存するには、[ウィンドウ]→[スタジオ]→[プリセットを追加...]を選び、ウィンドウが開いたら好みの名前を付けます。すると、[ウィンドウ]→[スタジオ]→[（プリセットの名前）]に表示され、選んで切り替えられます。

2-3 表示の操作

画像編集にとって、作業しやすいように
表示を変えることは大変重要です。
複数のやり方を覚えて、状況に応じて
使い分けられるようになると理想的です。

拡大率を変える

拡大率を変える、いくつかの方法を紹介します。

なお、その時々の拡大率は、【Mac】ツールバーのステータス、【Windows】画像ごとのタイトルバーに表示されます（詳細はP.036「ツールバー」を参照）。

++ Note ++

拡大率をはじめ、本節で紹介する内容は、作業の便宜を図るために表示を変えるものです。画像を加工するものではない点に注意してください。

●●●● メニューから操作する

よく使う拡大率や、拡大縮小に関連するコマンドは、[表示]→[ズーム]以下にあります。一般的に多用するものを以下に挙げますので、キーボードショートカットとあわせて覚えましょう。

- [画面サイズに合わせる]：command／Ctrl+0キー
- [100%]：command／Ctrl+1キー
- [ズームイン]（1段階拡大する）：command／Ctrl+;キー
- [ズームアウト]（1段階縮小する）：command／Ctrl+-キー

++ Note ++

画像ウィンドウの中で右クリックして開くメニューの中にも、拡大率を操作するコマンドがあります。

●●●●マウスホイールを使う

option／Ctrlキーを押しながらマウスホイールを回転すると、拡大率を変えられます。表示を確認しながら、任意の拡大率に変更できます。

●●●●ズームツールを使う

ツールパネルにあるズームツールを使うと、視覚的に拡大率を決めたり、目的の領域を選んで拡大したりできます。

- 1段階拡大する:画像をクリックします。
- 1段階縮小する:option／Altキーを押しながら、画像をクリックします。
- 連続的に拡大率を変える:画像の上で左右へドラッグします。右方向へドラッグすると拡大、左方向へドラッグすると縮小します。好みの拡大率になったらマウスのボタンを離します。重要なことは、最初にクリックした位置から左右のどちらへ向かって操作するかということです。上下方向にぶれてはいけないということではありません。

いずれの操作でも、操作した位置を中心にして拡大縮小します。たとえば、画像の上のほうに注目して拡大するには、そのあたりで操作します。

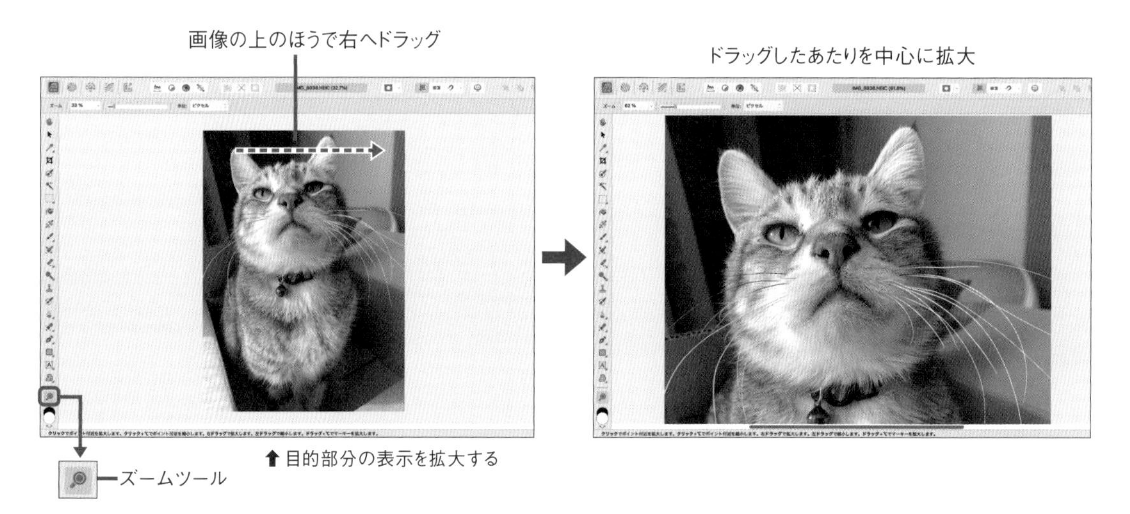

⬆目的部分の表示を拡大する

●●●●ナビゲータパネルを使う

ナビゲータパネルを使うと、拡大率を数値指定したり、表示状態を保存して切り替えて呼び出したりすることができます。

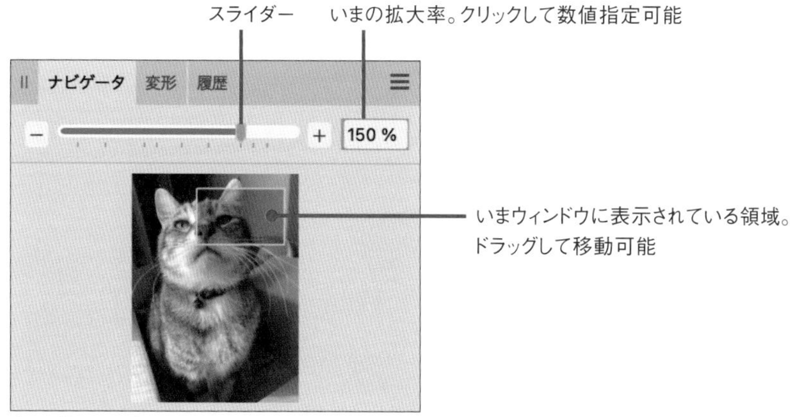

⬆ナビゲータパネル

++ **Note** ++

拡大率のスライダーと、数値指定は、ズームツールのコンテキストツールバーでも操作できます。

いまの拡大率と位置を「ビューポイント」として保存できます。複数保存し、メニューから呼び出して表示を切り替えられます。

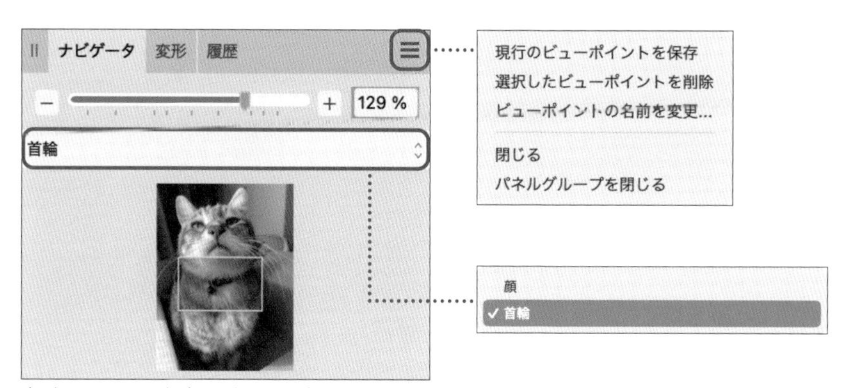

⬆ビューポイントを保存し、後から呼び出せる

スクロールする

画像を上下左右へスクロールする方法を紹介します。

●●●●表示ツールを使う

ツールパネルにある表示ツールを使うと、画像の表示を自由な方向へ移動できます。

スクロールするには、画像ウィンドウの中で必要な方向へドラッグします。スマートフォンでスワイプするように画像をスクロールできます。

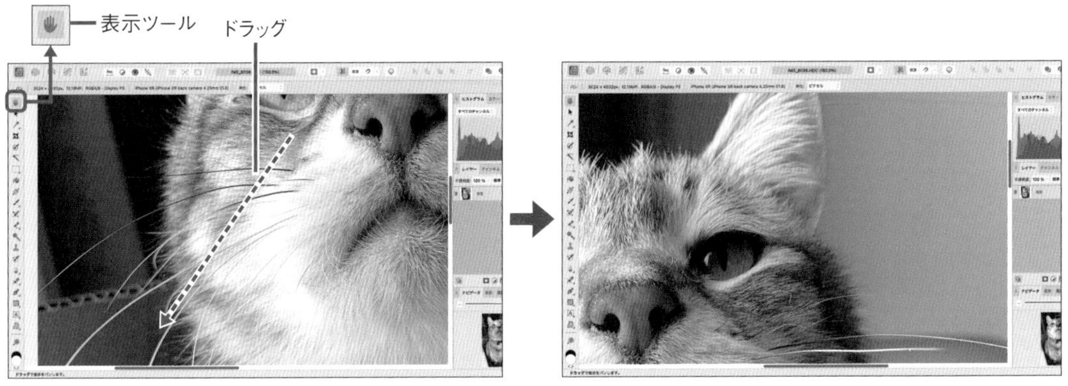

⬆ 表示ツールをドラッグして自由な方向へスクロールする

●●●● 一時的に表示ツールを使う

どのツールを選んでいても、spaceキーを押している間だけ、表示ツールへ持ち替えられます。キーを離すと、元のツールへ戻ります。ただし、文字入力をできる状態のときはそちらが優先されるので、意図せずスペースが入力されないように注意してください。

●●●● マウスホイールを使う

マウスホイールを回転すると上下に、shiftキーを押しながら回転すると左右に、それぞれスクロールします。

++ **Note** ++

ここで紹介した方法以外にも、ウィンドウの端にあるスクロールバーを使う方法や、ナビゲータパネルを使う方法（P.045「 拡大率を変える」を参照）もあります。

画像の基本情報を調べる

表示ツールを選んでいる間は、コンテキストツールバーに画像の基本情報が表示されます。具体的には、横と縦のピクセル数、合計画素数（単位はMP=メガピクセル）、カラーフォーマット、カラープロファイル、撮影したカメラおよびレンズの情報などです。

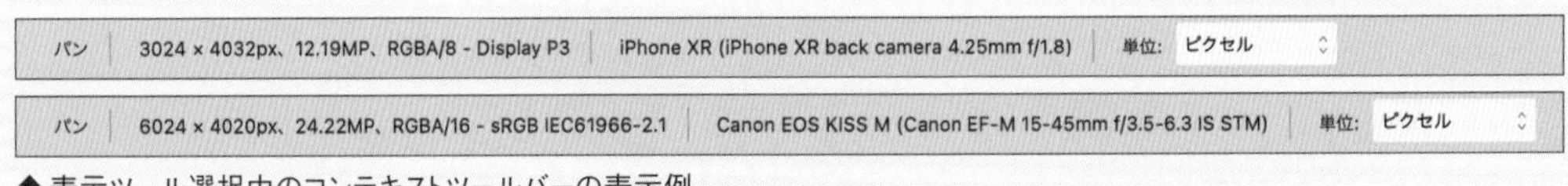

⬆ 表示ツール選択中のコンテキストツールバーの表示例

回転する

作業の便宜を図るために、表示を回転できます。手順は次のとおりです。

- 左右へ15度ずつ回転する：[表示]→[左に回転]または[右に回転]を選びます。
- 任意の角度で回転する：command／Altキーを押しながら、画像の上でマウスホイールを回転します（Windowsのみ、Ctrl+Altキーを押して操作すると、素早く回転します）。ポインターを置いた位置が、回転の中心になります。
- 回転をやめて元の表示へ戻す：[表示]→[回転をリセット]を選びます。

⬆ 表示を回転する

ルーラーを使う

画面上で画像のサイズを確認するために、ルーラー（ものさし）を表示できます。これには、[表示]→[ルーラーを表示]（command／Ctrl+Rキー）を選び、オプションをオンにします。再度選ぶとオフになります。

ルーラーの単位を設定するには、表示ツールのコンテキストツールバーにある「単位」メニューを使います。

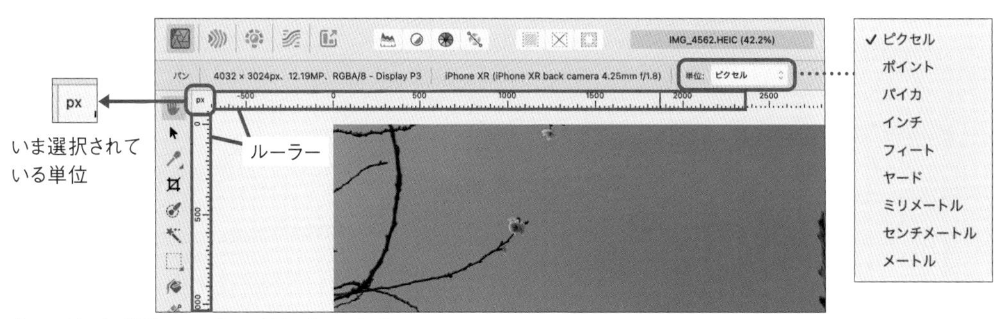

⬆ ルーラーと、表示ツールのコンテキストツールバー

++ **Note** ++

ルーラーを使って、複数の要素の位置を揃える目安の直線（ガイド）を作成できます（P.230「ガイドを作って合わせる」を参照）。

複数のビューを使う

1つのファイルを、複数のウィンドウに表示できます。拡大率や表示する領域などは個別に設定できるので、全体の仕上がりを確認しながら細部を編集するような場合に役立ちます。

いま編集している画像を新しいウィンドウで開くには、[表示]→[新規ビュー]を選びます。この段階ではワークスペースにタブとして合体しているので、必要に応じて独立したウィンドウにするとよいでしょう。この手順は、複数のファイルを開いたときと同じです（詳細はP.033「ワークスペースの概要」を参照）。

独立したウィンドウはつねに最前面に表示される（フロートしている）ので、ワークスペースと重ねて配置しても隠れることなく、背面のウィンドウを操作できます。

同じ画像を拡大率を変えて表示（別ウィンドウなのでフロートしている）

⬆ 複数のビューを使うと、全体と細部を同時に表示できる

背面にあるが、前面のウィンドウを表示したまま操作できる

Chap 3

画像全体に対する編集の基本

画像全体に関わる、サイズや傾きを調整する方法と、色調の管理に関する基礎知識を紹介します。この章で紹介する機能はあとで修正できないものですが、基本として知っておきたいものです。

3-1

画像サイズの変更

画像全体のサイズを変える方法と、
任意の範囲を切り抜く方法を紹介します。
あわせて、サイズの入力やハンドルの使い方など、
アプリ全体でよく使う機能の使い方も学びましょう。

全体のサイズを縮小／拡大する

画像全体のサイズを縮小または拡大するには、[ドキュメント]→[ドキュメントのサイズを変更...]を選びます。

ここでの操作は、見た目のことではなく、画像自体のサイズを永続的に変えるものです。たとえば、横4,000ピクセル、縦3,000ピクセルある画像を、それぞれ半分の2,000ピクセルと1,500ピクセルにするような場合です。

ウィンドウが開いたら、必要に応じて設定します。実行するには、ウィンドウ右下の「サイズ変更」ボタンをクリックします。表示ツールのコンテキストツールバーで、画像のサイズが変わったことを確かめてください。

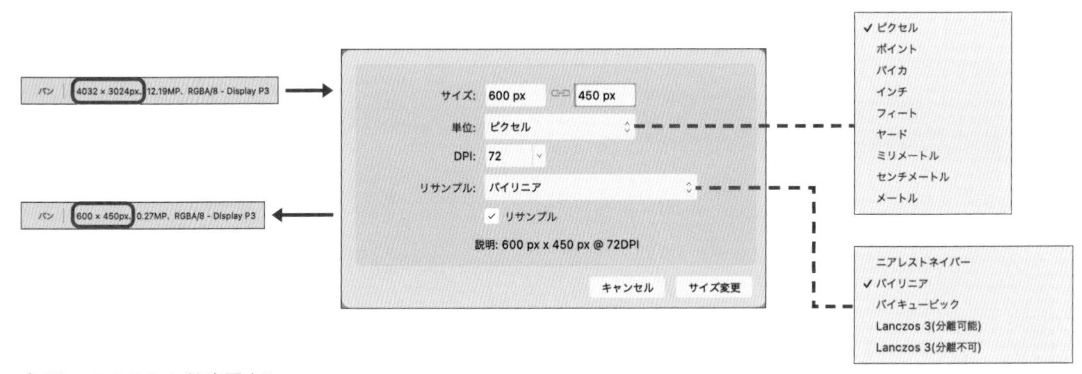

⬆ドキュメントのサイズを変更する

重要なオプションのみ、以下に紹介します。

- サイズ：横幅と高さを指定します。Affinity Photoでは多用されるインターフェイスですので、使い方の詳細は次ページのコラム「サイズ入力欄の使い方」を参照してください。
- リサンプル（メニュー）：サイズを変える方式を選びます。一般的に、自然に画像を縮小するときはデフォルトの「バイリニア」のままで十分でしょう。拡大するときは「バイキュービック」のほうが向いています。画像やサイズによっては結果が大きく変わる場合もあるので、仕上がりが荒れてしまったときは別の方式を試してください。

++ **Note** ++

ここでは単に「画像」と呼んでいますが、Affinity Photoでの画像サイズには「ドキュメントのサイズ」と、「キャンバスのサイズ」があります。いまはまだ両者の違いを意識する必要はありませんが、レイヤー機能を使うときは区別する必要があります。詳細は「5-4 さまざまなレイヤー効果」のコラム「キャンバス」（P.163）で紹介します。

●●●●解像度のみを変える

サイズを変えずに、解像度のみを変えたいときは、最初に「リサンプル」チェックボックスのオプションをオフにします（メニューのほうではありません）。オフにすると、「サイズ」の値は変えられなくなります。

なお、この操作ではメタデータ（画像に関する付属情報）のみを変更します。画像自体には何も操作しないため、見た目は変わりませんが、「説明」欄でDPIの値を確認できます。

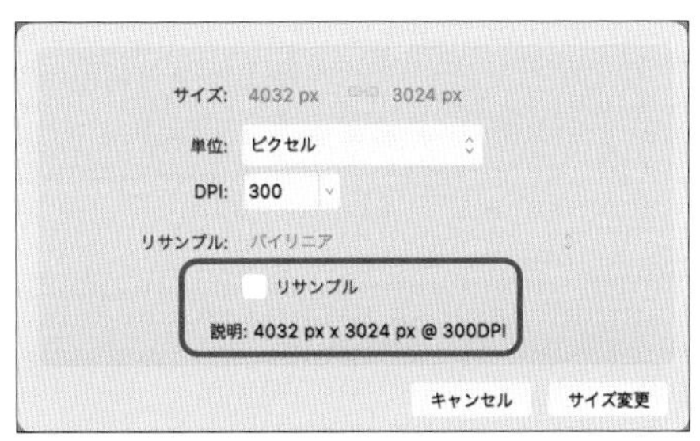

⬆ 解像度のみを変える設定

Affinity Photo Column

サイズ入力欄の使い方

サイズを設定する欄の使い方を紹介します。この設定はアプリ全体で共通です。

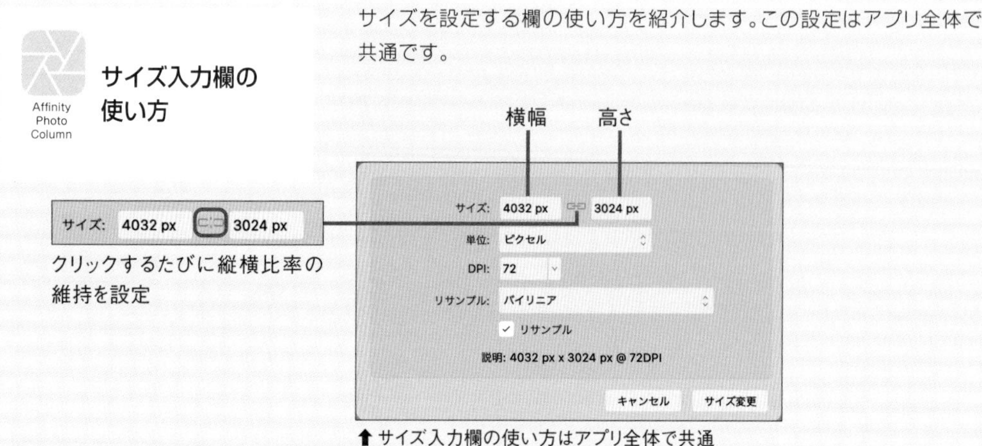

⬆サイズ入力欄の使い方はアプリ全体で共通

サイズの入力欄には説明が書かれていませんが、横幅、高さの順で入力します。入力欄の数値を書き換えたら、tabキーを押します。すると入力した内容が確定し、次の入力欄へ移ります。

入力欄の間にあるチェーンのアイコンは、縦横の比率を維持するかどうかというオプションで、クリックするたびにオン／オフが切り替わります。チェーンがつながっていれば維持、切れていれば維持しないので縦横比を崩して変形できます。

横幅の値を変えた後にtabキーを押すと、このチェーンのアイコンが選択されます。このときにspaceキーを押すと、オン／オフを切り替えられます。もう1度クリックすると、高さの欄へ移ります。

縦横比を維持する場合は、サイズを入力する欄のどちらか一方を入力してからtabキーを押すと、他方は自動的に計算されます。

入力欄には、数値を直接入力するほかに、数式も使えます。数値を正確に指定したい場合に便利です。これも、tabキーを押すと計算が実行されます。四則演算の書き方を次の表に示します（例は、元の値をAとします。Aと書かれていないものは、元の値を入力する必要はありません）。

用途	記号	入力例
足し算	+	A+20　または　+=20
引き算	-	A-20　または　-=20
掛け算	*	A*1.5
割り算	/	A/2
パーセント	%	150%

また、さらに高度な計算も可能です。興味がある方は、ヘルプで「フィールド入力用の式」を検索してください。

画像を見ながら任意の範囲を切り抜く

画像を見ながら任意の範囲を切り抜く（トリミングする）には、ツールパネルの切り抜きツールを使います。このツールを選ぶと次の図のような表示になり、切り抜く範囲を調整できるようになります。

このような表示は、図形のサイズを変えるようなアプリでは一般的なものですが、慣れていない方はP.057のコラム「領域や図形のハンドルとカーソルの形」を参照してください。

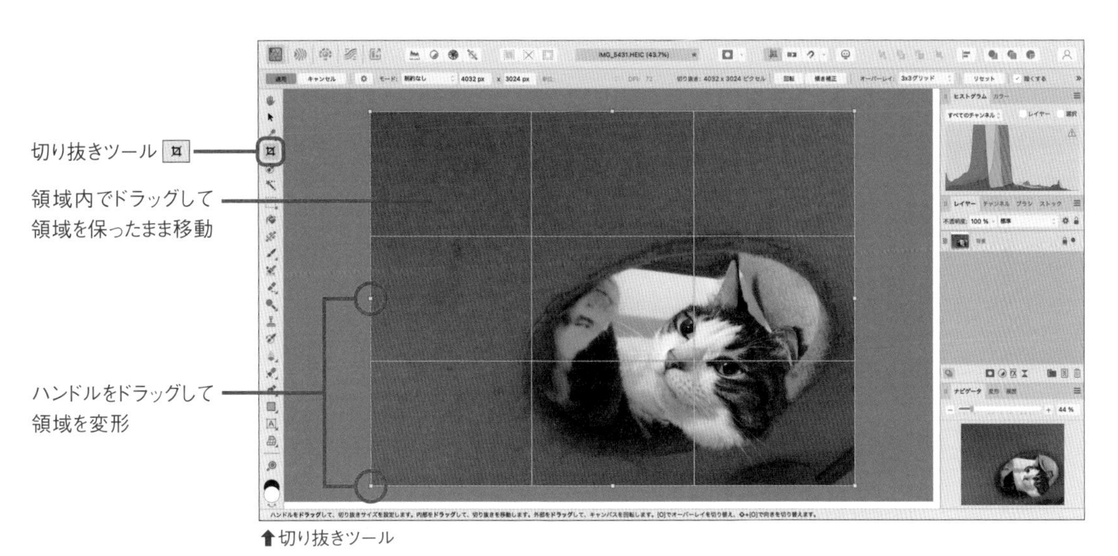

⬆切り抜きツール

切り抜きを実行するには、コンテキストツールバーにある「適用」ボタンをクリックします。または、領域の内部をダブルクリックしても同じです。

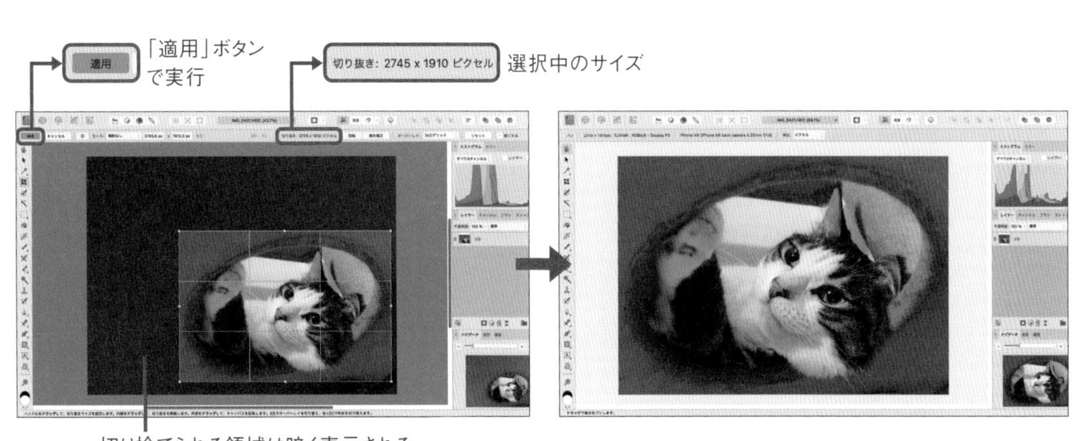

⬆切り抜きを実行する

●●●●縦横比を決めて切り抜く

縦横比を決めて切り抜くには、コンテキストツールバーにあるオプションを使います。切り抜きツールへ持ち替えると、次の図のようになります。

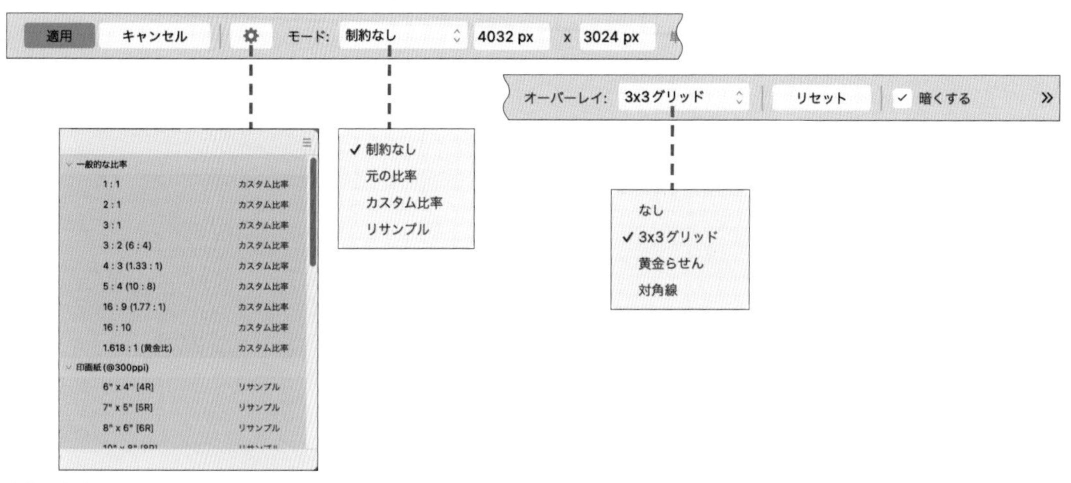

⬆ 切り抜きツールのコンテキストツールバー

重要なオプションを以下に紹介します。

- 歯車アイコン:クリックするとメニューが開き、あらかじめ用意されている比率のプリセットを選べます。ウィンドウの右上にある☰アイコンをクリックすると、いまの設定に名前を付けて自作のプリセットとして保存できます。
- モード:縦横比のモードを設定します。任意の比率を指定するには、[カスタム比率]を選んでから以降の欄に「4」と「3」のように入力します。[リサンプル]を選ぶと、サイズを指定できます。あらかじめ必要なピクセル数が決まっているような場合は、これを選びます。
- オーバーレイ:操作中に目安として表示される線の引き方を選びます。
- 暗くする:オンにすると、選択している領域の外側を暗くします。このオプションを切り替えると、領域を動かさずに元画像と比較できます。

Affinity Photo Column

領域や図形のハンドルとカーソルの形

切り抜きツールで切り抜く領域を指定したり、図形を描くツールで図形のサイズを調整したりするときに、枠の辺（フチ）や角に表示される小さな四角形を「ハンドル」と呼びます。また、辺にあるハンドルを「エッジハンドル」、角にあるハンドルを「コーナーハンドル」と呼びます。
ハンドルで囲まれた領域や図形を変形するには、目的に応じて必要なハンドルをドラッグします。ポインターをハンドルに近づけると、操作できる内容をポインターの形で示します。

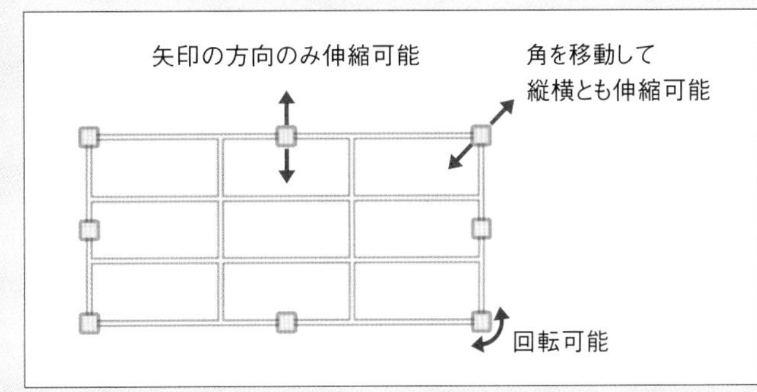

⬆ ハンドルとポインターの形

エッジハンドルをドラッグすると、幅と高さの一方だけを変えられます。どちらかを動かさずに済みますが、縦横比は崩れることになります。

3-2

画像の回転と反転

画像を回転または反転するさまざまな方法を紹介します。
必要に応じて使い分けたり、複数の方法を組み合わせてください。
自由に回転するにも切り抜きツールを使う点に注意してください。

画像を90度ずつ回転する

画像を90度ずつ回転するには、[ドキュメント]→[時計回りに90度回転]または[反時計回りに90度回転]を選びます。180度回転したいときは、同じコマンドを2回実行します。

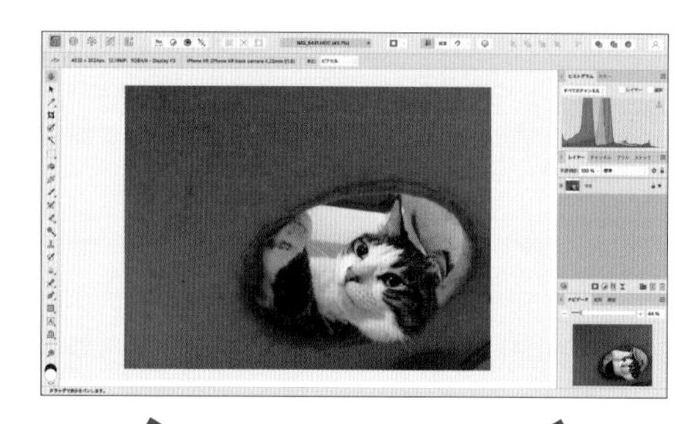

[時計回りに90度回転]

[反時計回りに90度回転]

⬆画像を90度ずつ回転する

画像を180度反転する

画像を180度反転するには、[ドキュメント]→[左右反転]または[上下反転]を選びます。反転すると文字は裏返るので注意してください。

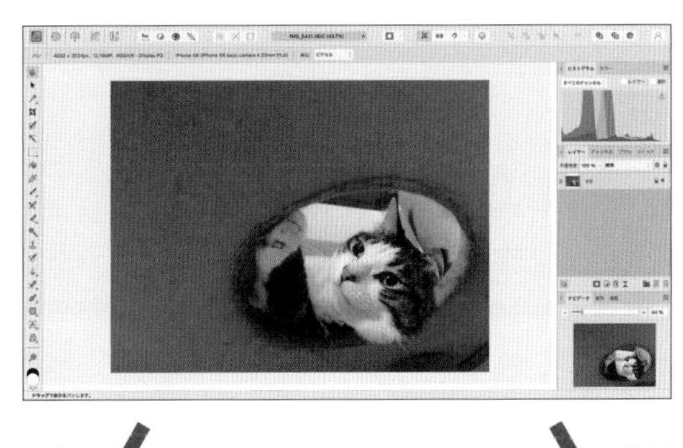

[左右反転]

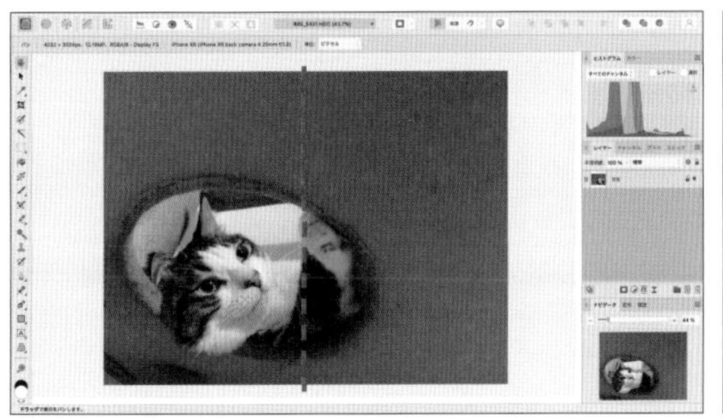

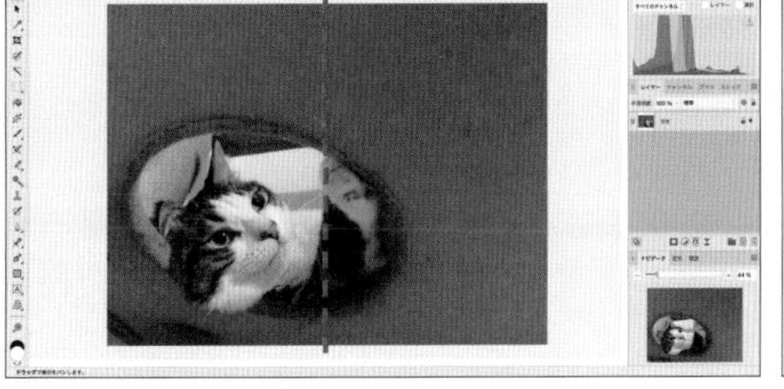

[上下反転]

⬆ 画像を180度反転する

画像を見ながら任意の角度で回転する

画像を見ながら任意の角度で回転するには、ツールパネルの切り抜きツールを使います。

このツールはP.055「画像を見ながら任意の範囲を切り抜く」でも使いましたが、エッジハンドルの少し外側あたりにポインターを置くと、ポインターが曲がった矢印の形になります。このときにドラッグすると、画像を回転できます。ドラッグしている間は目安の格子が表示されます。

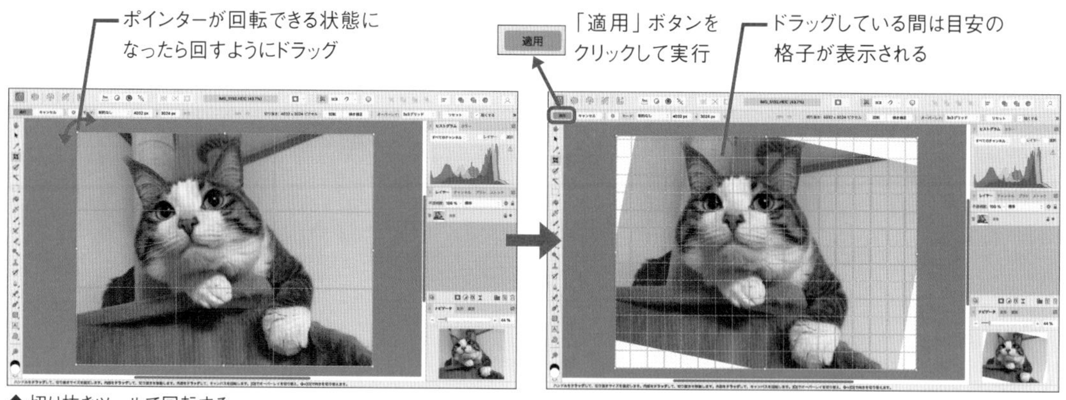

⬆ 切り抜きツールで回転する

仕上がりを確かめたいときは、マウスのボタンを離してかまいません。続けて調整するには、再びドラッグします。

設定を終えて回転を実行するには、コンテキストツールバーの「適用」ボタンをクリックします。

●●●● 目安の直線を当てて回転する

任意の角度で回転するときに、前述の方法でも目安の格子が表示されますが、もともと画像の中に目安になるものがあれば、それに合わせて回転する方法があります。

これには、切り抜きツールのコンテキストツールバーにある「傾き補正」ボタンをクリックします。するとポインターがものさしのアイコンになるので、水平または垂直の目安にしたいものに沿って線を引くようにドラッグします。次の図では、ネコが座っている板が水平になるように指定しています。

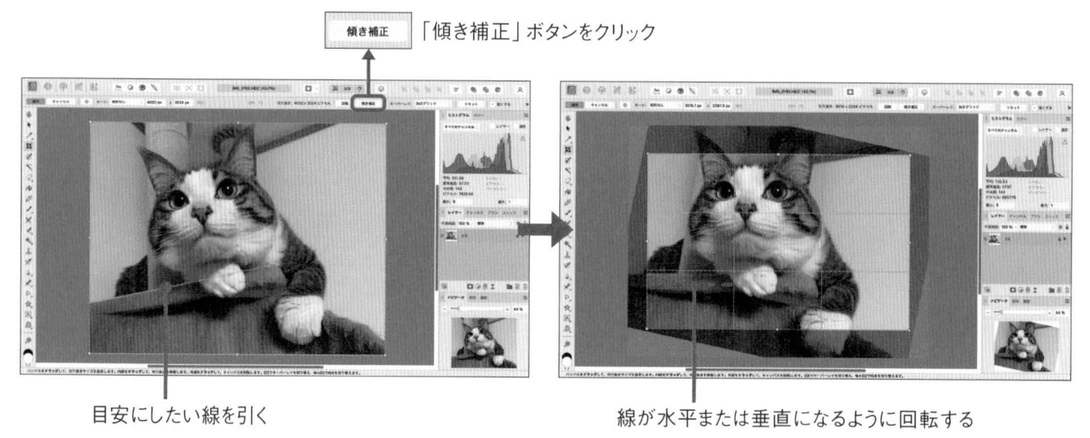

⬆ 切り抜きツールで傾きを調整する

完全に操作をやり直したい場合は、再度「傾き補正」ボタンをクリックします。あるいは、引き続き微調整したい場合は、コーナーハンドルを使って回転します。

直線を引く角度によって仕上がりが異なりますので、いったん適用してから90度回転するコマンドを使ってもよいでしょう。

回転を実行するには、コンテキストツールバーにある「適用」ボタンをクリックします。

●●●● 回転すると端が切れているように見える

90度単位ではない角度で回転した結果を確認すると、画像の端が見慣れない表示になっているでしょう。

画像がなかった部分には、グレーの格子模様が現れます。これは背景が透明であることを示しています。傾けた画像を四角形に収めるためには何らかの要素で埋め合わせる必要があるので、内容に影響しないよう透明が使われています。

また、元の画像にはあった部分が、一部欠けて見えます。スクロールしてもこの部分は表示されませんが、実際には保持されています。[ドキュメント]→[キャンバスのクリップを解除]を選ぶと表示されます。この仕組みは「5-4 さまざまなレイヤー効果」のコラム「キャンバス」(P.163)で紹介します。

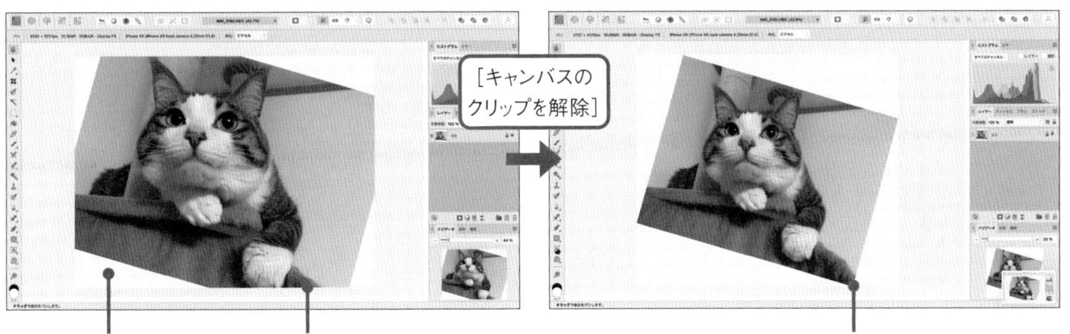

⬆ 回転した結果を確認する

3-3 色調の確認

色調を調整する前に、色調を確認する方法を紹介します。
見た目だけで判断せず、計測した結果を手がかりにしましょう。
異なる機器でできるだけ色調を維持するための基礎知識も紹介します。

ヒストグラムパネル

いま開いている画像の色調を調べるには、ヒストグラムパネルを使います。このパネルは、画像に含まれるRGBそれぞれの成分を、明るさに応じてグラフにしたものです。

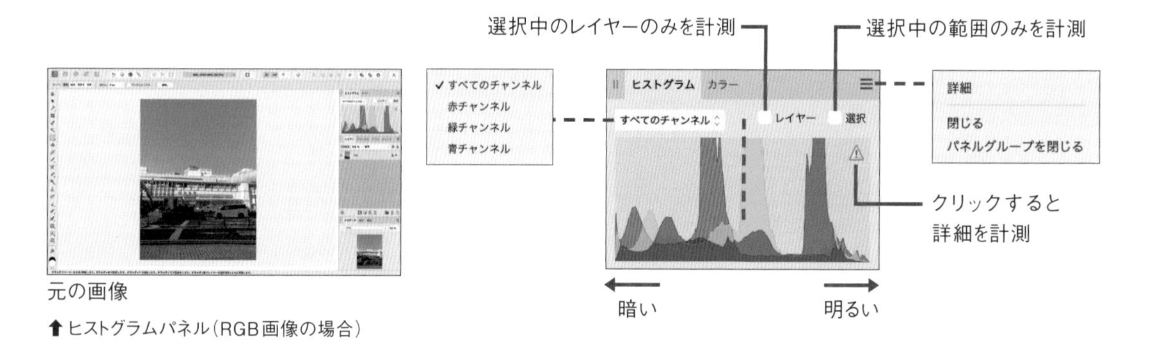

⬆ヒストグラムパネル（RGB画像の場合）

> **++ Note ++**
>
> ここではカラーフォーマットが「RGB」（レッド、グリーン、ブルー）の画像を対象に紹介しています。「CMYK」（シアン、マゼンタ、イエロー、ブラック）のものを使う場合は適宜読み替えてください。

パネルの「選択」オプションをオンにして、特定の範囲を計測したときにヒストグラムの表示がどのように変わるのか確かめてみましょう（選択範囲は点線で表示されます。選択方法はP.180「6-2 範囲を選択する」で紹介します）。

次の図は、画像のなかでも暗く黒っぽい範囲を選んでいます。ヒストグラムを見ると、グリーンとブルーの成分が、ごく暗いところにだけ含まれていることが分かります。

⬆ 暗い部分を選んでヒストグラムを調べる

この範囲を選択

次の図は、同じ画像のなかでも明るく白っぽい範囲を選んでいます。ヒストグラムを見ると、3つのカラーの成分が右端近くにだけ含まれていることが分かります。

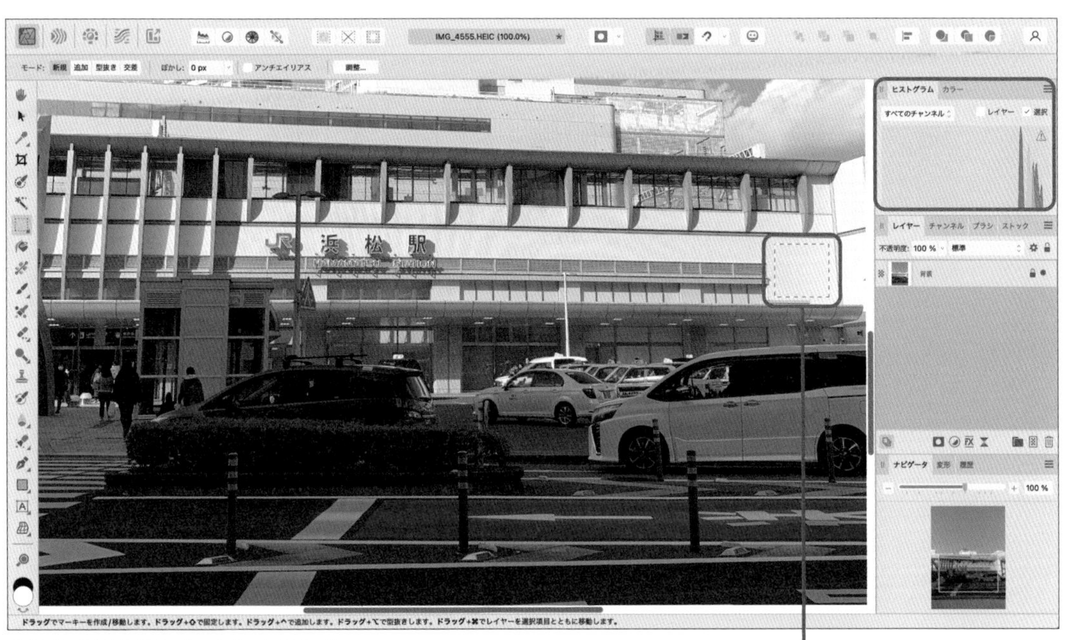

⬆ 明るい部分を選んでヒストグラムを調べる

この範囲を選択

++ **Note** ++

パネル右上のメニューから[詳細]を選ぶと数値表示などの欄が追加されます。また、ヒストグラム右上に現れる⚠のアイコンは、計測結果が暫定的なものであることを示し、クリックすると詳細を計測します。ただし、とくに高精細な画像を扱うのでなければ、どちらも使わなくてもかまわないでしょう。

●●●●ヒストグラムを色調調整の目安に使う

ヒストグラムパネルは計測データに基づいて色調を調べられるので、調整するときの目安として役立ちます。

たとえば、次の図の写真は夕方に海岸で撮影したもので、記憶としては実際の現場に近いのですが、写真としてはメリハリに欠けます。

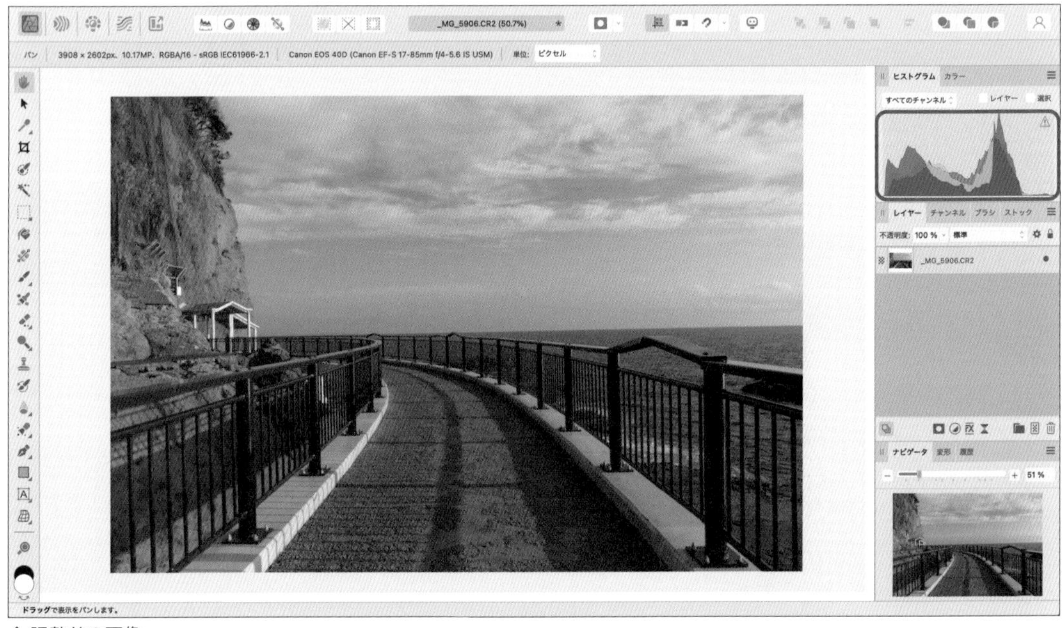

⬆調整前の画像

ヒストグラムを見ると、右端近く、つまり、もっとも明るい部分に成分がありません。本当はさらに明るい色調まで表現できるのに、それが使われていないということです。また、RGBの成分が多く含まれている部分（山のように見える箇所）は、ほぼ重なっています。3つのカラーの同じ明るさが同じように含まれているということは、色味がはっきりしないということです。

そこで、ツールバーにある「自動レベル」ボタン（P.071「自動調整機能を使う」を参照）を使って色調を自動調整したところ、次の図のように調整されました。

⬆「自動レベル」で調整した画像

再びヒストグラムを見ると、左端から右端まで全体にわたって成分があり、RGBそれぞれが多く含まれている部分が重なっていないので、全体的にメリハリが出て色味も分かるようになりました。

ただし、ヒストグラムの形がよくなったからといって、必ずしも写真としてよくなるとは限りません。この写真の例では、ブルーの成分が強すぎて夕方の雰囲気がなくなってしまいました。同様に、暗すぎたり、色味がない場合でも、意図的にそのように演出する場合もあります。

とはいえ、現在の状態をデータとして確かめられれば、何を調整すればよいのかという手がかりにはなります。色調を調整するときは、必要に応じてヒストグラムを確認するクセをつけましょう。具体的な調整の方法は、次節P.071「3-4 簡易的な色調調整」、および、次章以降で紹介します。

カラーピッカーツール

任意のピクセルのカラーを調べたり、次の作業で使うためにカラーを取得したりできます。これには、ツールパネルのカラーピッカーツールを使います。ここではまずカラーを調べる手順を紹介します。

カラーピッカーツールを選んだら、ドラッグしながらカラーを取得したい場所を探します。ルーペのように拡大表示の円が表示されるので、中心に強調表示されている範囲が目的のピクセルになるよう正確に選びます。マウスのボタンを離すと、そのカラーを取得します。思い通りにならなかったときは、何度でもやり直してください。

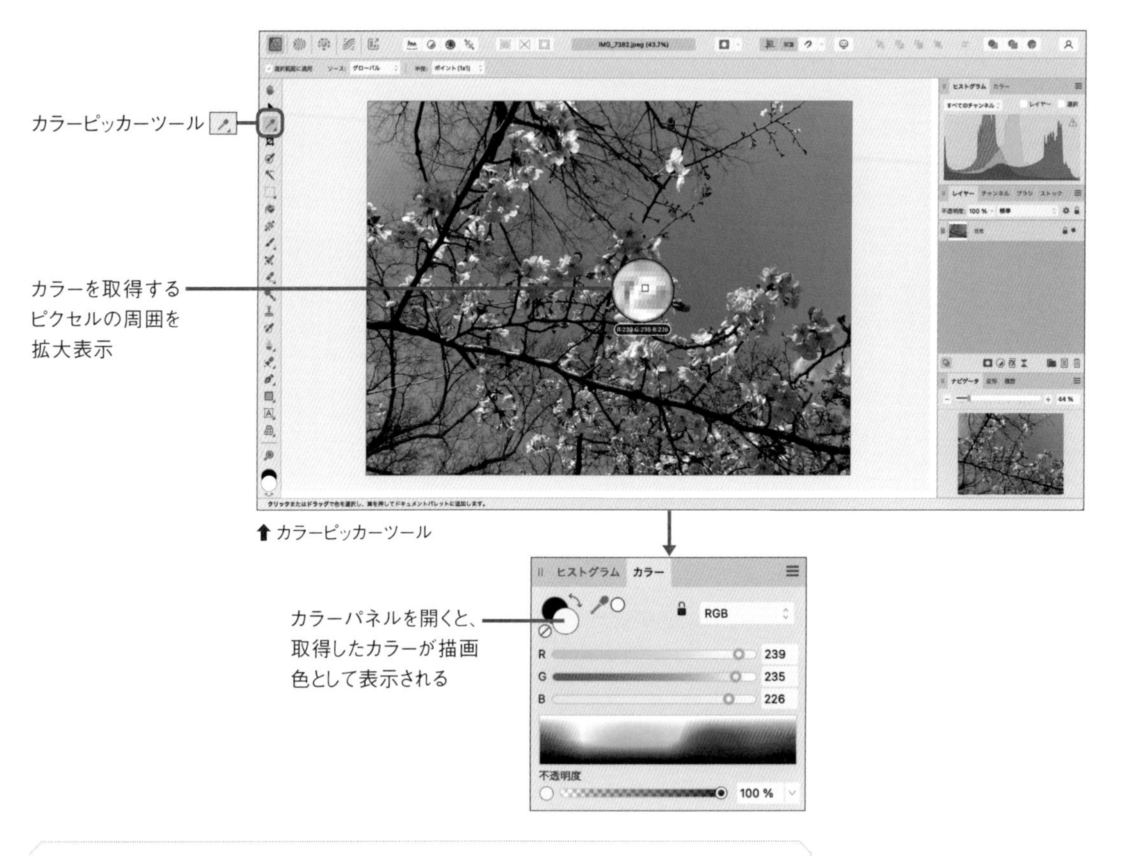

⬆ カラーピッカーツール

++ **Note** ++

既存の要素を取得する操作を「サンプリング」と呼びます。本来は「標本にする」という意味です。

●●●● カラーピッカーツールのオプション

カラーピッカーツールのコンテキストツールバーには、ツールのオプションがあります。

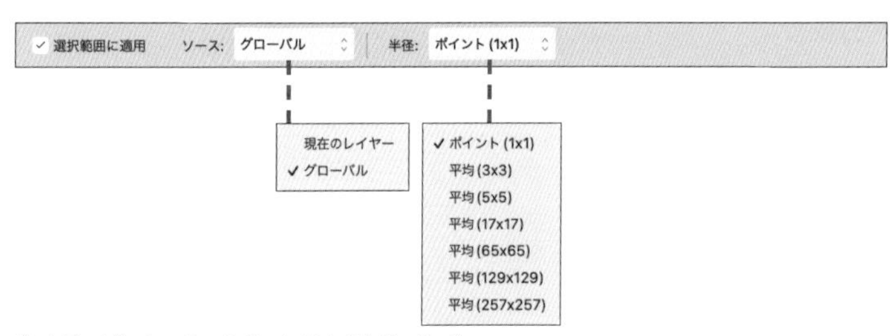

 ⬆ カラーピッカーツールのコンテキストツールバー

重要なオプションの内容を以下に紹介します。

- ソース:カラーを取得する対象を選びます。
- 半径:カラーを取得する範囲を指定します。厳密に1ピクセルを選ぶには[ポイント]、周囲のピクセルも含めた平均のカラーを取得するには[平均]のなかから選びます。

++ **Note** ++

カラーピッカーツールは、編集中の画像だけでなく、いまディスプレイに映っているあらゆる場所からカラーを取得できます。これには、まず画像のなかでクリックして、そのままワークスペースの外までドラッグします。Webコンテンツや別の画像などからカラーを取得したいときに便利です。なお、macOSではセキュリティ上の警告が表示されるので、許可するよう設定してください。

カラーフォーマットとカラープロファイル

コンピューターで画像を扱っていると、機器による色調の違いが気になった経験があるかもしれません。たとえば、同じ画像を別の機器のディスプレイで表示したときや、紙へ印刷したときなどです。

それぞれの機器が使用している部品や、カラーを表現する方法が異なるため、このような違いをなくすことは原理的に不可能です。しかし、できるだけ違いを減らすために、「カラーマネジメントシステム」(CMS)という技術が作られました。

CMSを学ぶには、カラーフォーマットとカラープロファイルを理解する必要があります。ここでは、Affinity Photoで扱うことを前提に、ごく基礎的な知識を紹介します。

++ **Note** ++

本書は一般的なホームユースやビジネスユースを前提とするため、商業印刷などの分野で求められるような厳密な色合せや、プロフェッショナルが使うような高度な制作技法は扱いません。それらの情報を必要とする方は、すでに十分な基礎知識を持っていると思いますので、本書ではAffinity Photoの操作方法のみをお読みください。CMSに興味がある方は、本文で挙げたキーワードを使ってネットで検索してみてください。

●●●● カラーフォーマットとは

カラーを表現する方法(カラーモデル)にはいくつかのものがありますが、一般的に、コンピューターなどのディスプレイではRGB(レッド、グリーン、ブルー)、印刷用インキではCMYK(シアン、マゼンタ、イエロー、ブラック)の組み合わせが使われます。また、さらに透明度（アルファチャンネル）も扱える場合は、「RGBA」のように呼ぶ場合があります。

Affinity Photoでは、カラーモデルと、その各色で表現できる階調数をビット数で表したものの組み合わせを「カラーフォーマット」として設定します。具体的には、「RGBA/8」や「CMYK/8」のように表されます。

●●●●カラープロファイルとは

個々の製品などで表現できるカラーの範囲を「カラースペース」と呼びます。たとえば、同じRGBのカラーモデルのなかでも、比較的新しいiPhoneは「Display P3」と呼ばれるカラースペースを使っているので、iPhoneで撮影した写真のファイルにはこの情報が含まれています。

Affinity Photoでは、ファイルの内容や用途に応じて色調を表現するために「カラープロファイル」を使います。たとえば、ある写真がDisplay P3のカラースペースを使っていることが分かれば、そのカラープロファイルを使って色調を表現します。

カラープロファイルのなかでもとくに知っておきたいのは「sRGB」という汎用のもので、家庭やビジネスで一般的に使われるコンピューター（OS）、ディスプレイ、デジタルカメラ、プリンターなどが広く対応しています。機器ごとの特性は生かせなくなりますが、比較的簡単な作業で対応できるという利点があります。

●●●●ファイルのカラーフォーマットとカラープロファイルを確かめる

いま開いているファイルの、カラーフォーマットとカラープロファイルの情報は、表示ツールのコンテキストツールバーに表示されます。

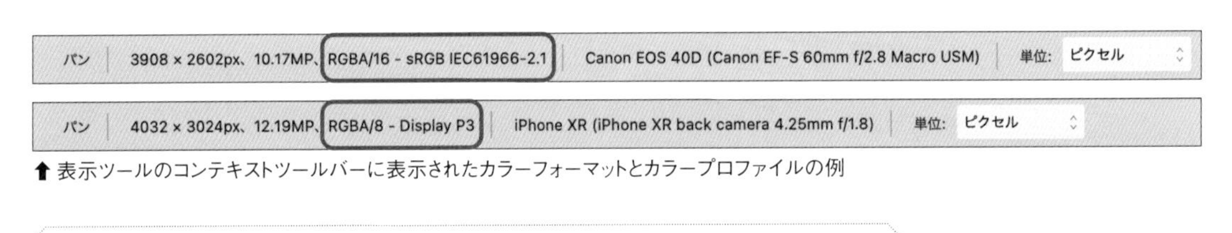

⬆ 表示ツールのコンテキストツールバーに表示されたカラーフォーマットとカラープロファイルの例

＋＋ **Note** ＋＋

個々のプロファイルの名前には、ISOやIECなどの細かな情報が付くことがありますが、一般的な用途では無視してもとくに問題はありません。

●●●●カラーフォーマットとカラープロファイルを変換する

Affinity Photoで、カラーモデルやカラースペースが異なる機器で作成した画像を編集するときや、最終的にそれらが異なる機器で利用することを前提にして編集するときは、必要に応じてカラーフォーマットとカラープロファイルを変換します。これには、[ドキュメント]→[フォーマット/ICCプロファイルを変換...]を選びます。

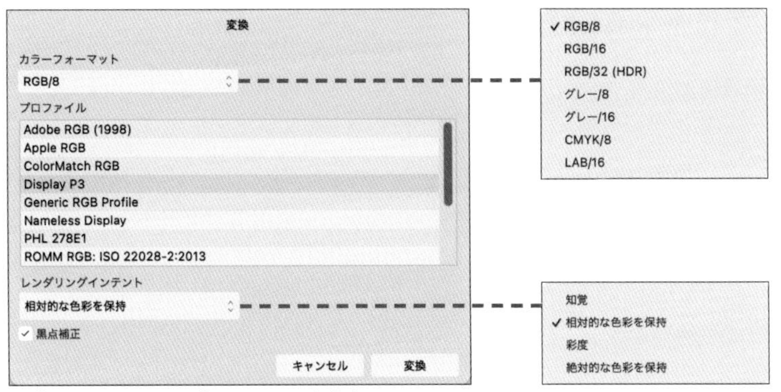

⬆「フォーマット/ICCプロファイルを変換」

「カラーフォーマット」のメニューを変えると、「プロファイル」の一覧も変わります。

「レンダリングインテント」では、変換方法を選びます。画像と方法によっては、仕上がりが大きく異なる場合があります。CMSの目的上、このコマンドを実行しても、元の色調をできるだけ維持できるほうが理想的です。もしも見栄えが大きく変わってしまったときは、「レンダリングインテント」の設定を変えて結果を比較してください。

なお、カラープロファイルがないファイルに割り当てるには、[ドキュメント]→[ICCプロファイルを割り当て...]を選びます。選択できる内容は[フォーマット/ICCプロファイルを変換...]のものと同じです。

●●●●一般的な用途ではsRGBを選ぶほうが現実的

本来であれば、製品ごとのカラープロファイルを使って、製品の機能を生かしつつも製品ごとの色の違いを吸収し、色調の一貫性を維持するのが理想的です。しかし、CMSを厳密に運用するにはカラープロファイルを正しく設定するだけでなく、環境光の管理、機器自体の設定、個体差や経年劣化を考慮した定期的な調整も必要になります。さらに、利用する機器や目的によっては、最適なワークフローも変わります。

このように、厳密な管理は大変難しいため、ホームユースやビジネスユースでは、「RGB」(Affinity Photoでは「RGB/8」)と、「sRGB」で統一するほうが現実的です。

一眼レフデジタルカメラなどでは、利用するカラープロファイルをカメラ側で設定できます。設定できない場合は、Affinity Photoで開いたときに[フォーマット/ICCプロファイルを変換...]のコマンドを使って変換するのがよいでしょう。

家庭用プリンターで印刷するときは、sRGBのままプリンターへデータを送り、プリンター側(プリンターメーカーのドライバー)に処理を任せるように設定するのがよいでしょう。

●●●●RAW画像を現像したときは

RAW画像は「現像前の生データ」ですから、カラープロファイルは設定されていません。このため、Affinity Photoで現像すると、アプリのデフォルトのプロファイルが使われます。この設定は、環境設定の「カラー」カテゴリーの「RGBカラープロファイル」にあります。環境設定を開くには、次のコマンドを実行します。

【Mac】[Affinity Photo 2]→[設定...]を選びます。

【Windows】[編集]→[設定...]を選びます。

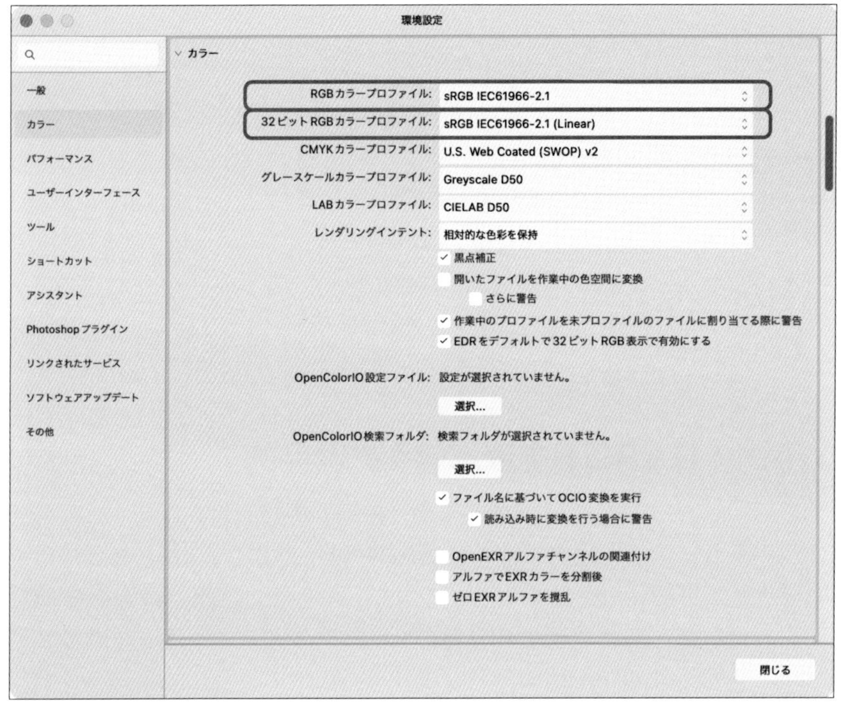

⬆デフォルトのカラーの設定

++ **Note** ++

CMYKのカラーフォーマットを使う方は、このウィンドウにある「CMYKカラープロファイル」の設定も確かめてください。一般的に、国内の商業印刷では名前に「Japan Color」を含むプロファイルのいずれかを使います。

3-4

簡易的な色調調整

色調や明るさの調整は画像編集の中でも重要なものですが、
ここでは簡易的な方法を紹介します。
いったん適用した内容をあとから再調整することはできませんが、
簡易的な調整で十分な場合は使ってもよいでしょう。

自動調整機能を使う

色調を完全に自動的に調整するには、ツールバーの「強調」グループにあるボタンを使います。

繰り返し実行すると、さらに強調されていきます。ただし、元画像によっては、効果がほとんど分からない場合もあります。

また、これらの機能では、強調する程度をユーザーが調整できません。機械的な処理だけで十分という場合に限って使う、または、試しにやってみるという程度で使うのがよいでしょう。

⬆ 作例の元画像と、ツールバーの強調グループのボタン

- 自動レベル：それぞれのカラーに対し、もっとも暗い部分と、もっとも明るい部分を調べて、階調を整えます。
- 自動コントラスト：画像全体に対し、もっとも暗い部分と、もっとも明るい部分を調べて、階調を整えます。
- 自動カラー：彩度を高くします。
- 自動ホワイトバランス：画像全体のホワイトバランスを調整します。

以下は実行例です。ヒストグラムにも注意してください。

↑自動レベル

↑自動コントラスト

⬆ 自動カラー

⬆ 自動ホワイトバランス

++ **Note** ++

ここで紹介したボタンは、[フィルター] → [カラー] 以下からも実行できます。つまり、これらの機能はフィルターの一種です。

トーンマッピングペルソナを使う

色調補正の方法の1つとして、トーンマッピングペルソナがあります。一般的な色調調整で使う基本的な機能はそろっていますし、適用する度合いも手作業で指定できます。

ただし、実行した内容をあとから再調整することはできないので、必要に応じて使い分けるとよいでしょう。

個々の調整方法の詳細については、次章以降で紹介します。ここではトーンマッピングペルソナの概要のみを紹介します。

++ **Note** ++

トーンマッピングペルソナは、もともとはとくにダイナミックレンジの広いHDRやEDRと呼ばれる画像を処理するためのものですが、一般的な画像を調整する目的で使うこともできます。

●●●●トーンマップパネルペルソナの概略

トーンマッピングペルソナを使うには、ツールバーのトーンマッピングペルソナボタンをクリックします。すると、ワークスペースが次の図のように切り替わります。いくつものパネルが自動的に切り替わりますが、なかでも重要なのがトーンマップパネルです。

↑トーンマッピングペルソナ

- トーンマップパネル:スライダーで程度を変えながら、もっとも重要な色調調整を行えます。
- プリセットパネル:トーンマップの設定をまとめて保存したものです。プレビューをクリックするとプリセットを適用します。パネルの右上にある☰のメニューを使うと、いまのトーンマップパネルの設定を保存できます。
- 分割表示:表示を分割して、調整前後の仕上がりを比較できます。

設定を適用するには、コンテキストツールバーにある「適用」ボタンをクリックします。同時に、Photoペルソナへ戻ります。

++ **Note** ++

本稿執筆時点のバージョンVer.2.1.1のWindows版では、いくつかのスライダーをダブルクリックしてもデフォルトへ戻りません。Windows版のみのバグと思われます。

●●●●トーンマップパネル

トーンマップパネルにある重要な機能を、簡単に紹介します。

- ローカルコントラスト:コントラストを局所的に強調します。
- 露出:全体の露出を調整します。
- 黒点:ブラックのレベルを調整します。
- 明るさ:中間調のレベルを調整します。
- コントラスト:全体的なコントラストを調整します。「ローカルコントラスト」とは仕上がりが異なります。
- 彩度:全体的な彩度を調整します。
- 自然な彩度:カラーを飽和させずに彩度を調整します。
- 温度:ホワイトバランスの色温度を調整します。
- 色合い:ホワイトバランスの色かぶりを調整します。
- シャドウ:シャドウ領域の階調を調整します。
- ハイライト:ハイライト領域の階調を調整します。
- ディテール調整:「半径」と「量」を指定して、シャープネスを調整します。
- カーブ:カーブを描いて、階調を調整します(トーンカーブ)。

パネルのスライダーの使い方

トーンマップパネルのように、数多くの設定項目をスライダーで調整できるパネルの使い方を紹介します。

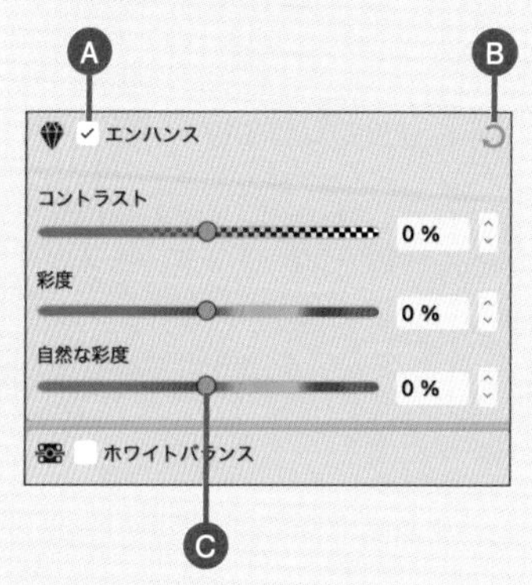

⬆ 複数のスライダーをグループ化したパネルの例

Ⓐチェックボックス：そのカテゴリーの設定をまとめてオン／オフします。スライダーの値を崩さずに、適用をやめたときの状態を確かめられます。また、オフにするとそのカテゴリーを隠せるので、使わない機能をディスプレイから片付けられます。

Ⓑ回転する矢印のアイコン：そのカテゴリーの設定をまとめてデフォルトへ戻します。

Ⓒスライダー：ツマミをダブルクリックすると、デフォルトへ戻します。

Chap 4

レイヤーを使った編集の基本

画像の色調やカラーを調整したり、輪郭をシャープにしたりノイズを除去したりするには、レイヤー機能を使います。本章では、レイヤーの基礎から、調整や効果づけを行う方法まで紹介します。

4-1

レイヤーの基本

レイヤー機能は、
画像や効果などの要素を分けて管理し、
重ね合わせるものです。
さまざまなことができますが、
基本操作から紹介していきます。

レイヤーとは

1つのファイルの中で、複数の画像や、Affinity Photoで作成した図形やテキストなどを、任意の順番で重ねられます。この機能をレイヤー（Layer）といいます。レイヤーとは「層、重なり」のことです。画像や図形などを書き込める、透明なシートのようなものと考えてください。

たとえば、写真に文字や図形を書き込みたいとします。レイヤー機能がない場合は「写真に直接マーカーで書き込む」イメージです。一方、レイヤー機能を使う場合は「透明なシートを必要な数だけ用意して、文字や図形を書き、それらを写真に重ねる」イメージになります。

次の図は、カメラで撮影した写真の画像ファイルを開いてから、レイヤーの機能を使って図形と文字を重ねたところです。レイヤーの状態を確認したり、関連する作業を行うには、おもにレイヤーパネルを使います。要素ごとに、層に分かれていることが分かります。

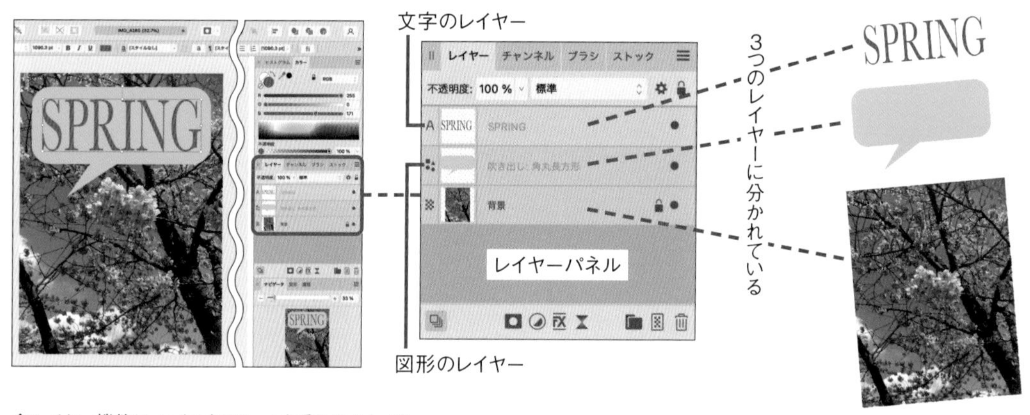

⬆レイヤー機能は、いくつものシートを重ねるイメージ

さらにレイヤーには、画像や図形のように視覚的な実体があるものだけでなく、画像に対して調整を行うもの、効果を加えるもの、ほかのレイヤーを隠すものなど、さまざまな種類があります。また、レイヤー自体にも、可視／不可視、不透明度などを設定できます。

次の図では前の図と同じ写真を使っていますが、レイヤーを使って色調を変えています。元の写真には手を加えていません。

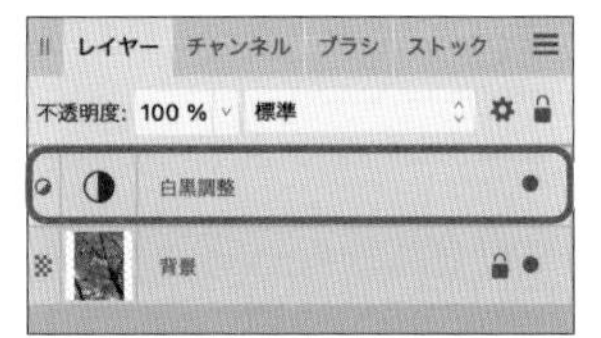

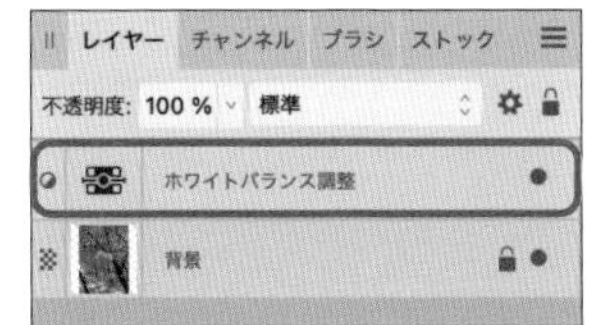

⬆ 元画像を加工せず、レイヤーで色調を調整した例

このように、レイヤー機能を使うと、作品を構成するさまざまな要素を分けて扱えるようになります。このため、部分的な差し替えや、1度行った作業のやり直しが簡単になり、作業の自由度も広がります。

なお、レイヤー機能を使って作成した作品を、レイヤー機能がサポートされていないJPEGなどのファイル形式へ書き出すときは、レイヤーパネルの設定に従って統合したものが書き出されます（詳細はP.222「ファイルとして書き出す」を参照）。元のafphoto形式のファイルは統合されないので、必要に応じて保管しておきましょう。

++ **Note** ++

ここからは、編集する対象の全体（ファイルの内容）を「ドキュメント」、内容を表示するウィンドウを「ドキュメントウィンドウ」と呼びます。これまでは単に「画像」と呼んでいましたが、本章からは画像を含めた複数の要素を1つのファイルで扱うことになるため、ファイルの全体と個別の要素を区別する必要があるからです。

●●●● 作業を始めるとレイヤーが作られる

Affinity Photoで何らかの作業を始めると、少なくとも1つのレイヤーが作られます。

何もファイルを開かずに起動したり、内容を指定せずに新しいドキュメントを作成しても、レイヤーパネルには何も表示されません（新しいドキュメントの作り方はP.138「5-1 新しいドキュメントを作る」を参照）。

JPEGファイルのように、レイヤーの機能を持たない形式の画像ファイルを開くと、レイヤーパネルには「背景」という名前の項目が現れます。この1段分が、1つのレイヤーです。

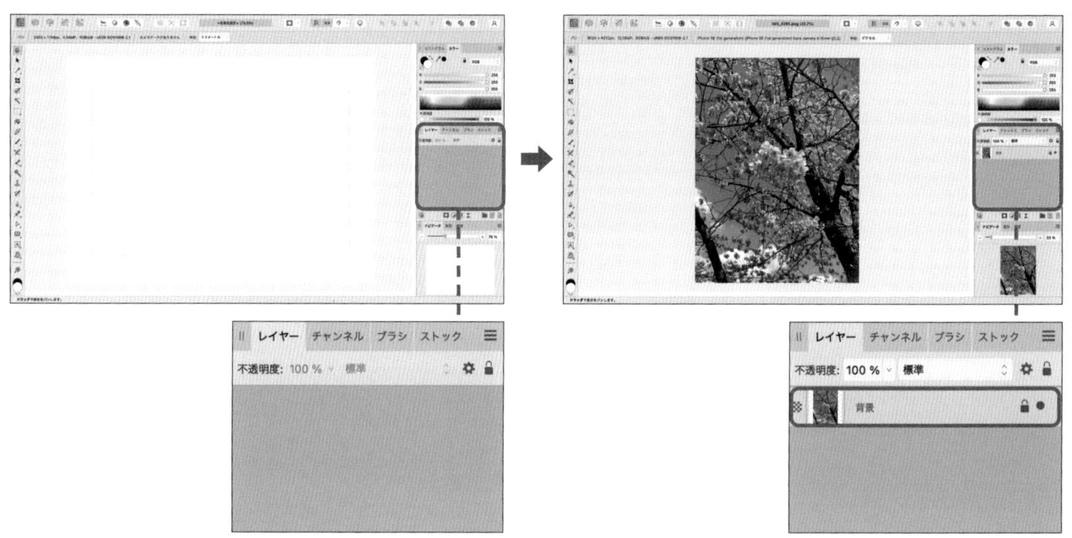

⬆写真のファイルを開くとレイヤーが１つ作られる

●●●● 練習の準備

本節ではレイヤーの基本的な扱い方を紹介していきます。紙上の解説では見た目の分かりやすさを優先して、写真に文字や図形を重ねた例を使いますが、これらを追加する手順は次章で紹介します。

本節を読み進めながら実際に操作したい場合は、複数のJPEGファイルをレイヤーとして読み込んで代用してください。手順は次のとおりです。

① 3点以上のJPEGファイルを用意します。サイズが同一である必要はありません。
② いずれか1点のファイルをAffinity Photoで開きます。
③ それ以外のファイルをAffinity Photoのドキュメントウィンドウへドラッグ&ドロップします（ツールバーではなく、②で開いた画像へ重ねるようにドロップします）。レイヤーパネルが次の図のように重なって表示されれば成功です。もしも別々のウィンドウで開いたときはやり直してください。

⬆レイヤーパネルに複数の画像が現れれば練習の準備は完了

レイヤーを選ぶ

レイヤーを選ぶには、レイヤーパネルで目的のレイヤーをクリックします。選択されたレイヤーは、レイヤーパネルで強調表示されます。

あるいは、ツールパネルにある移動ツールを使って、ドキュメントウィンドウに表示されている画像や図形などの要素をクリックして選ぶこともできます。

ただし、この方法は直感的ですが、複数のレイヤーを重ね合わせると、前にあるレイヤーに隠れている場合など、目的のレイヤーを選ぶことが難しくなる場合があります。また、視覚的な実体がないレイヤーは選択できません。両方の方法を使い分けてください。

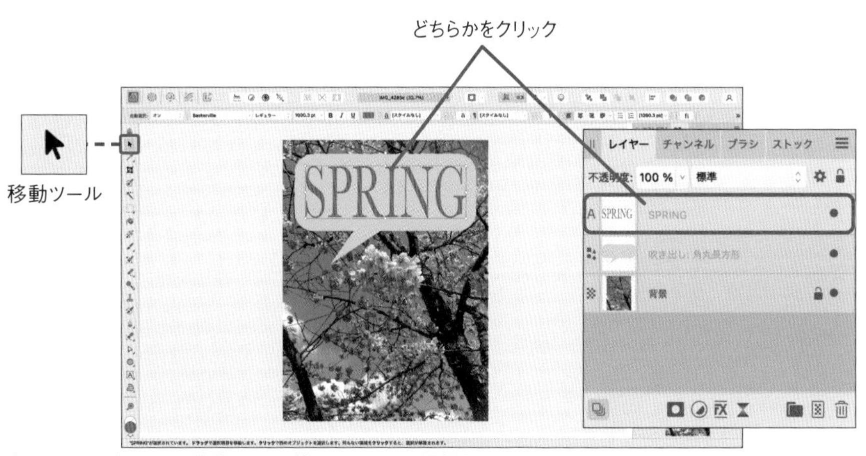

⬆レイヤーパネルまたは移動ツールを使ってレイヤーを選択する

++ **Note** ++

移動ツールを使うと、レイヤーの位置を移動できます。言い換えると、本来移動ツールは位置を移動するものですので、意図せずに位置を動かさないように注意してください。

●●●●ドキュメントウィンドウとレイヤーパネルの表示

ドキュメントウィンドウでの表示と、レイヤーパネルでの表示は、相互に反映されます。

視覚的な実体を持つレイヤーの場合、レイヤーパネルで選択すると、ドキュメントウィンドウでその要素のハンドルが表示されます。逆に、ドキュメントウィンドウで移動ツールを使っていずれかの要素を選択するなどの操作をすると、そのレイヤーがレイヤーパネルで強調表示されます。

⬆ドキュメントウィンドウとレイヤーパネルの表示は、相互に反映される

視覚的な実体を持たないレイヤーはドキュメントウィンドウでは表示できないので、移動ツールでは選択できません。しかし、レイヤーパネルを使えば選択できます。このことは、本章で扱う調整レイヤーやライブフィルターレイヤーを使うときに重要です。

++ **Note** ++

移動ツール以外のツールでも、操作の状態によって、適宜レイヤーが選ばれます。

●●●●複数のレイヤーを選ぶ

レイヤーは、1つずつだけでなく、複数のレイヤーを同時に選ぶこともできます。本節で以後紹介するほとんどの操作は、複数のレイヤーを選んで1度に実行できます。

レイヤーパネルで複数のレイヤーを同時に選ぶ方法は、以下のとおりです。

- command／Ctrlキーを押しながら1つずつクリックします。
- 連続して表示されているレイヤーを選ぶ場合は、一方の端をクリックしてから、他方の端をshiftキーを押しながらクリックします。すると、途中にあるレイヤーも選ばれます。

++ **Note** ++

ドキュメントウィンドウで、移動ツールを使って選択することもできます。

●●●●選んでいるレイヤーをつねに注意

レイヤー機能を使い始めたら、いま操作しているのがどのレイヤーであるのか、つねに注意してください。

もしも操作対象を間違えると、思わぬ結果になるだけでなく、思わぬ結果になったことに気づかないまま作業を進めてしまうおそれがあります。

レイヤーの重ね順を移動する

レイヤーを重ねる順番は、レイヤーパネルで設定します。 ドキュメントウィンドウにはリアルタイムで反映されます。

レイヤーパネルでの重ね順は、ドキュメントウィンドウで重なる順番として反映されます。すなわち、レイヤーパネルの上層に配置するとドキュメントウィンドウでは前面に、下層に配置すると背面に表示されます。

レイヤー自体は完全に透明です。ただし、より上層にあるレイヤーの不透明な部分が、より下層にあるレイヤーに重なると、その部分は隠されます。このため、実際にはドキュメントに含まれていても、レイヤーの順番によっては見えなくなる場合があります。

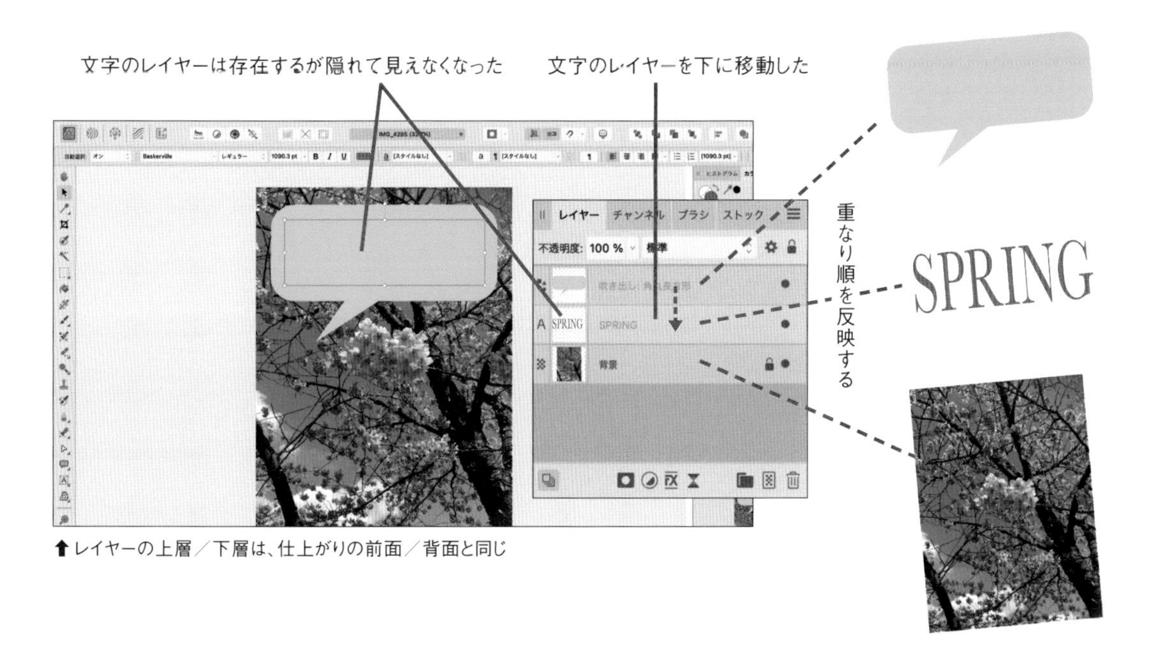

⬆レイヤーの上層／下層は、仕上がりの前面／背面と同じ

●●●●レイヤーの重ね順を変える

レイヤーの重ね順を変えるには、レイヤーパネルの中で上下にドラッグ&ドロップします。このとき、ドロップする位置に注意してください。ドラッグ中に強調表示されるところが目安になります。

最上端／最下端、または、レイヤーとレイヤーの間へドロップすると、その階層へ移動します。レイヤーに重ねるようにドロップすると別の操作（クリッピングやマスク）になるので注意してください（詳細はP.212「6-4 2つのレイヤーを使って切り抜く」を参照）。

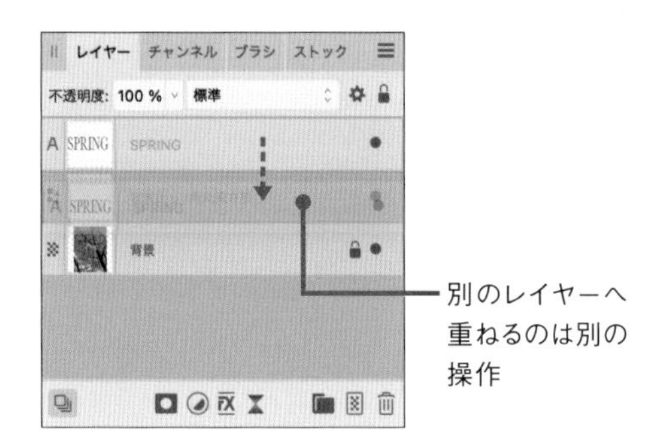

⬆レイヤーの重ね順を変える

なお、ドラッグ&ドロップする以外にも、以下の方法があります。ドロップ先を選ぶ微妙な操作が面倒な場合に便利です。いずれも、目的のレイヤーを選択してから操作します。

[重ね順]メニューを使う

- [最前面に移動]（command／Ctrl+shift+]）
- [前面へ]（command／Ctrl+]）
- [背面へ]（command／Ctrl+[）
- [最背面に移動]（command／Ctrl+shift+[）

ツールバーの「重ね順」グループのボタンを使う

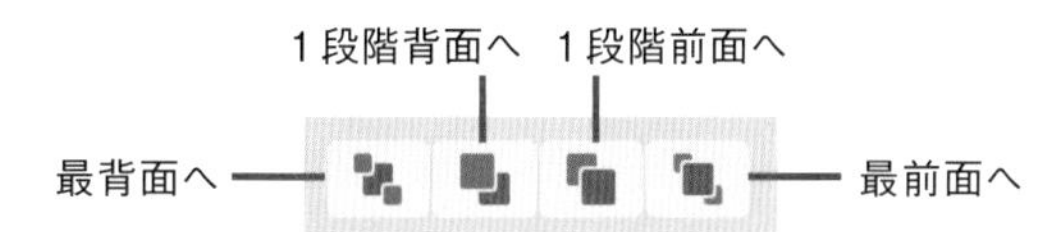

⬆ツールバーのボタンで重ね順を操作する

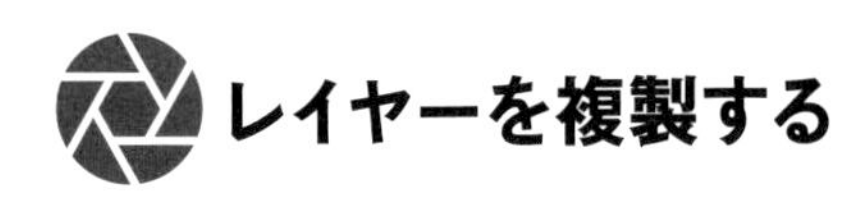

レイヤーを複製する

選択したレイヤーを複製するには、次のいずれかの操作を行います。

- [レイヤー] → [複製] を選びます。
- レイヤーパネルで右クリックし、メニューが開いたら [複製] を選びます。
- ドキュメントウィンドウで移動ツールを使い、option／Ctrlキーを押しながらドラッグします。キーは、マウスのボタンを離すときに押されていれば複製されます。

メニューから操作したときは、ドキュメント上で同じ位置に複製されます。このため、一見すると複製されていないように見えるので、レイヤーパネルで確認してください。

⬆ レイヤーを複製すると同じ位置に複製される

++ **Note** ++

レイヤーの複製は、大きな変更を加える前のバックアップを作るために使われることがよくあります。その場合は、一方を非表示にするだけでなく、レイヤーの名前を適切なものに変えておきましょう。

レイヤーの表示／非表示を切り替える

レイヤーごとに、表示と非表示を切り替えられます。レイヤーを1つずつ仕上がりを確認する、バックアップのために複製して隠しておくなど、さまざまな用途に使えます。

●●●● 選択したレイヤーを非表示にする

選択したレイヤーの表示／非表示を切り替えるには、次のいずれかの操作を行います。

- [レイヤー]→[非表示]または[表示]を選びます。
- レイヤーパネルで右クリックし、メニューが開いたら[非表示]オプションを切り替えます。
- レイヤーパネルの各レイヤーの右端にある●アイコンをクリックします。クリックするたびに切り替えます。

⬆選択したレイヤーを非表示にする

++ **Note** ++

複数のレイヤーを操作するときは、先に目的のレイヤーをまとめて選んでおき、いずれかのレイヤーの表示／非表示を切り替えても操作できます。すべてのレイヤーの●アイコンを1つずつクリックする必要はありません。

●●●●選択していないレイヤーを隠す

選択したレイヤーではなく、選択していないレイヤーを隠す方法もあります。目的のレイヤーだけに集中したいときに便利です。これには、レイヤーパネルで表示したいレイヤーを選択してから、[レイヤー]→[他を隠す]を選びます。キーボードショートカットは次のとおりです。

- 【Mac】command+option+control+Hキー
- 【Windows】Ctrl+Hキー

なお、類似した操作として、以下のものもあります。

- 選択していないレイヤーを表示する:[レイヤー]→[その他を表示]を選びます。[他を隠す]の逆の操作です。
- 現在の状態にかかわらず、すべてのレイヤーを表示する:[レイヤー]→[すべて表示]を選びます。

++ **Note** ++

バックアップの目的で一部のレイヤーを非表示にしている場合は、すべてのレイヤーを表示するとバックアップのレイヤーも表示されるので注意してください。

●●●●グレーの市松模様は透明を表す

すべてのレイヤーを隠したり、「背景」レイヤーを隠したりすると、グレーの市松模様が現れることがあります。これは、透明であることを示します。

⬆ グレーの市松模様は透明であることを表す

レイヤーの名前を変える

レイヤーの名前は、多くの場合、自動的に入力されます。ただし、レイヤーの数が増えると取り違えるおそれも大きくなるので、重要なレイヤーだけでも内容や目的を反映した名前に書き換えましょう。

レイヤーの名前を書き換えるには、名前が表示されている箇所を【Mac】ダブルクリック、【Windows】1度クリックします。入力欄が開いたら名前を入力し、return／Enterキーを押して確定します。

⬆ レイヤーの名前を変える

レイヤーを作成する

レイヤーにはさまざまな種類があります。たとえば、写真のような完結した画像を収めるものは画像レイヤー、図形を収めるものはシェイプという種類のレイヤーを使います。収める内容に対して、適切な種類のレイヤーが必要です。

画像、図形、文字など、視覚的な実体を持つ要素の場合は、一般的に、レイヤーは操作に応じて自動的に作られます。たとえば、文字を書き込むツールを選んでドキュメントウィンドウをクリックすると、自動的に文字用のレイヤーが作られます。この機能を「アシスタント」と呼びます。

一般的な画像を収めるために、新しい空白のレイヤーを意図的に作るには、以下のいずれかの操作を行います。これらの操作で作られるレイヤーはピクセルレイヤーです（詳細は「6-1 範囲を選択する準備」末尾のコラムP.179「ピクセルレイヤー」を参照）。

- ［レイヤー］→［新規レイヤー］を選びます。
- レイヤーパネルで、「ピクセルレイヤー」ボタンをクリックします。

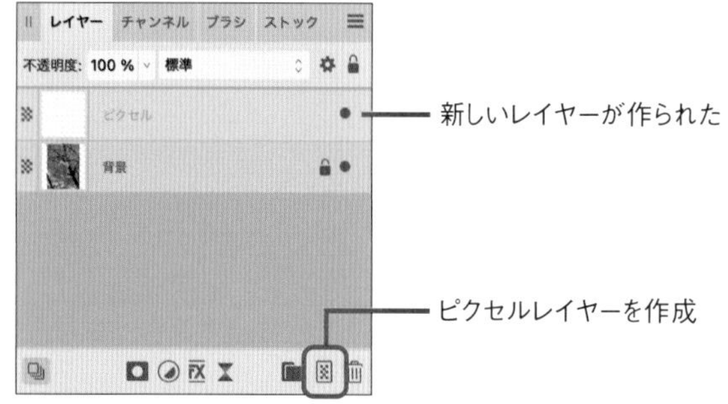

⬆内容が空白のピクセルレイヤーを作る

++ **Note** ++

特定の目的のレイヤーを新しく作るには、［レイヤー］メニュー以下にある「新規～」から選びます。広く使われるものは本書内で順次紹介します。

レイヤーを削除する

選択したレイヤーを削除するには、以下のいずれかを操作します。

- ［レイヤー］→［削除］を選びます（backspaceキー）。
- レイヤーパネルで右クリックし、メニューが開いたら［削除］を選びます。

- レイヤーパネル下端のゴミ箱のアイコンをクリックします。
- ゴミ箱のアイコンへドラッグ&ドロップします。

⬆ レイヤーを削除する

もしも意図しないレイヤーを削除してしまったときは、すぐにアンドゥしてください。意図しない削除を防ぐため、明らかに不要なレイヤー以外は、削除ではなく非表示にするのもよいでしょう。ただし、削除しなければ、そのぶんだけファイルサイズは大きくなります。

++ **Note** ++

削除するアイコンはゴミ箱ですが、操作するとすぐに削除されます。アンドゥは可能ですが、あとから取り戻す仕組みはありません。

レイヤーをグループにまとめる

ファイルをフォルダーにまとめるように、任意のレイヤーをグループにまとめられます。使用するレイヤーの数が増えたときの分類に役立ちます。

レイヤーをグループにまとめると、レイヤーパネルの左端に > アイコンが表示されます。これをクリックするたびに、グループのなかにあるレイヤーを表示します。グループの中にあるレイヤーは、1段階右へずれて表示されます。

⬆ グループにまとめられたレイヤー

グループの中にあっても、上下は同じ手順で入れ替えられます。また、グループの中にグループを作ることもできます。筆者が実験したところ、20段階の階層を作っても問題はなかったので、実質的に、階層の数に制限はないようです。

++ **Note** ++

以後本書では、レイヤーパネルのなかでの上下を「上層／下層」、グループを使って階層化したものを「上位／下位」と呼んで区別します。なお、Affinity Photoの画面やヘルプでは、階層化したものを「親／子」とも呼びます。

●●●●複数のレイヤーをグループにする

レイヤーパネルで選択した複数のレイヤーをグループとしてまとめられます。これには、次のいずれかを操作します。

- ［重ね順］→［グループ化］を選びます（command／Ctrl+Gキー）。
- レイヤーパネルで右クリックし、メニューが開いたら［グループ化］を選びます。
- レイヤーパネル下端にあるフォルダーのアイコンをクリックします。

ほかにも、ドキュメントウィンドウで移動ツールを使って選択できる要素をグループにしたい場合は、複数の要素を選択してから、コンテキストツールバーにある「グループ化」ボタンをクリックする方法があります。移動ツールを使っているときに便利です。

++ **Note** ++

メニューには、グループと似たイメージの「結合」という名前が付いたコマンドがあります。これは複数のレイヤーを1つのレイヤーに統合するものですので、グループ化とは機能が異なります。

●●●●空のグループを作る

新しい空のグループを作るには、［レイヤー］→［新規グループ］を選びます。丸に斜線が入ったアイコン⊘は、グループの中が空であることを示します。

↑新しい空のグループを作る

●●●●レイヤーをグループの下位へ移動する

レイヤーをグループの中へ移動するには、レイヤーパネルで目的のレイヤーを選択してから、グループへドラッグ&ドロップします。

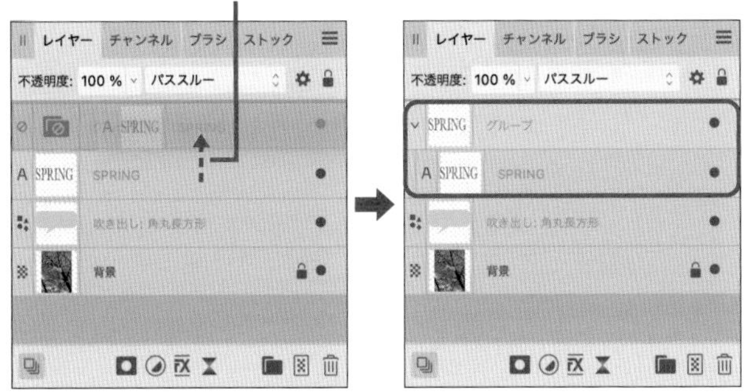

⬆レイヤーをグループの下位へ移動する

●●●●レイヤーをグループの上位へ移動する

グループの中にあるレイヤーを上位へ移動するには、レイヤーの左隣、下位であることを示す段へドラッグ&ドロップします。上半分へドロップするとグループの上層、下半分へドロップすると下層へ移動します。

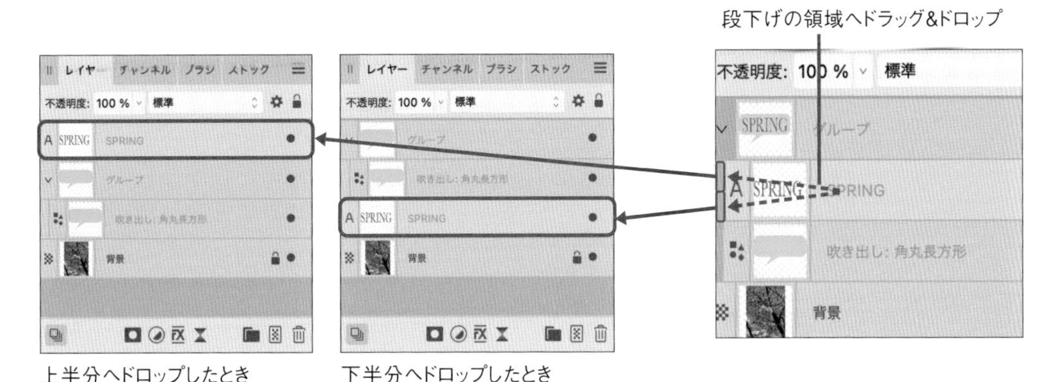

上半分へドロップしたとき　下半分へドロップしたとき

⬆レイヤーをグループの上位へ移動する

この手順では、グループが数段階あっても、1度の操作で飛び越えて移動できます。また、複数のレイヤーをまとめて移動したいときは、選択してから、いずれか1つのレイヤーを操作します。

プルダウンメニューを使って階層を移動するには、[重ね順]→[内側に移動]を選ぶと下層にあるレイヤーの下位へ、[重ね順]→[外側に移動]を選ぶと上位にあるレイヤーの上層へ移動します。

●●●●グループを削除する

レイヤーグループを削除する手順は、レイヤーを削除する手順と同じです。

なお、レイヤーグループは、下位にレイヤーがすべてなくなっても、自動的に削除されません。

●●●●そのほかのレイヤーグループの操作

レイヤーグループに関係する操作のうちでも、以下のものを覚えておくと便利です。

- すべてのグループを閉じる：[レイヤー]→[レイヤーパネルですべて折りたたむ]を選びます。
- 選択したグループを複製する：[レイヤー]→[複製]を選びます。レイヤーと同じです。グループを複製すると、下位のレイヤーを含んで複製されます。
- グループを解体する：[重ね順]→[グループ解除]を選びます。グループの中にあるレイヤーは削除されません。
- グループの名前を変える：名前が表示されている箇所を【Mac】ダブルクリック、【Windows】クリックします。入力欄が開いたら入力し、return／Enterキーで確定します。レイヤーの名前を変えるときと同じです。

4-2 調整レイヤーを使った色調補正

レイヤーを使った最初の作業として、
デジカメやスマホで撮影した写真の
全体的な明るさやカラーを調整してみましょう。
本節の内容で、日常的な写真補正に必要な機能の
ほとんどを把握できます。
しかも、元の画像には影響しないので、やり直しも可能です。

調整レイヤーとは

一般的に、写真を補正するには、まず明るさとカラーを調整することでしょう。この作業をAffinity Photoで行うには、元の画像を操作せずに調整できる特殊なレイヤーを使うことをおすすめします。これを調整レイヤーと呼びます。それ自体に視覚的な実体はありませんが、基本的な扱い方は画像のレイヤーと同じです。

調整レイヤーを作成するには、調整したい画像のレイヤーを選択してから、以下のいずれかの手順を実行します。

- [レイヤー] → [新規調整レイヤー] → [(目的の調整レイヤー)] を選びます。
- レイヤーパネルの「調整」ボタンをクリックして、メニューが開いたら[(目的の調整レイヤー)] を選びます。

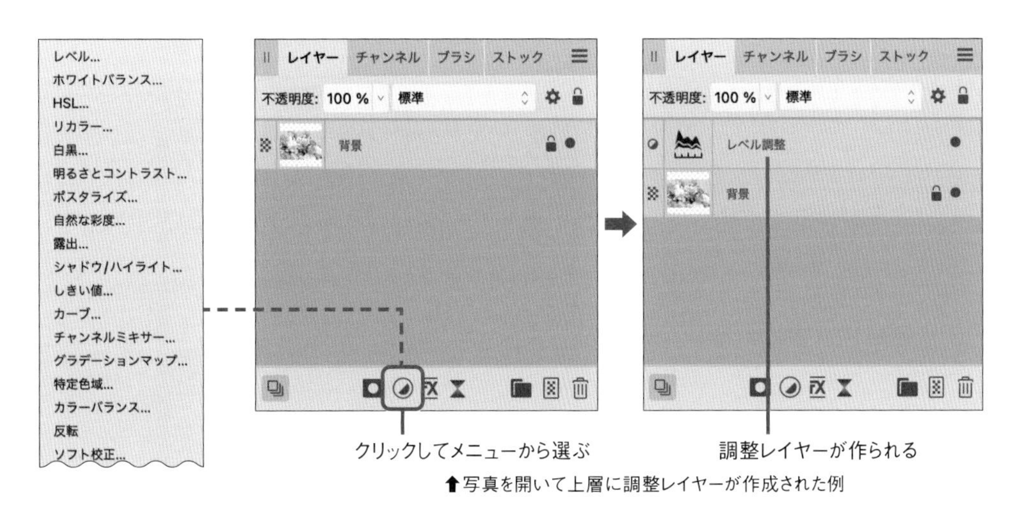

⬆写真を開いて上層に調整レイヤーが作成された例

前の図では、調整レイヤーは「背景」レイヤーの上層にあるので、「背景」レイヤーの画像に対して効果を加えています。写真に半透明の色つきシートを乗せたイメージです。

あるいは、次の図のように、レイヤーの下位に作られる場合もあります。レイヤーの左端に「>」アイコンが表示されることから分かるとおり、これはグループの一種です（詳細はP.118「調整レイヤーを複数作る」を参照）。

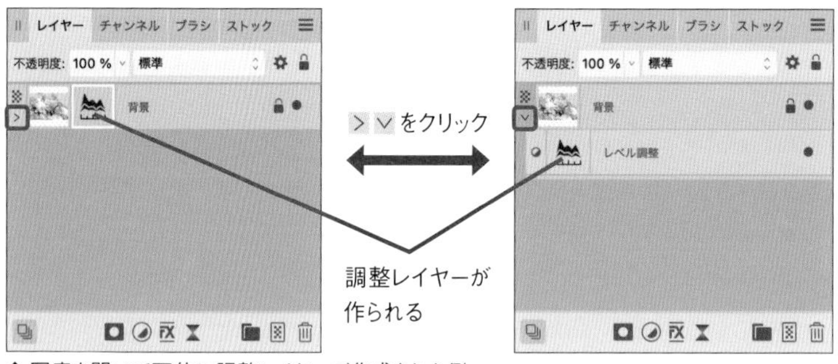

⬆ 写真を開いて下位に調整レイヤーが作成された例

いずれにしても、調整レイヤーが作られている場所が、画像の下層ではない点に注目してください。もしも下層にあると、上層にあるレイヤーに対して効果を与えられません。

ただし、レイヤーが増えてくると、手順によっては期待しない階層に作られることもあります。その場合は、いったんアンドゥしてやり直すか、作られた調整レイヤーを手作業で移動してください。

++ **Note** ++

この例のように1つの画像に設定する場合は、上層でも下位でも結果として同じ仕上がりになります。ただし、1つのドキュメントに調整レイヤーを複数作る場合や、複数の画像やグループを配置する場合は、層の順番やグループの作り方で仕上がりが異なってきます。その注意点については、P.118「調整レイヤーを複数作る」で紹介します。

●●●● 調整レイヤーが作られるデフォルトの場所

調整レイヤーを作るデフォルトの場所は、環境設定の「アシスタント」カテゴリーにある「選択範囲に調整レイヤーを追加」で決められます。環境設定を開く手順は次のとおりです。

【Mac】[Affinity Photo 2]→[設定...]

【Windows】[編集]→[設定...]

↑ 調整レイヤーを作るデフォルトの場所を設定する

●●●● 調整レイヤーを使った作業の流れと、設定ウィンドウの基本

調整レイヤーを作ると、設定内容を表示するウィンドウが開きます（ただし、「反転」調整レイヤーのように設定内容がない場合は、ウィンドウは開きません。メッセージも表示されないため、不正な動作に見えかねないので注意してください）。

ドキュメントウィンドウで仕上がりを確かめながら、スライダーを操作するか値の欄をクリックして値を直接入力したり、メニューを選んだりして調整を行います。設定を終えたら、ウィンドウは閉じてもかまいません。

値を増減するスライダーは、ツマミを左へ動かすと値を減らし、右へ動かすと値を増やします。

調整レイヤーを設定するウィンドウの基本的な構成は、次の図のとおりです。

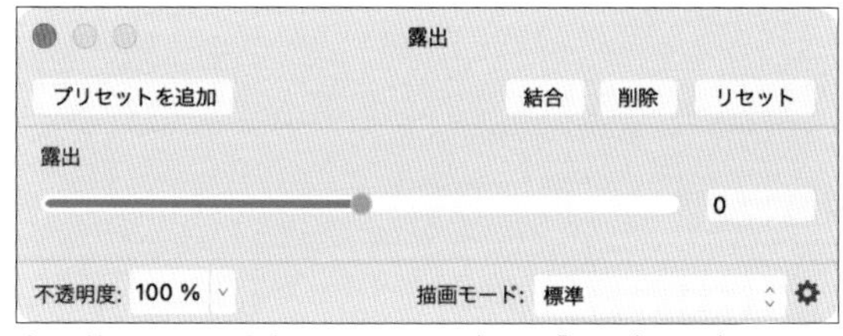

↑ 調整レイヤーを設定するウィンドウ（図は「露出」の例）

- プリセットを追加：現在の設定をプリセットとして保存します。保存したプリセットは、調整パネルから呼び出せます（詳細はP.116「調整パネル」を参照）。
- 結合：1段下層のレイヤーと結合します。確認は行われません。統合できるレイヤーがない場合は、クリックしても何も起こりません。
- 削除：この調整レイヤーを削除します。レイヤーパネルでこの調整レイヤーを選び直す手順を省略できます。
- リセット：設定内容のすべてをリセットします。なお、スライダーを1つだけリセットしたい場合は、つまみをダブルクリックします。

- 不透明度：このレイヤーの不透明度を設定します（レイヤーの不透明度についてはP.156「不透明度」を参照）。
- 描画モード：P.157「ブレンドモード」を参照してください。
- 歯車アイコン：レイヤーのブレンドオプションを設定するウィンドウを開きます。

●●●● 調整レイヤーの設定内容をあとから調整・削除する

調整レイヤーの設定ウィンドウをいったん閉じた後に、再び開いて調整するには、レイヤーパネルで調整レイヤーの種類を示すアイコンをクリックします。

このとき、調整レイヤーが上層にあっても、下位（グループの中）にある場合でも、調整レイヤーの種類のアイコンをクリックしてウィンドウを開く点では同じです。

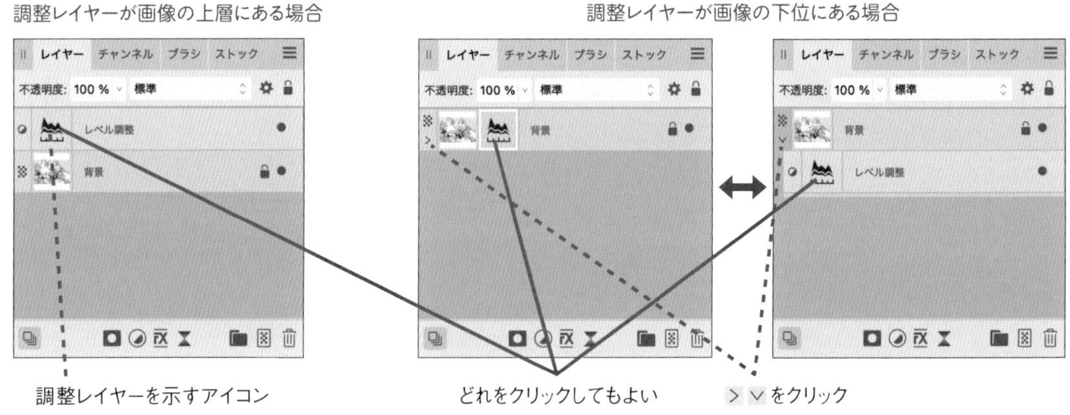

⬆ 調整レイヤーの種類のアイコンをクリックして設定ウィンドウを開く

●●●● 設定しない状態と比較する

調整レイヤーを設定しない状態と比較するには、レイヤーパネルで調整レイヤーを非表示にします。調整レイヤーを非表示にするとは、調整レイヤーの効果を一時的になくしてみせることです。

⬆ 調整しない場合と比較するには調整レイヤーを非表示にする

さまざまな調整レイヤー

個々の調整レイヤーの機能と注目ポイントを簡単に紹介します。設定前後のヒストグラムの違いにも注目してください。機能をわかりやすく紹介するため、作例では設定をやや強めにしています。順番は、[レイヤー]→[新規調整レイヤー]メニューのとおりです。コマンドの表記もこのメニューに従います。

++ **Note** ++

調整レイヤーは全部で23種類ありますが、とくに重要なものは「レベル」「カーブ」の2つです。また、前の2つに加え、「白黒」「HSL」にはキーボードショートカットが割り当てられています。それ以外は、必要なときに思い出せる程度に把握しておけばよいでしょう。

●●●●露出

「露出」調整レイヤーは、ハイライトとシャドウのレベルを調整します。露出不足/過多の補正に役立ちます。

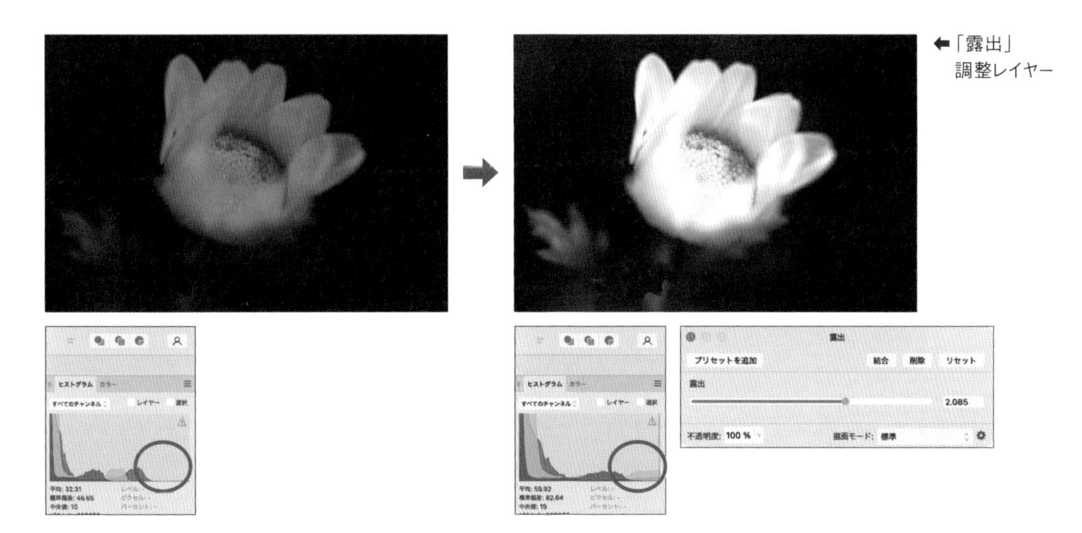

←「露出」調整レイヤー

ヒストグラムを見ると、調整前は右側があいている、つまり、明るい成分がほとんどないことが分かります。調整後は、明るい成分が増えています。

●●●●レベル

「レベル」調整レイヤーは、黒点、白点、ガンマを調節します。明るさの調節には、とくに重要な調整レイヤーです。キーボードショートカットはcommand/Ctrl+Lキーです。

設定ウィンドウ内のヒストグラムは調整レイヤーを適用する前のものですので、設定の目安として使います。ヒストグラムパネルには設定後のものがリアルタイムで反映されるので、必要に応じて併用してください。

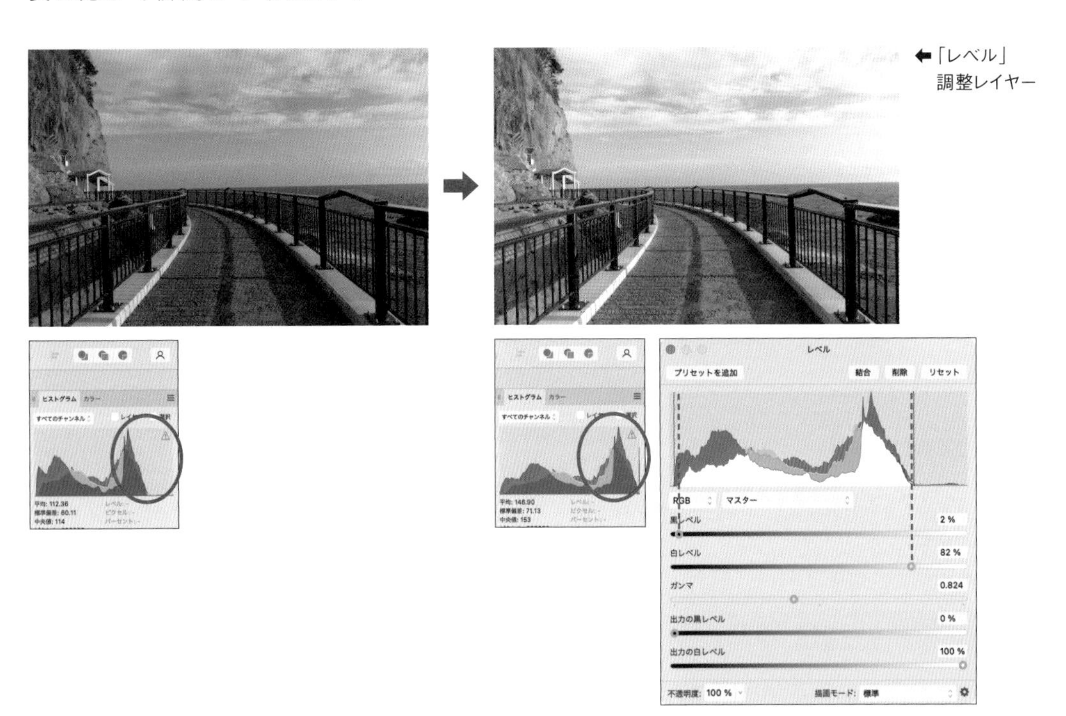

- RGB／マスター：メニューを開いて、カラーモードとチャンネルを選びます。
- 黒レベル：純粋なブラックとして扱うレベルの範囲を選びます。値を増やすとブラックと見なすレベルが増えるので、シャドウが強調されます。
- 白レベル：純粋なホワイトとして扱うレベルの範囲を選びます。値を減らすとホワイトと見なすレベルが増えるので、ハイライトが強調されます。
- ガンマ：中間調の分布を調整します。値を減らすとブラックに向けて、値を増やすとホワイトに向かって再配分します。
- 出力の黒レベル：純粋なブラックの出力レベルを変更します。
- 出力の白レベル：純粋なホワイトの出力レベルを変更します。

作例のヒストグラムを見ると、調整前はとくに右側があいていて、明るい成分が少ないことが分かります。そこで、設定ウィンドウ内（元画像）のヒストグラムを見て、「黒レベル」スライダーをもっとも暗いところ（データがある左端）に、「白レベル」スライダーをもっとも明るいところ（データがある右端）に合わせます。

これで、元画像でもっとも暗いところが純粋なブラックに、もっとも明るいところが純粋なホワイトになるので、結果として、明暗を十分に強調できます。

まずここまで設定してみてから、さらに「ガンマ」も含めて微調整していくとよいでしょう。

++ **Note** ++

より細かく調整したい場合は、「カーブ」調整レイヤーを使います。簡単な調整で十分な場合の「レベル」調整レイヤーと、使い分けるとよいでしょう。

●●●● ホワイトバランス

「ホワイトバランス」調整レイヤーは、色味の冷たさ（ブルー寄り）と温かさ（レッド寄り）を調節します。デジタルカメラのホワイトバランスと同じです。スライダーのカラーも目安にしてください。

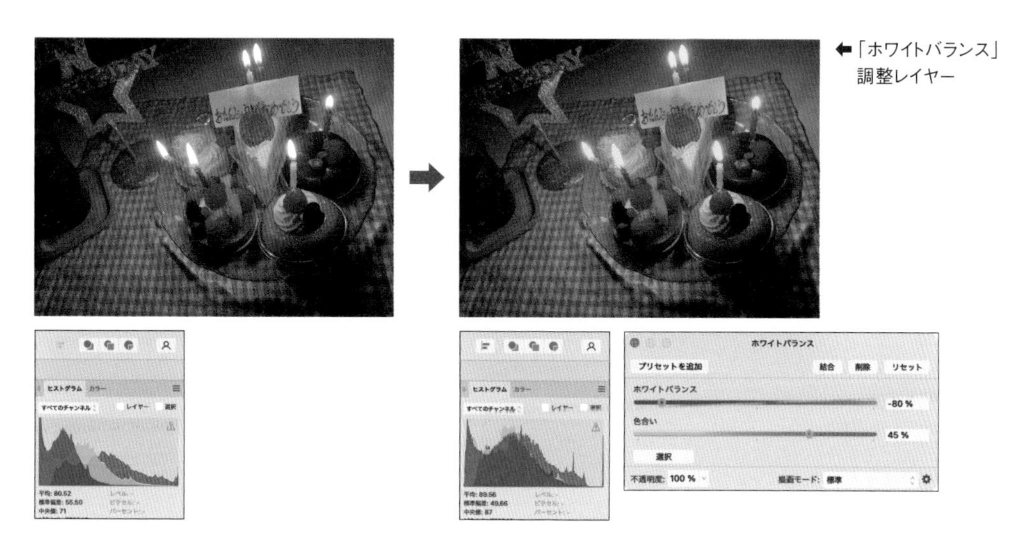

⬅「ホワイトバランス」調整レイヤー

- ホワイトバランス：色温度を調整します。スライダーを左へ動かすと冷たさ、右へ動かすと温かさが強調されます。
- 色合い：グリーンまたはマゼンタの色合いを調整します。
- 選択：このボタンをクリックすると、上の2つのスライダーを使わずに、ドキュメントウィンドウの任意の場所を白点として設定できます。場所を指定するには、Ⓐクリックしてそのピクセルを使う（ほかの操作をするまで再選択可能）、Ⓑドラッグして通過したピクセルの平均を使う、Ⓒoption／Altキーを押しながら矩形で囲んでその範囲の平均を使う、の3つの方法があります。

●●●● 明るさ／コントラスト

「明るさ／コントラスト」調整レイヤーは、画像の全体に対して、明るさとコントラストを調整します。

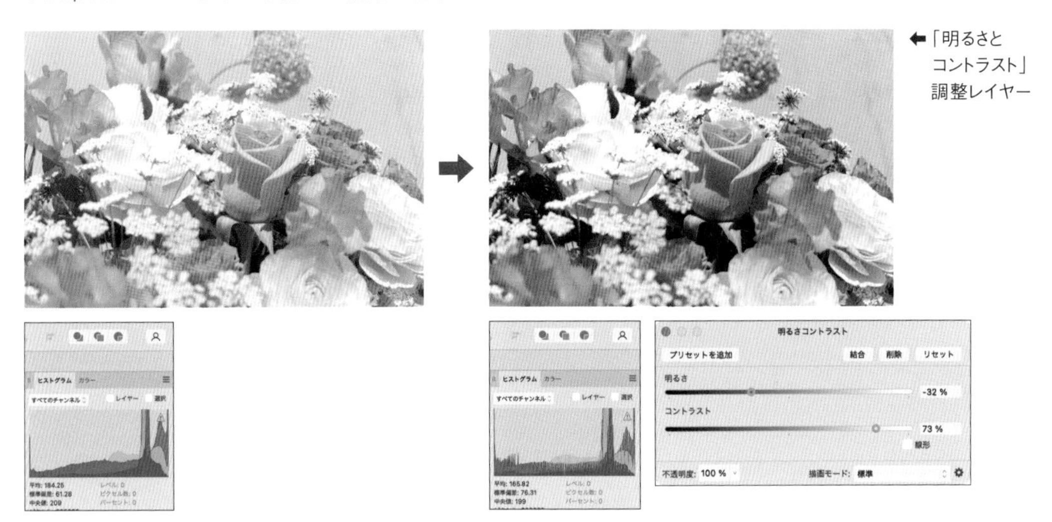

←「明るさとコントラスト」調整レイヤー

- 明るさ：シャドウとハイライトを調整します。
- コントラスト：階調範囲を調整します。
- 線形：オンにすると、元の明るさではなく絶対値を基準にして調整します。クリッピングが発生しやすくなります。

実際の写真では、レベルやカーブなど、できるだけほかのものを使うほうがよいでしょう。

●●●● シャドウ／ハイライト

「シャドウ／ハイライト」調整レイヤーは、画像内のシャドウとハイライトの明るさを調整します。

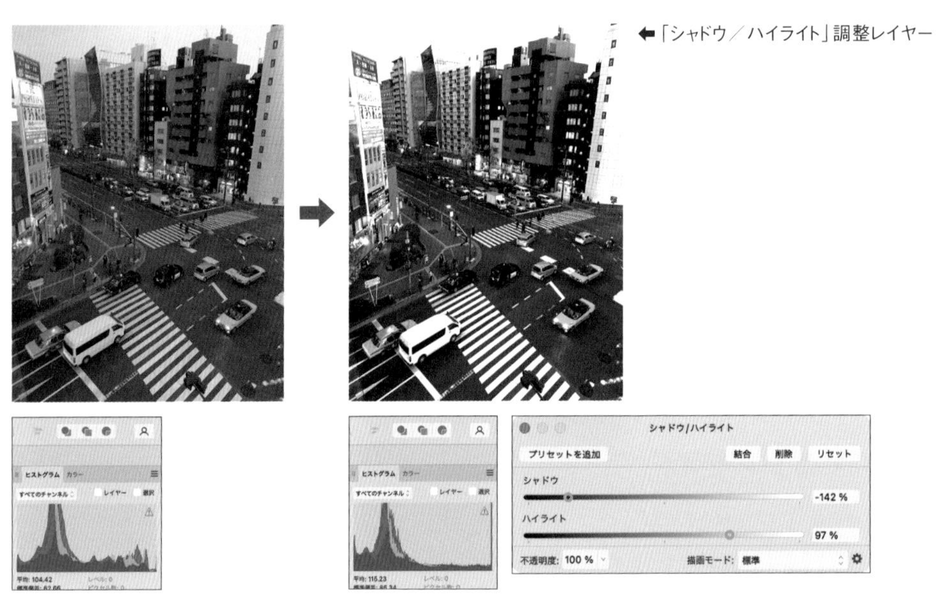

←「シャドウ／ハイライト」調整レイヤー

- シャドウ：シャドウの明るさを調整します。
- ハイライト：ハイライトの明るさを調整します。

作例では、シャドウ成分が多いビルの陰や、ハイライト成分が多い横断歩道などが強調されています。

●●●● カーブ

「カーブ」調整レイヤーは、明るさ、カラー、アルファチャンネルの出力を、カーブを使って調整します。写真の色調を修正するには、非常に重要なものです。キーボードショートカットは、command／Ctrl+Mキーです。

設定ウィンドウ内のヒストグラムは調整レイヤーを適用する前のものですので、設定の目安として使います。ヒストグラムパネルには設定後のものがリアルタイムで反映されるので、必要に応じて併用してください。

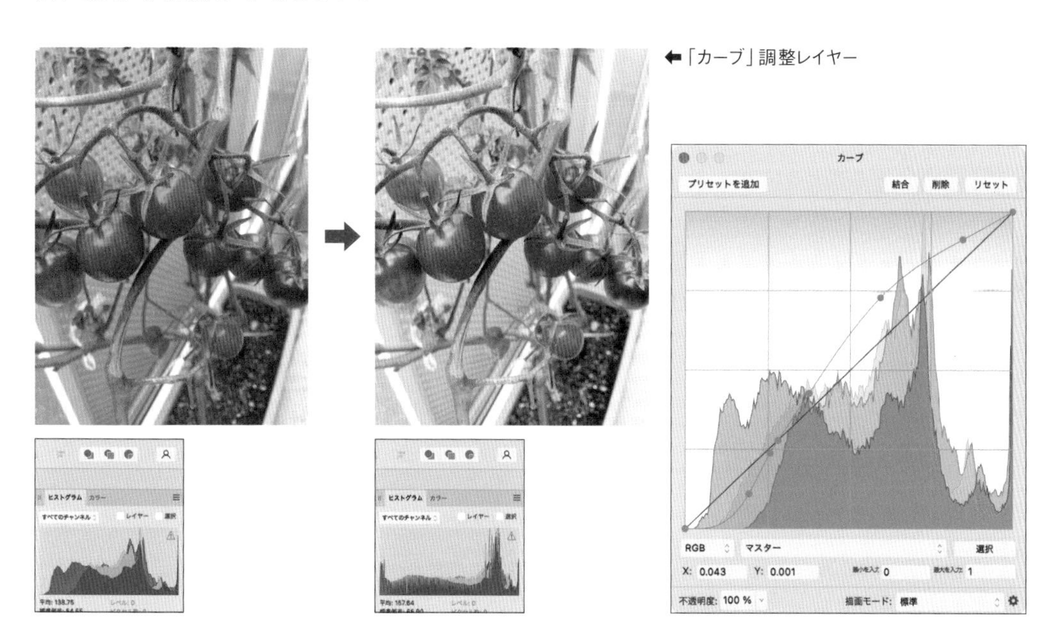

⬅「カーブ」調整レイヤー

- 「RGB」「マスター」：調整に使うカラーモードと、調整を行うチャンネルを指定するメニューです。「マスター」では、アルファチャンネル以外のすべてのチャンネルを調整します。
- 選択：このボタンをクリックすると、ドキュメントウィンドウの画像の任意の場所をクリックしてカーブを操作できます。具体的な手順はこの項の中で紹介します。

「カーブ」調整レイヤーのカーブは大変重要なものですので、理解を深めておきましょう。

ヒストグラムの中に、左下から右上へ向かう斜線があります。ここに、元画像での成分と、出力する成分を調整するカーブが重なっています。左下と右上にある●マークは、そのカーブのものです。このマークを「ノード」と呼びます。

調整レイヤーを作った直後は、両端にのみノードがある（途中にノードがない）状態ですので、直線になっています。

ある明るさの成分の出力を調整するには、ノードを移動します。たとえば、左下のノードを上へ移動すると、元画像で完全なブラックだった成分を、より明るく出力します。右上のノードを下へ移動すると、その逆になります。ヒストグラムパネルの表示にも注目してください。全体の明暗を均一に調整できるので、写真を薄くして、文字を乗せるようなときに使います。

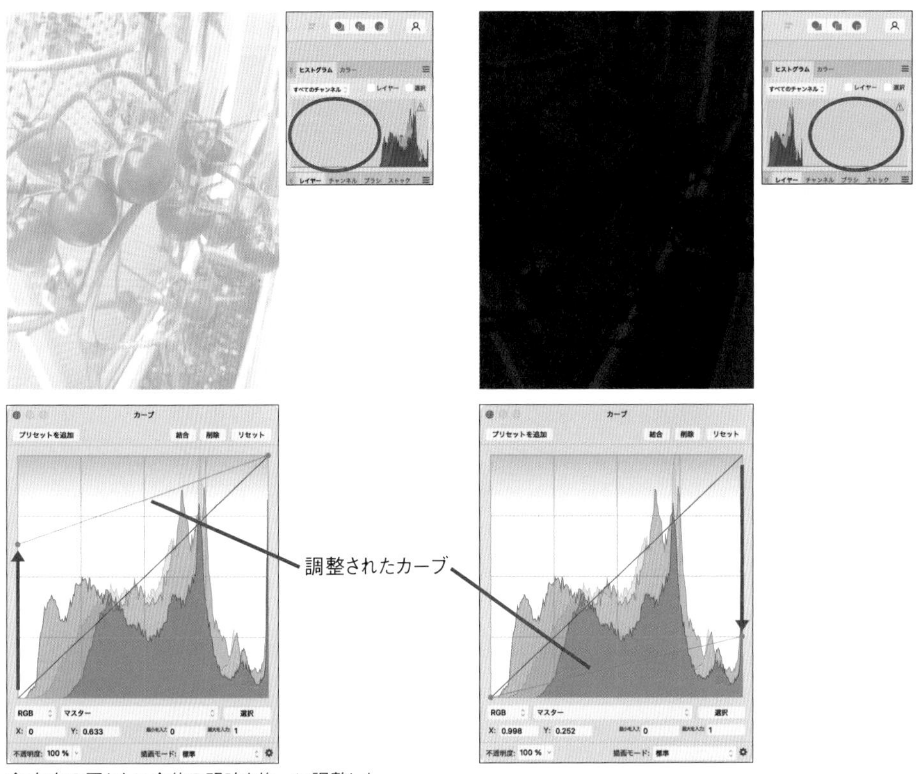

⬆ 左右の図ともに全体の明暗を均一に調整した

中間調のカラーを調整するには、カーブの中間にノードを作って調整します。カーブ上（デフォルトでは斜線上）でクリックすると、ノードが１つ追加されます。

たとえば、中央にノードを作って上へ移動すると、元画像で中間調だった成分を、より明るく出力します。下へ移動すると、その逆です。このカーブは曲線で調整されるため、全体的に明るさが調整されます。

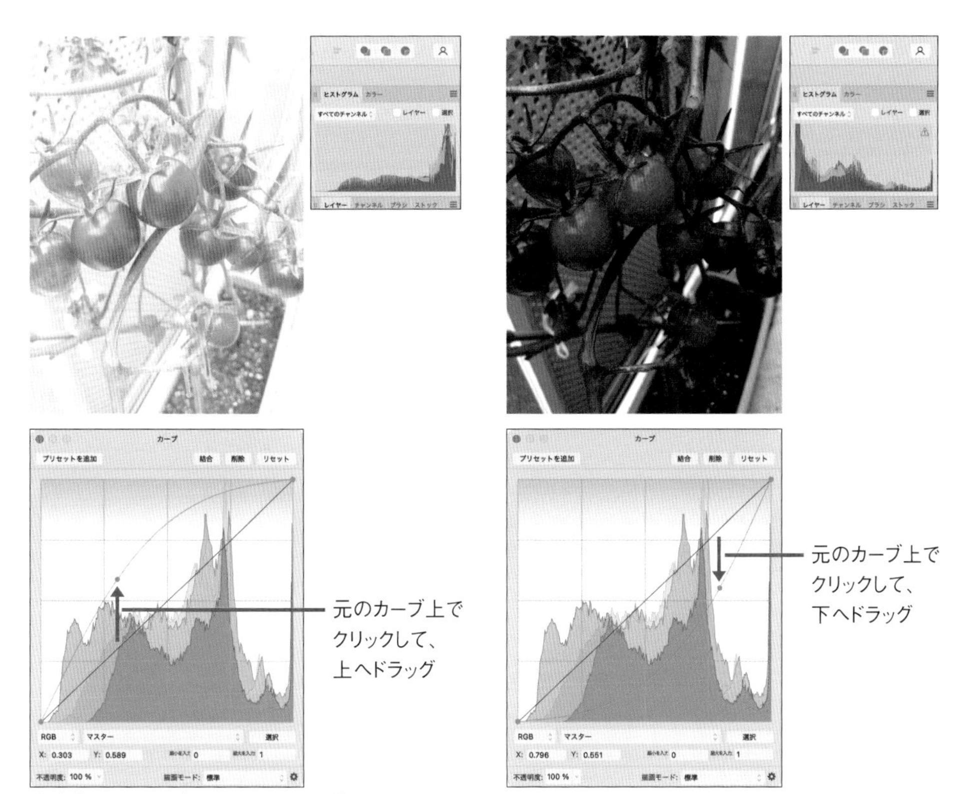

⬆ 左右の図ともに中間調の明るさを調整した

ノードは複数作成できます。ノードを削除するには、ノードをクリックして選択してからbackspaceキーを押します。選択されているノードは、白抜きの○マークになります。

多くの写真は、明暗のコントラストを強調すると、全体的に引き締まって見えます。これはつまり、やや暗い領域をより暗く、やや明るい領域をより明るくすることですので、「カーブ」調整レイヤーではカーブがS字になるようにノードを作成・移動することになります。

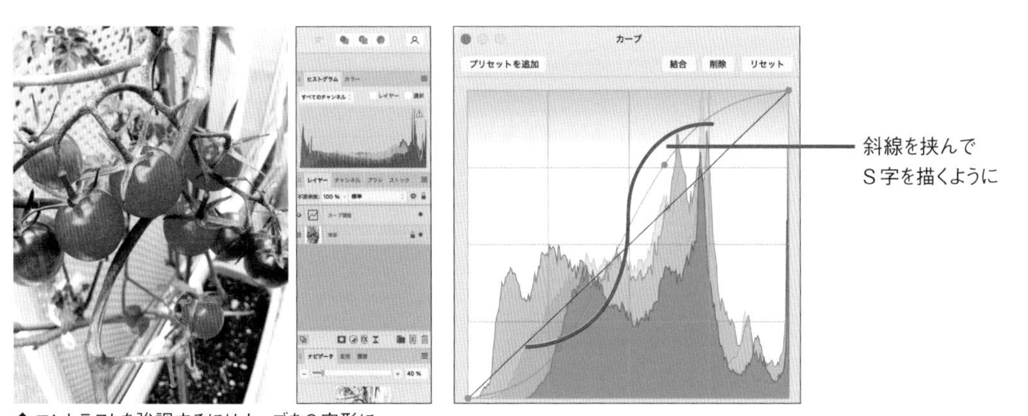

⬆ コントラストを強調するにはカーブをS字形に

ただし、ノードを作る位置や移動する度合いは、カーブを見るよりも、ドキュメントを見て調整するほうが、写真１点ずつにふさわしい調整ができます。そこで活用したいのが「選択」ボタンです。具体的には、次のような手順を基本とするのがよいでしょう。

まず「選択」ボタンをクリックし、写真から「全体よりやや暗い（明るい）ものの、十分に暗く（明るく）ないので引き締めたい箇所」を探してクリックします。これでノードが作られます。続けて（マウスのボタンは離さずに）上下にドラッグして明るさを調節します。ちょうどよいと思えるところでボタンを離します。これでノードの場所が決まります。

「選択」ボタンを使った操作は、ほかの操作をするまで、繰り返し行えます。よって、「明るさが気になる場所をクリックして（ノードを作って）、ドラッグ（明るさを調整）」という操作を何度か繰り返せば、基本的な調整ができます。ほかにも気になる箇所があれば、さらにノードの作成と調整を繰り返します。

●●●●チャンネルミキサー

「チャンネルミキサー」調整レイヤーは、個々のチャンネルのカラーを調整します。比較的アグレッシブな用途に向いています。

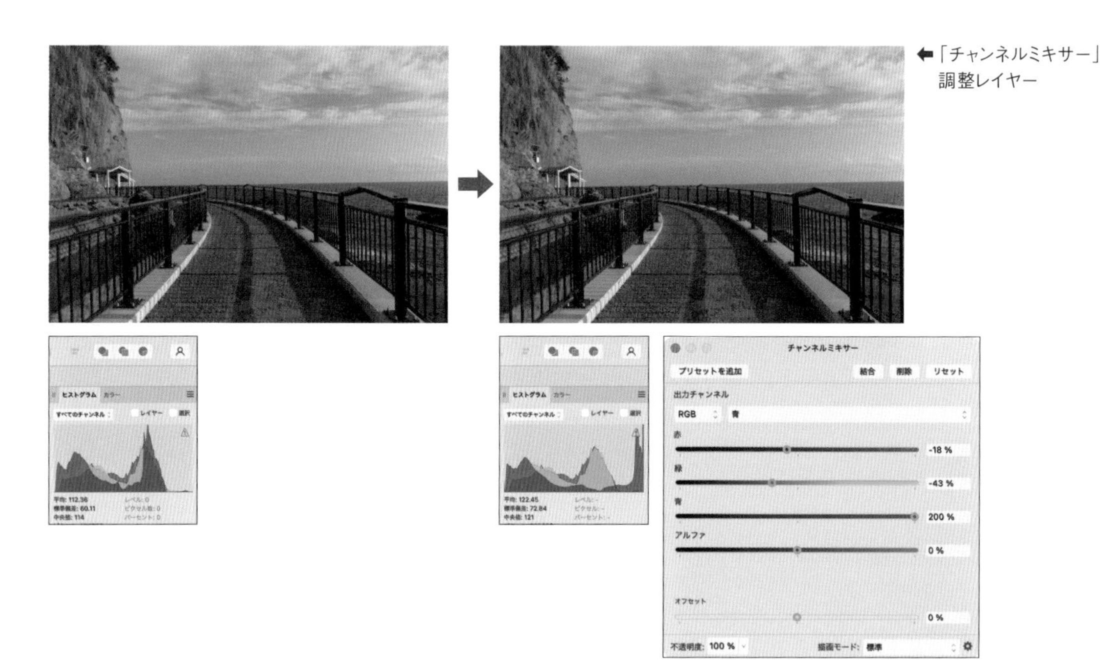

⬅「チャンネルミキサー」調整レイヤー

- 出力チャンネル：カラーモードとチャンネルを選択します。
- （チャンネル）：各カラーのレベルを設定します。
- オフセット：画像全体に与える総合的な影響度を調整します。

作例では、「出力チャンネル」に「青」を選び、「青」のレベルを上げ、「赤」と「緑」のレベルを下げることで、空の青を強調しています。もしも青が強すぎる写真を調整する場合は、逆に操作するとよいでしょう。

●●●●特定色域

「特定色域」調整レイヤーは、個々のチャンネルのカラーを調整します。カラーバランスの微調整に向いています。

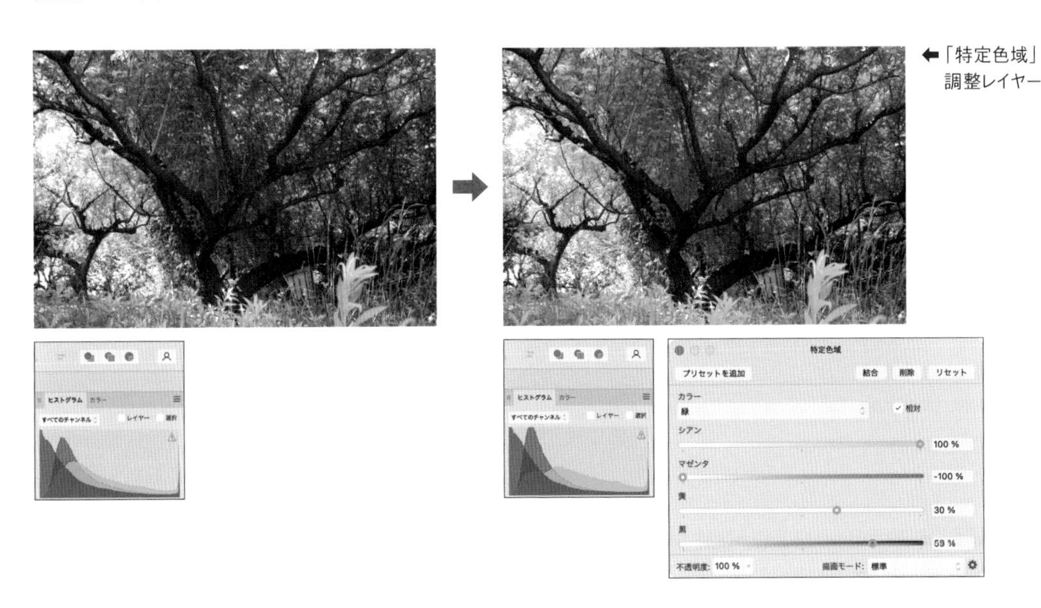

- カラー：調整したいカラーを選びます。
- 相対：オンにすると、元画像にあるカラーの量に基づいて調整を行います。より自然な結果が得られます。

作例では、「カラー」に「緑」を選び、葉のカラーを調整しています。

++ **Note** ++

アグレッシブなカラー調整を行うには、「HSL」調整レイヤーを使います。

●●●●カラーバランス

「カラーバランス」調整レイヤーは、シャドウ／中間調／ハイライトのそれぞれの階調範囲に対して、カラーレベルを調整します。

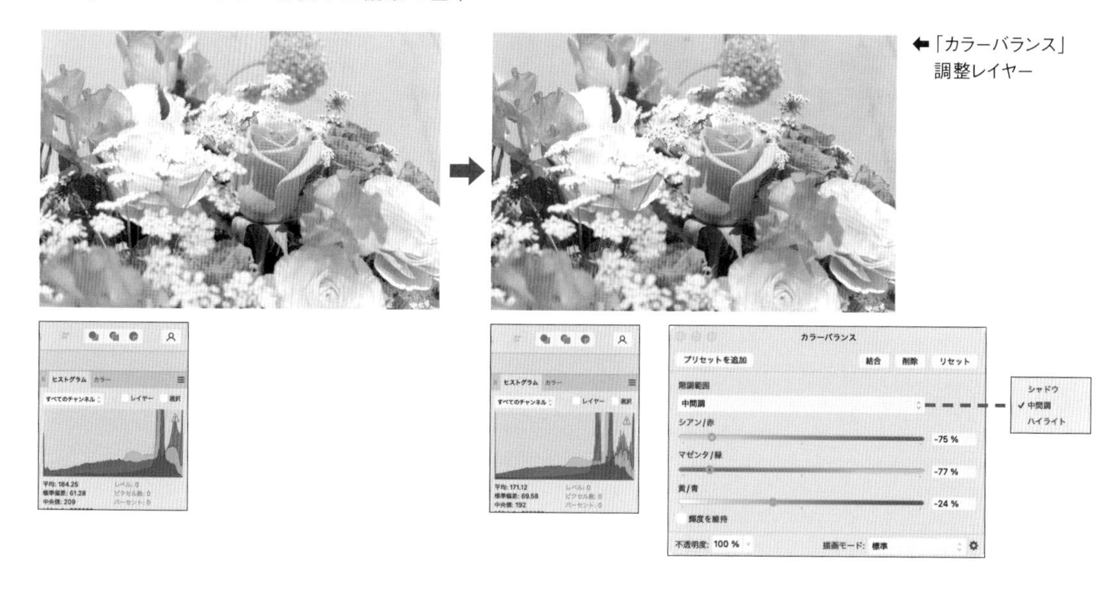

- 階調範囲:調整する対象を選びます。
- 輝度を維持:オフにすると、元の明るさの値を無視して調整します。

作例では、中間調ではマゼンタ寄りに調整してピンクの花を強調し、シャドウでは緑寄りに調整して葉を強調しています。

●●●● グラデーションマップ

「グラデーションマップ」調整レイヤーは、階調範囲を、指定したカラーのグラデーションへ変換します。自然の画像では理解しづらいので、作例では人工的に作ったグレースケールの画像に設定しています。

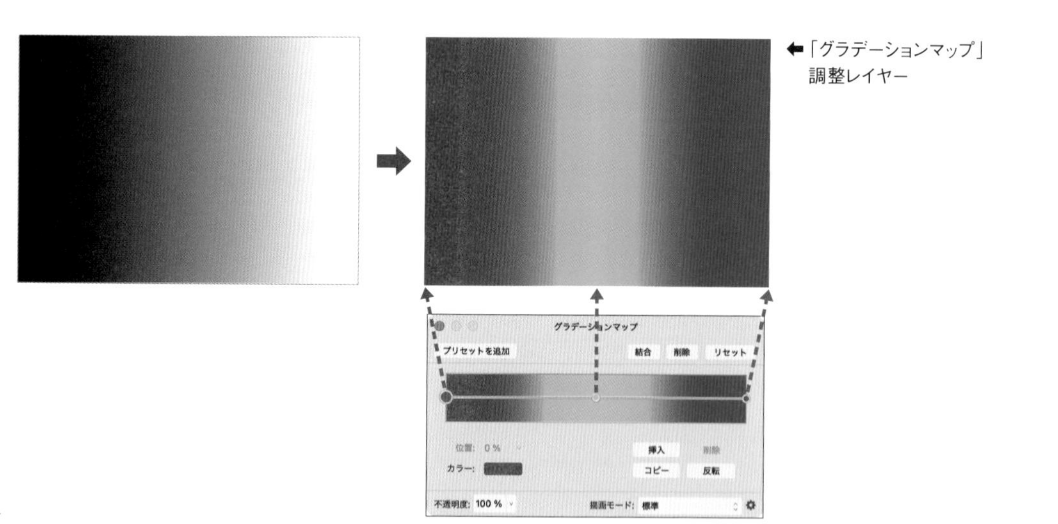

元画像は、黒から白へのグラデーションです。これに「グラデーションマップ」調整レイヤーを重ねると、レッド→グリーン→ブルーのグラデーションになります。これは設定ウィンドウの内容に従って、ブラック→中間色→ホワイトをそれぞれの色へ置き換えたからです。

置き換えた後のカラーを変更するには、グラデーション状にある円形の操作ポイントをクリックし、下に表示されたカラーをクリックします。すると、カラーを選択するウィンドウが開きます。

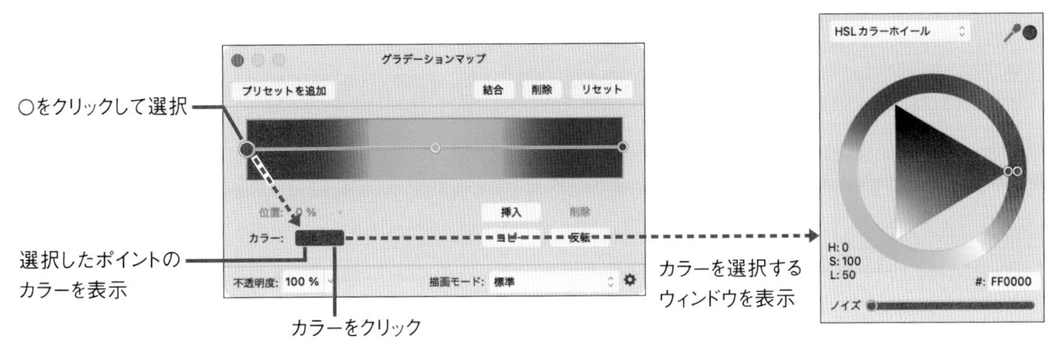

⬆「グラデーションマップ」設定ウィンドウでカラーを設定する

変換後のグラデーションの変化のポイントを追加するには、線上でクリックします。グラデーションの変化の度合いを変えるには、ポイントを左右にドラッグします。

グラデーション全体を操作したり、ポイントを削除するには、ウィンドウの右下にあるボタンを使います。

●●●● 白黒

「白黒」調整レイヤーは、カラーごとに明るさを調節しつつ、カラー画像を白黒に変換します。キーボードショートカットは次のとおりです。

【Mac】command＋option＋shift＋Bキー

【Windows】Ctrl＋Alt＋Shift＋Bキー

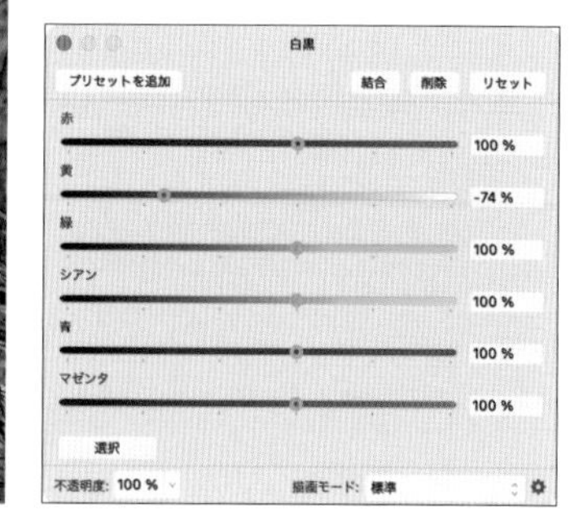

←「白黒」調整レイヤー

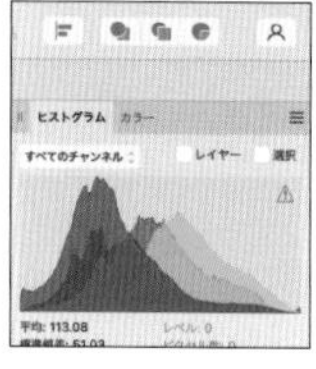

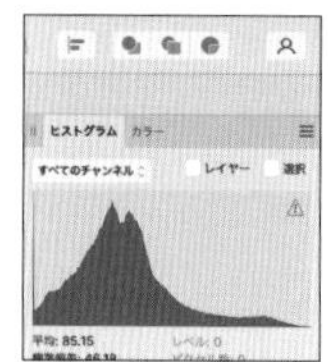

各色のスライダーは、そのカラーの明るさを設定します。

また、「選択」ボタンをクリックすると、スライダーを使わずに、ドキュメントウィンドウで任意にクリックした場所のおもなカラー1色を使って設定できます。続けて（スライダーを操作するように）左右へドラッグすると、そのカラーの明るさを調節します。

可能であれば、まず「選択」ボタンを使ってとくに操作したい場所を調節し、その設定結果を確かめてから、スライダーを使って微調整するのがよいでしょう。

作例では、「選択」ボタンをクリックしてから、草むらをクリックしてカラーを決め、左へスライドしました。草むらをクリックしていますが、「緑」ではなく「黄」が選択されました。「緑」を指定したときと仕上がりは異なってくるので、カラーの選び方も複数のやり方を試すとよいでしょう。

●●●●HSL

「HSL」調整レイヤーは、「HSL」（色相＝Hue、彩度＝Saturation、明度＝Lightness）を調整します。キーボードショートカットは、command／Ctrl+Uキーです。

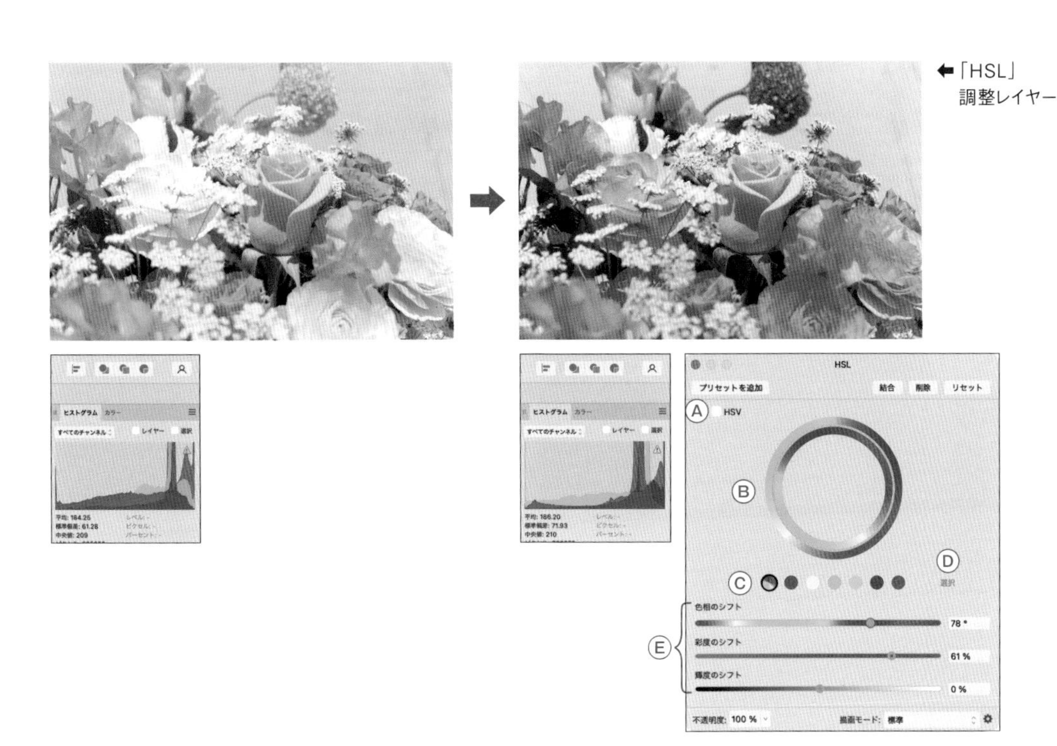

ⒶHSV:オンにすると、HSLモデルの代わりにHSVモデルを使います。Vは「値」(Value)です。両者は、「彩度のシフト」と「輝度のシフト」の動作が異なります。

Ⓑカラーホイール:内側のホイールは元のカラー、外側のホイールは置き換え後のカラーを表します。また、Ⓒでいずれかのチャンネルを選択すると、ホイール上に4つの円形の操作ポイント(ノード)が現れるので、ノードまたはノード間の線をドラッグして影響するカラーの範囲を指定できます。

Ⓒチャンネル:左端のものはすべてのカラー、それ以外は表示されているカラーを調整対象にします。

Ⓓ選択:ドキュメントウィンドウの画像の任意の場所から、調整対象のカラーを取得します。使い方は、次の図の解説を参照してください。

Ⓔ色相/彩度/輝度のシフト:それぞれの要素を調整します。

作例では、イエローの花がピンクに、ピンクの花がパープルになっています。この変化は、Ⓑのカラーホイールでも確認できます。

次の図は、Ⓓの「選択」機能を使った例です。変換対象のカラーを簡単に選べるようになります。

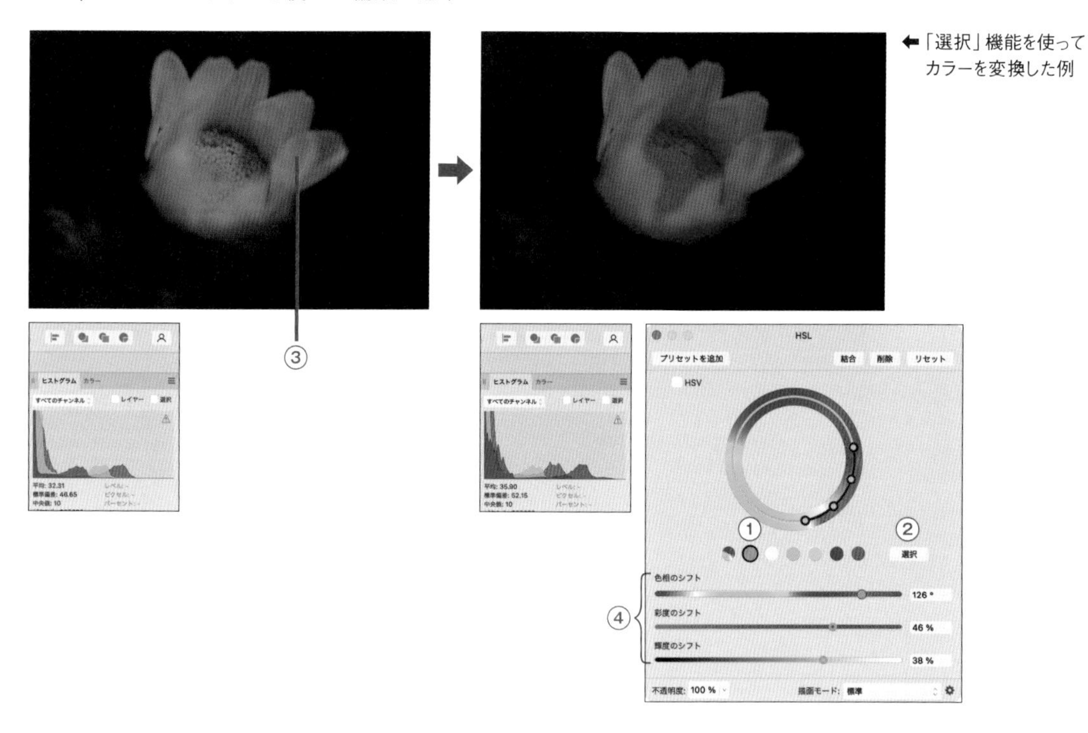

⬅「選択」機能を使って
カラーを変換した例

①いずれかのカラーを選びます。単色（左端以外のカラー）であれば、どれでもかまいません。
②「選択」ボタンがクリックできるようになるので、クリックします。
③ドキュメントウィンドウで、目的のカラーがある箇所をクリックします。
④「色相のシフト」スライダーを操作して、カラーを指定します。この例では、薄いピンクをパープルにシフトしています。「彩度のシフト」と「輝度のシフト」も適宜操作します。

●●●●リカラー

「リカラー」調整レイヤーは、任意の色調のモノトーン画像に調整します。

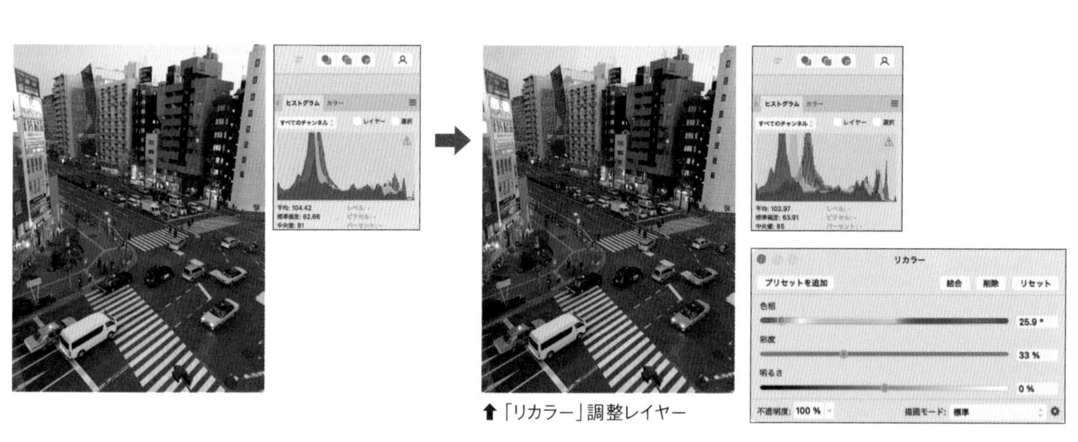

⬆「リカラー」調整レイヤー

この調整レイヤーを作成するだけで、モノトーン画像になります。

色調を調整するには設定ウィンドウの3つのスライダーを使いますが、「彩度」を下げすぎるとカラーがなくなって、色相の設定が無意味になります。ある程度の量を設定してください。

●●●● ポスタライズ

「ポスタライズ」調整レイヤーは、カラーまたは色調がフラットな広い領域を作成します。

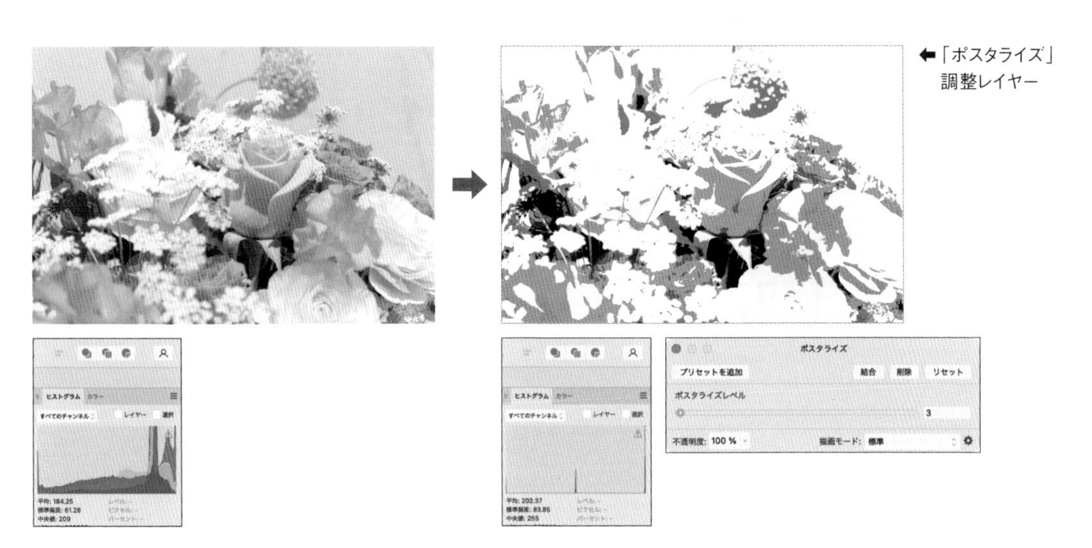

⬅「ポスタライズ」調整レイヤー

- ポスタライズレベル：生成されるカラー領域の数と、結果として得られる画像の複雑さを調整します。スライダーを左へ寄せるほど単純になります。なお、このスライダーの値は複雑さのレベルを示すものですので、カラーの数を指定するものではありません。

●●●● 自然な彩度

「自然な彩度」調整レイヤーは、カラーの強度を調整します。次ページの作例では「自然な彩度」のみを最大に設定しています。

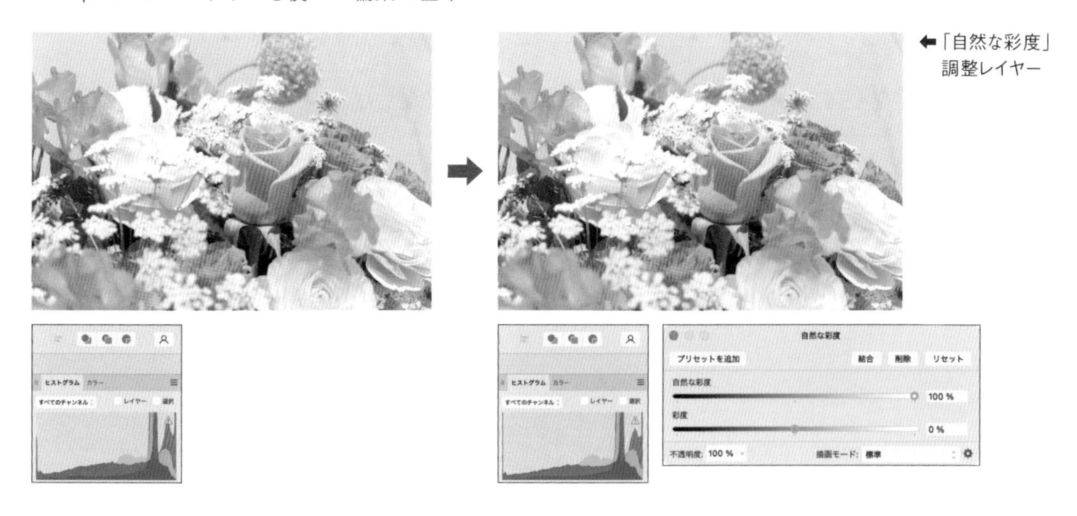

←「自然な彩度」調整レイヤー

- 自然な彩度:彩度の高いカラーの飽和を抑えながら、カラーの強度を調整します。
- 彩度:カラーの強度を一様に調整します。

●●●●ソフト校正

「ソフト校正」調整レイヤーは、特定のカラープロファイルを使って出力した状態をシミュレートします（カラープロファイルの詳細はP.067「カラーフォーマットとカラープロファイル」を参照）。

この調整レイヤーを使ったときは、完成時にファイルを書き出したり印刷したりする前に、このレイヤーを非表示に設定するか削除することを忘れないように注意してください。

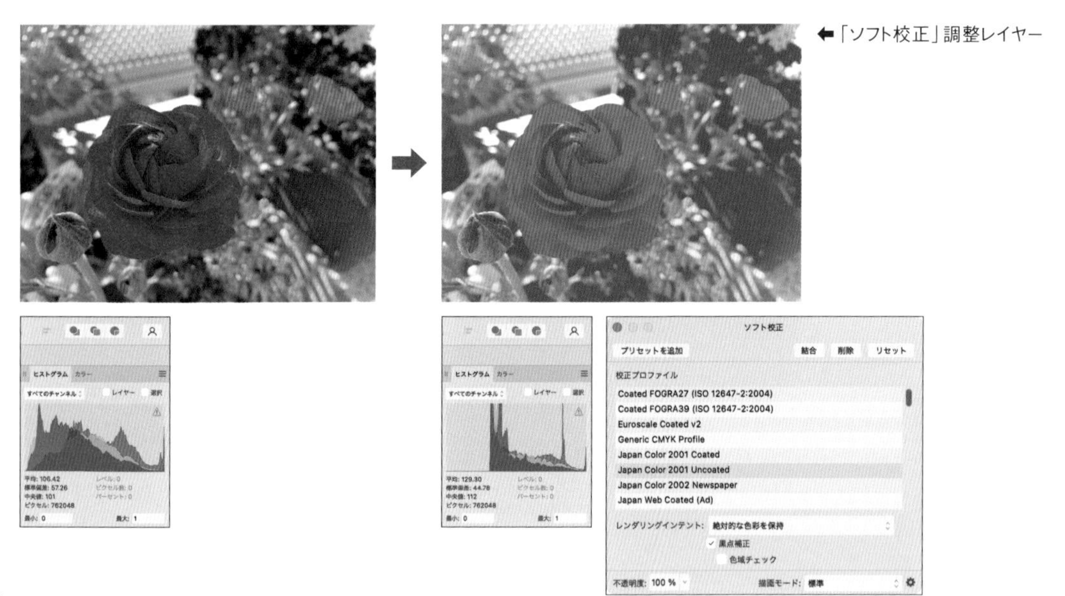

←「ソフト校正」調整レイヤー

- 校正プロファイル:使用するカラープロファイルを指定します。
- レンダリングインテント:カラーを変換する方法を選びます。「色域チェック」をオンにすると、相当するCMYKカラーがないRGBカラーをグレーで表示します。

次の図は「色域チェック」をオンにしたところです。元画像のカラーモデルはRGBのもの、ウィンドウで指定しているカラープロファイルはCMYKのものです。

色域外の領域をグレーで表示

⬆「色域チェック」で色域外のピクセルを確認する

●●●●レンズフィルター

「レンズフィルター」調整レイヤーは、レンズフィルターを模して色合いを調整します。

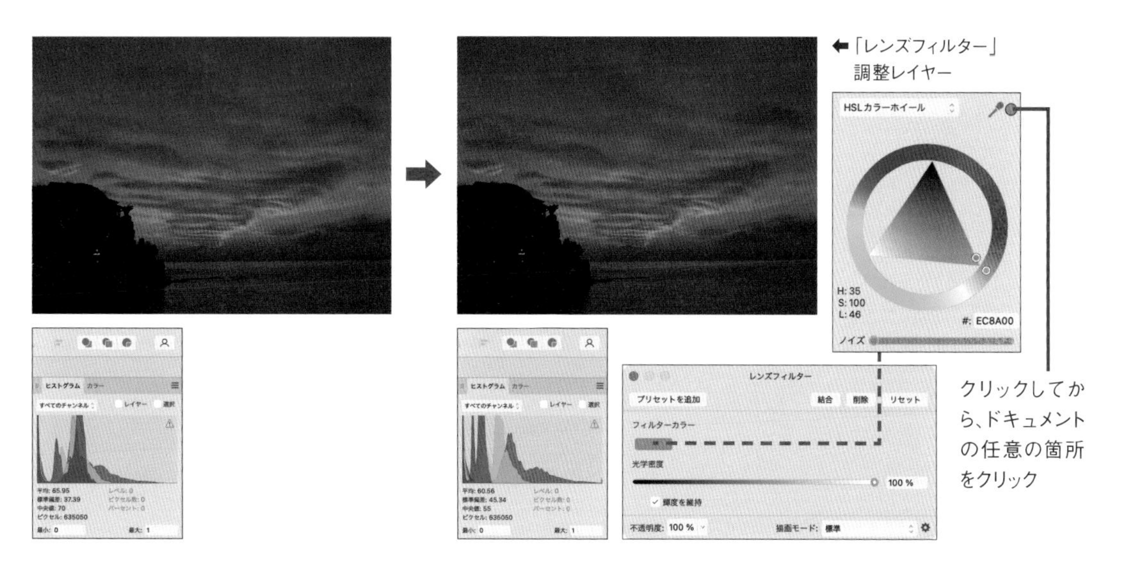

- フィルターカラー:クリックするとウィンドウが開き、カラーを指定できます。さらに、ドキュメントウィンドウから任意のピクセルのカラーを取得することもできます。これには、カラーを指定するウィンドウ右上のスポイトのアイコンの右隣にあるカラーサンプルをクリックし、マウスのボタンを押したままドキュメントウィンドウで目的の箇所を探します。ボタンを離すと

確定します。

- 光学密度:レンズフィルターの密度（強度）を調整します。スライダーを上げると、ブレンドされる色合いが強くなります。
- 輝度を維持:オンにすると、光学密度を上げても明度が影響されなくなります。調整の結果が暗すぎるときに使います。

●●●●明暗別色補正

「明暗別色補正」調整レイヤーは、ハイライトとシャドウの色づけと、両者を強調する度合いを調整します。

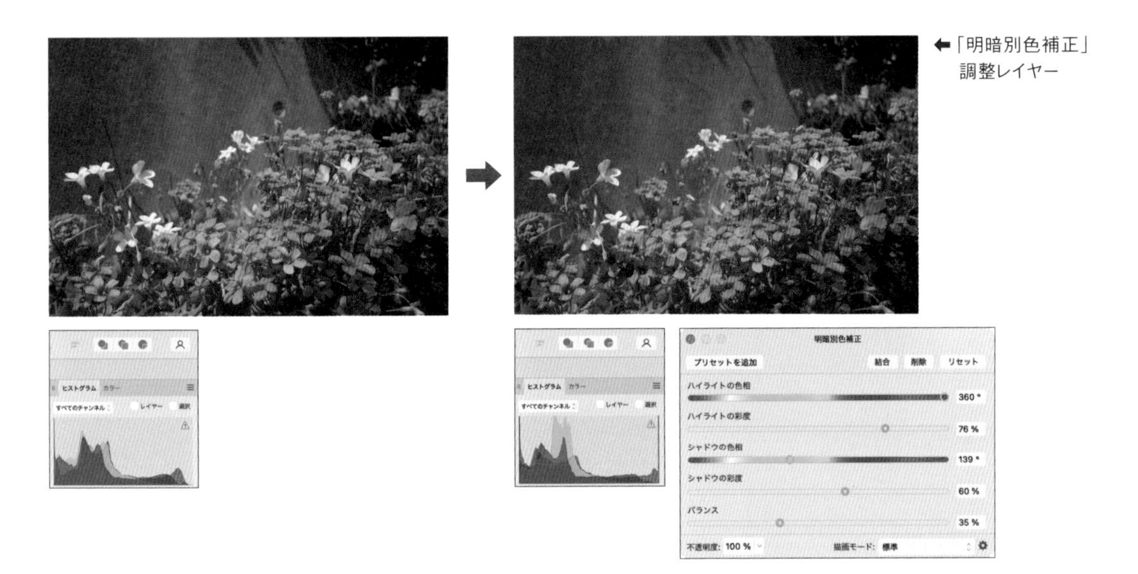

- ハイライトの色相:ハイライトのカラーを調整します。これを操作するときは、「ハイライトの彩度」スライダーの値をある程度上げておきます。
- ハイライトの彩度:ハイライトのカラーの強さを調整します。
- シャドウの色相:シャドウのカラーを調整します。これを操作するときは、「シャドウの彩度」スライダーの値をある程度上げておきます。
- シャドウの彩度:シャドウのカラーの強さを調整します。
- バランス:調整による強調を調整します。スライダーを左へ寄せるとハイライト、右へ寄せるとシャドウのカラーが、それぞれ強調されます

●●●●反転

「反転」調整レイヤーは、すべてのカラーチャンネルを反転してネガ画像を作成します。ヒストグラムを見ると、ちょうど左右が反転していることが分かります。

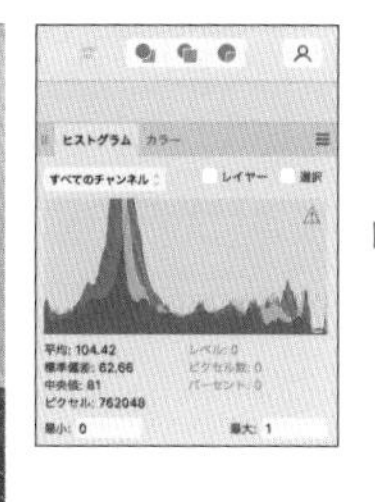

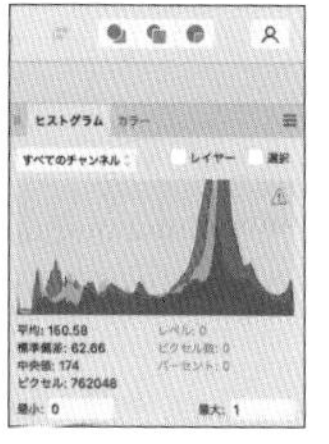

⬆「反転」調整レイヤー

設定項目がないので、設定ウィンドウも開きません。レイヤーパネルに表示された調整レイヤーのアイコンをクリックしても何も起きません。メッセージも表示されないので注意してください。

> ++ **Note** ++
> ネガの程度を調整したい場合は、「反転」調整レイヤーではなく、「レベル」調整レイヤーを作成して、「黒レベル」を「白レベル」よりも大きい値に設定します。

●●●● しきい値

「しきい値」調整レイヤーは、特定の明度よりも明るいピクセルをホワイト、暗いピクセルをブラックへ変換することで、画像を白黒2値へ変換します。グレースケールではありません。ヒストグラムパネルを見ると、左端と右端のみに成分があることが分かります。

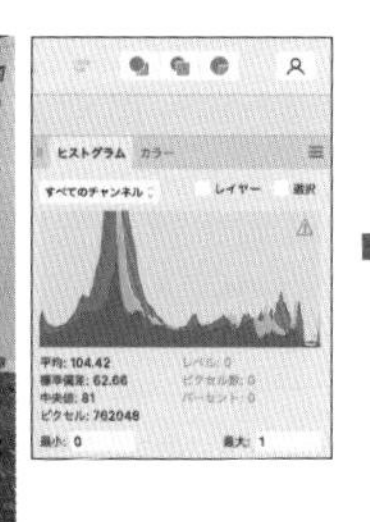

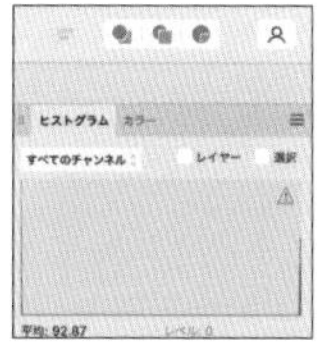

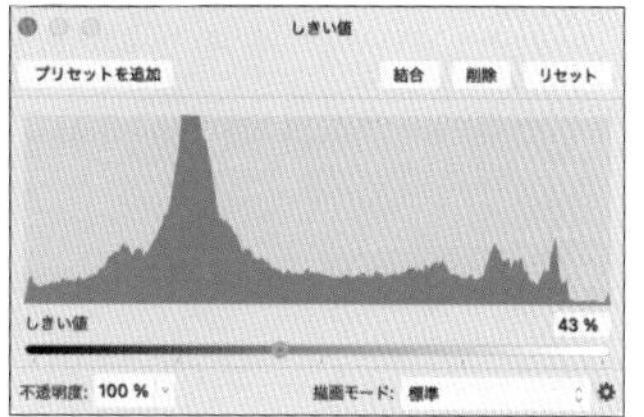

⬆「しきい値」調整レイヤー

++ **Note** ++

しきい値とは、特定の反応を起こさせる最小限の値のことです。ここでは、完全なホワイトまたは完全なブラックのどちらかに分ける仕切りという意味です。

●●●●そのほかの調整レイヤー

そのほかに、特定の目的で使う調整レイヤーがあります。解説は省略します。

- 「LUT」調整レイヤー：LUT（Lookup Table）とは画像や動画のカラーを変換するときに使うものです。対応するタイプは、3dl、csp、cube、lookです。
- 「OCIO」調整レイヤー：OpenColorIOのカラースペースを変換するものです。この機能を使うには、環境設定の「カラー」カテゴリーにある「OpenColorIO設定ファイル」で、別途用意した設定ファイルを指定する必要があります。
- 「法線」調整レイヤー：3D CGアプリなどで使用する法線マップテクスチャファイルを調整します。

調整パネル

調整レイヤーは、調整パネルを使って作成することもできます。調整パネルを開くには、[ウィンドウ]→[調整]を選びます。

調整パネルを使って調整レイヤーを作る手順は次のとおりです。

①調整レイヤーと同じ名前でカテゴリー分けされているので、目的のものをクリックします。
②プリセットがプレビュー付きで表示されるので、いずれかをクリックします。ただし、「反転」のように設定がないもの、「カーブ」のように一概にプリセット化できないものは、「（デフォルト）」のみです。
③調整レイヤーが作られます。レイヤーパネルから作成したときと同様に設定ウィンドウが開くので、必要に応じて変更します。
④レイヤーパネルを開き、調整レイヤーが作られていることを確かめてください。もしも意図しない階層に作られていたときは、適宜移動してください。

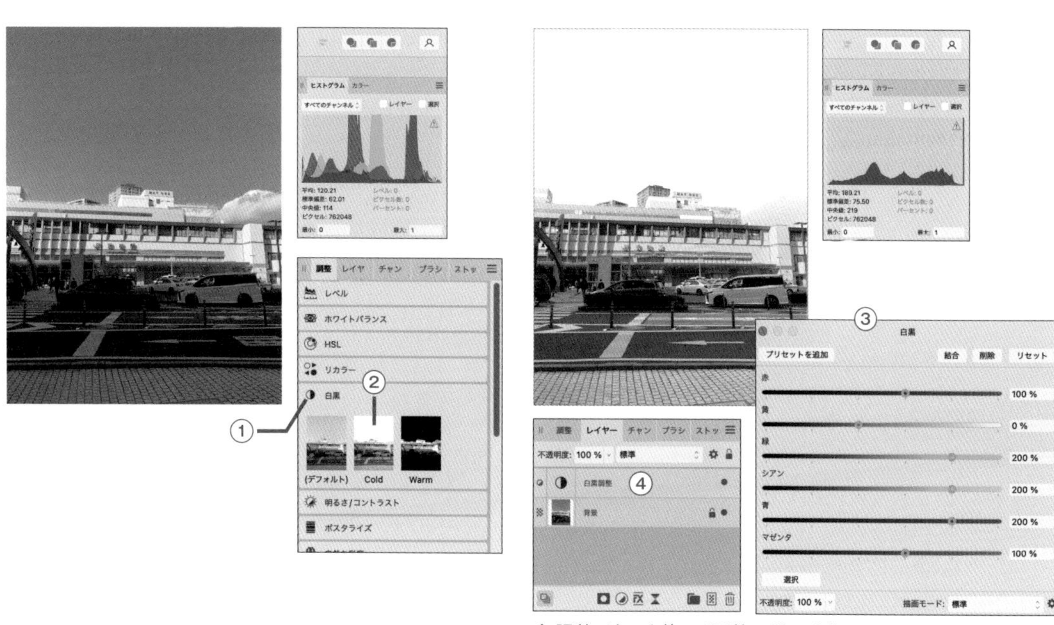

⬆ 調整パネルを使って調整レイヤーを作る

もしも調整レイヤーの種類自体を選び直したい場合は、アンドゥするか、または、設定ウィンドウにある「削除」ボタンをクリックしていま作成した調整レイヤーを削除し、引き続き別のプリセットを試す方法もあります。

++ **Note** ++

レイヤーパネルへ移動しなくても、いま設定を行っている調整レイヤーは、設定ウィンドウから削除できることを思い出してください。

●●●● プリセットを自作する

調整レイヤーの設定を、プリセットとして保存し、ほかのドキュメントを編集するときに利用できます。設定値をそのまま流用できることはまれでしょうが、調整レイヤーを作るたびにデフォルトから設定をやり直すよりも早いケースは少なくないでしょう。

プリセットを自作する具体的な手順は次のとおりです。

①プリセット化したい調整レイヤーの設定ウィンドウを開き、「プリセットを追加」ボタンをクリックします。

②「調整プリセットを追加」ウィンドウが開いたら、好みの名前を付けて「OK」ボタンをクリックします。

③調整パネルでそのカテゴリーを開くと、自作のプリセットが現れ、ほかのプリセットと同様に扱えます。

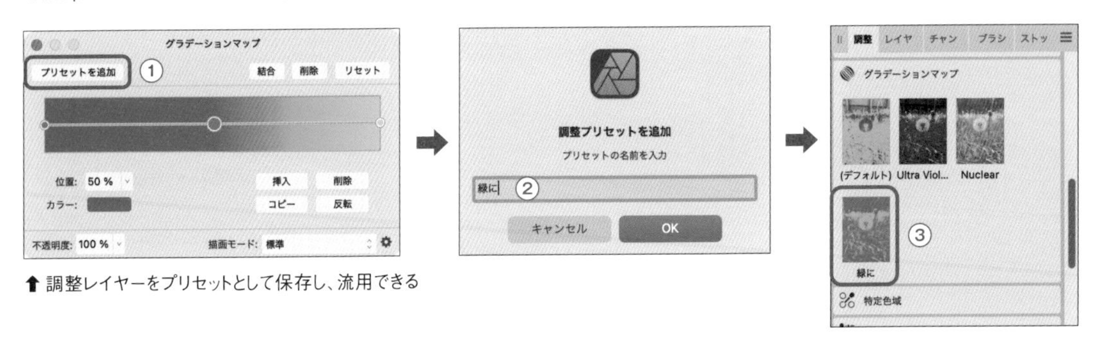

⬆ 調整レイヤーをプリセットとして保存し、流用できる

調整レイヤーを複数作る

調整レイヤーを複数作成して、より複雑な調整を行えます。このとき、重ね順と、グループ化に注意してください。

また、調整レイヤーの設定内容を表示するウィンドウは、ディスプレイに余裕があれば、開いたままにしておいてもかまいません。

●●●●調整レイヤーの順番

調整レイヤーを重ねる順番は、調整する順番に影響します。ここでも、「レイヤーの重ね順は、仕上がりの順番と同じ」という原則は変わりません。次の画像で実験してみましょう。

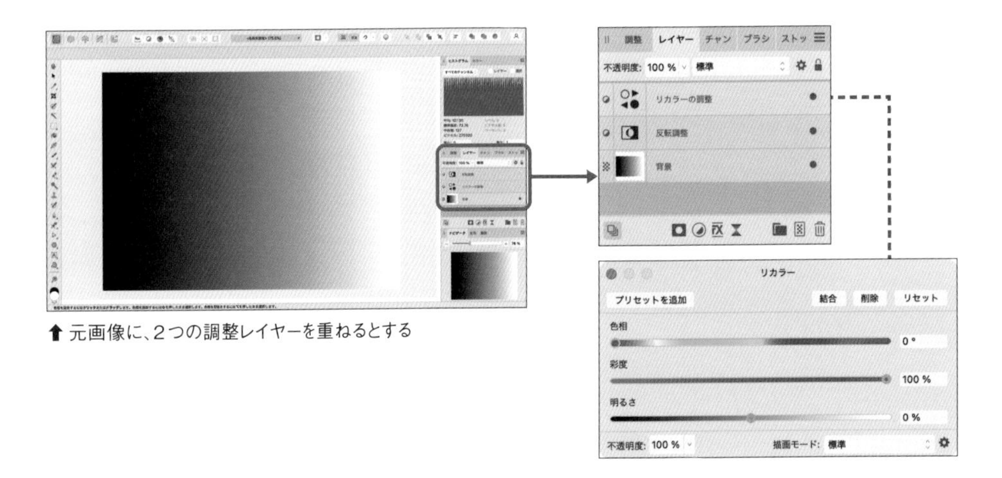

⬆ 元画像に、2つの調整レイヤーを重ねるとする

元画像は、左から右へ向かって、ブラックからホワイトへのグラデーションです。これに、「リカラー」と「反転」の調整レイヤーを重ねます。

「リカラー」は任意の色調でモノトーンにする調整を行うもので、設定に従って、グレーの部分は設定したカラーになります。また、ホワイトを反転するとブラック、レッドを反転するとシアン（グリーンとブルーの中間のカラー）になります。

では、この2つの調整レイヤーを重ねる順番を変えて、仕上がりを比較してみましょう。

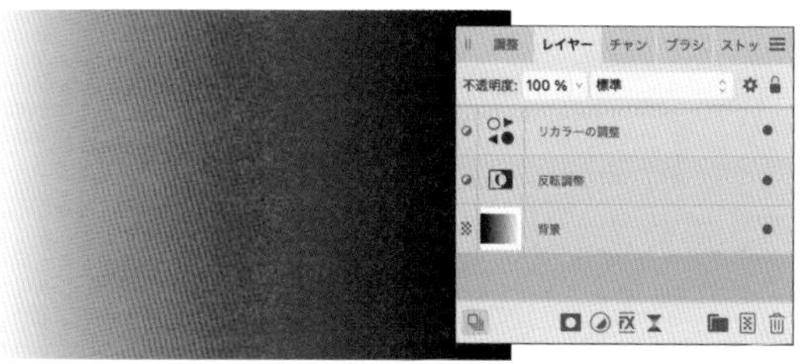

⬆ 調整レイヤーの重ね順で仕上がりが変わる

左の図では、レイヤーの重ね順は下から「反転」「リカラー」ですので、まずグラデーションを反転してから、リカラーを行います。モノクロのグラデーションを反転してもモノクロのままですから、その後にリカラーを行った結果、中央の色はレッドになります。

右の図では、レイヤーの重ね順は下から「リカラー」「反転」ですので、まずリカラーを行ってから、反転しています。モノクロのグラデーションにリカラーを行うとグレーはレッドになるため、その後に反転を行った結果、中央の色はシアンになります。

このように、調整レイヤーを複数作成すると、重ね順によって適用する順序が変わります。

このことは、グループ化しても同じです。次の図では画像のレイヤーの下位に調整レイヤーを作成していますが、下から順に適用される点は同じです。

⬆ グループ化しても適用の順序は同じ

●●●● 調整レイヤーの効果がない例

次の図は、調整レイヤーが画像に調整を加えられていない例です。どちらも、両者が同じ階層にあり、画像のほうが上層にあるためです。

⬆ 調整レイヤーの効果がない例

4-3

ライブフィルターレイヤーを使った効果づけ

フィルターの機能を持つレイヤーを使って、
さらに積極的に効果を加えられます。
その機能は、元の写真にちょっとしたメリハリを加えるために使うものから、
元の画像を大胆に変えるものまでさまざまです。

ライブフィルターとは

元の画像を編集せずに、ぼかしやシャープなどの効果を加えられる特殊なレイヤーがあります。これをライブフィルターレイヤーと呼びます。それ自体に視覚的な実体はありませんが、基本的な扱い方は画像のレイヤーと同じです。また、元画像に対する効果の加え方は、調整レイヤーともよく似ています。

ライブフィルターレイヤーを作成するには、以下のいずれかの手順を実行します。

- [レイヤー] → [新規ライブフィルターレイヤー] → [(目的のもの)] を選びます。
- レイヤーパネルの「ライブフィルター」ボタンをクリックして、メニューが開いたら [(目的のもの)] を選びます。

状況によって、ライブフィルターレイヤーは上層または下位に作られます。この点も調整レイヤーと似ています。

⬆ 写真を開いてライブフィルターレイヤーを作成した

●●●●設定ウィンドウやレイヤーの管理は調整レイヤーとほぼ同じ

ライブフィルターレイヤーの基本的な使い方は、調整レイヤーと同じです。すなわち、設定内容を確認･変更するにはウィンドウを使います。設定ウィンドウを閉じたあとから開くにはレイヤーパネルでアイコンをクリックします。効果を一時的になくすにはレイヤーを非表示にします。

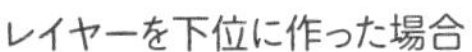
レイヤーを下位に作った場合　レイヤーを上層に作った場合　設定ウィンドウの構成

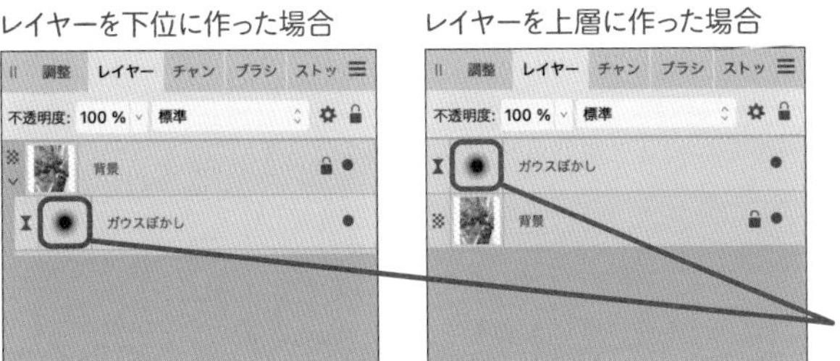

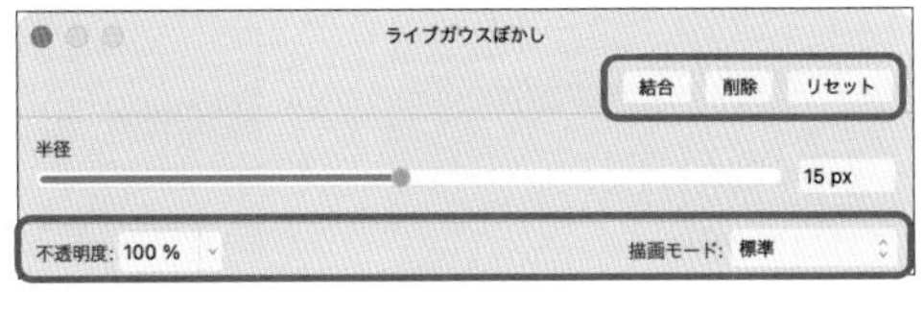

設定ウィンドウを開くには、種類を示すアイコンをクリック

⬆ライブフィルターレイヤーの基本的な使い方は調整レイヤーとほぼ同じ

なお、ライブフィルターレイヤーでは、%ではなくピクセル数などの値で設定できるものもあります。このとき、数値欄に直接入力すると、スライダーでは扱えない値を指定できる場合があります。

また、P.118「調整レイヤーを複数作る」で紹介したように、ライブフィルターレイヤーでもレイヤーの重なり順は重要な意味を持ちます。扱うレイヤーが増えたときはとくに注意してください。

なお、調整レイヤーには設定をプリセットとして保存する機能がありましたが、ライブフィルターレイヤーにはありません。

++ Note ++

ライブフィルターレイヤーには、元画像を生かして微妙な強調を施すものから、元画像が想像できないほど強い効果を加えるものまでさまざまなものがありますが、使い方次第です。本節では実用性にはあまりこだわらず、個々の機能がどのようなものであるかを紹介していきます。

ぼかしのライブフィルターレイヤー

画像をぼかす「ぼかし」に分類されているライブフィルターレイヤーを紹介します。

●●●●ガウスぼかし

「ガウスぼかし」ライブフィルターレイヤーは、自然な仕上がりが得られる、広く使われるぼかしです。

←「ガウスぼかし」ライブフィルターレイヤー

- 半径：ぼかしの量を設定します。

●●●● 中間値ぼかし

「中間値ぼかし」ライブフィルターレイヤーは、カラー領域を拡大します。低い値で設定するとノイズの除去に役立ち、高い値で設定すると絵の具のにじみのような仕上がりになります。

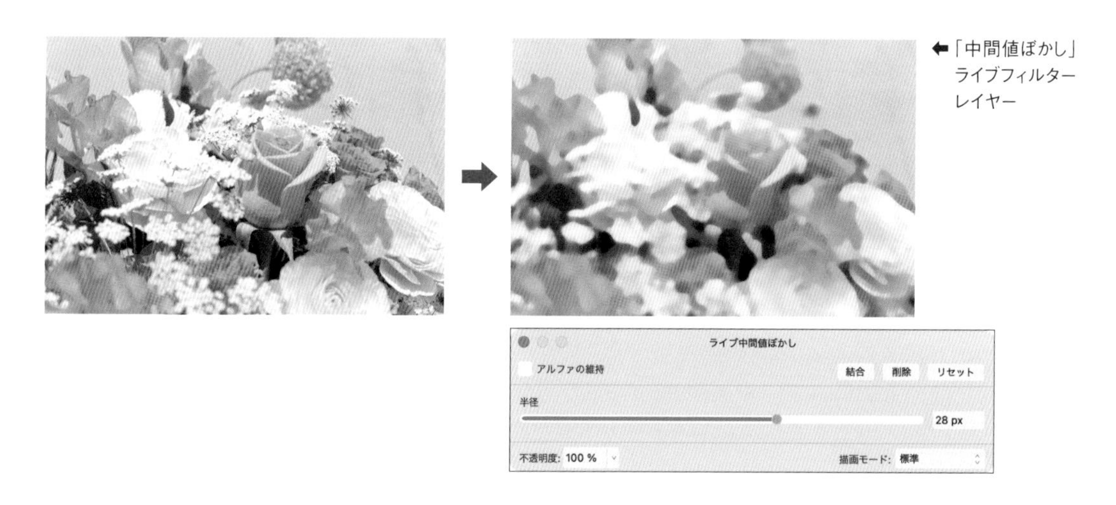

←「中間値ぼかし」ライブフィルターレイヤー

- 半径：ぼかしの量を設定します。

●●●● モーションぼかし

「モーションぼかし」ライブフィルターレイヤーは、指定した角度にぼかします。遅いシャッタースピードで撮影したような仕上がりになります。

⬅「モーションぼかし」ライブフィルターレイヤー

- 半径:ぼかしの量を設定します。
- 回転:ぼかしを適用する角度を設定します。

●●●● 放射状ぼかし

「放射状ぼかし」ライブフィルターレイヤーは、原点から放射状に広がるようにぼかします。回転する物体を遅いシャッタースピードで撮影したような効果が得られます。

⬅「放射状ぼかし」ライブフィルターレイヤー

- 角度:放射する角度を設定します。

ドキュメントウィンドウには何も表示されていませんが、クリックすると原点を設定できます。図の例では、ネコの目の間に設定しています。

●●●● 被写界深度

「被写界深度」ライブフィルターレイヤーは、カメラの被写界深度を活用した撮影テクニックを擬似的に表現したものです。

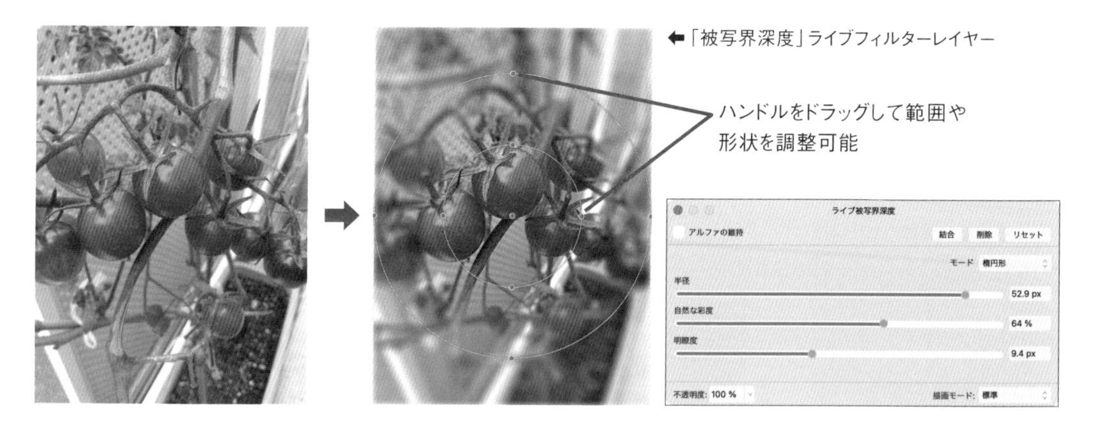

- モード：ぼかしのタイプを、「楕円形」または「ティルトシフト」から選びます。後者は、ミニチュア風の仕上がりを狙って使われることがあります。
- 半径：ぼかしの強さを設定します。
- 自然な彩度：飽和度の低いカラーの強度を設定します。
- 明瞭度：ぼかさない領域のコントラストを強めます。値を上げると、ぼかす領域との対比がより強くなります。

このレイヤーを作成すると、ドキュメントウィンドウに目印の線や青い点が現れます。後者をドラッグして、原点やぼかしの範囲を指定できます。

●●●●フィールドぼかし

「フィールドぼかし」ライブフィルターレイヤーは、1つ以上のポイント（ハンドル）を任意の箇所に設定し、その箇所でのぼかしを設定するものです。

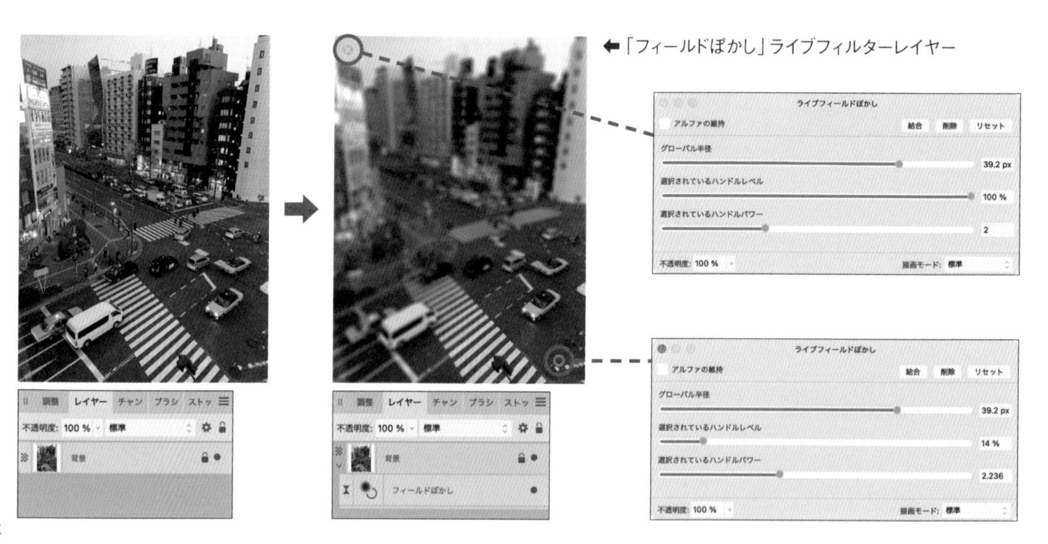

- グローバル半径：画像全体に設定するぼかしの強さを設定します。値は、すべてのハンドルで共通になります。
- 選択されているハンドルレベル：いま選択しているハンドルにおけるぼかしの強さを設定します。
- 選択されているハンドルパワー：いま選択しているハンドルの位置からの変化の度合いを設定します。

ハンドルは、ドキュメント上に小さな円で示されます。1つめのハンドルは、レイヤー作成時に作られます。ハンドルを追加作成するには、ハンドルがないところをクリックします。

「選択されているハンドルレベル」および「選択されているハンドルパワー」は、ハンドルごとに設定できます。いずれかのハンドルをクリックすると強調表示され、選択されたことを示します。設定ウィンドウにはそのハンドルの設定内容が表示されます。

ハンドルを削除するには、選択してからbackspaceキーを押します。

作例では、2つのハンドルを作成し、それぞれに異なる値を設定しています。

●●●● 光彩拡散

「光彩拡散」ライブフィルターレイヤーは、ハイライト部分から外側へ向かって拡散させるぼかしです。

←「光彩拡散」ライブフィルターレイヤー

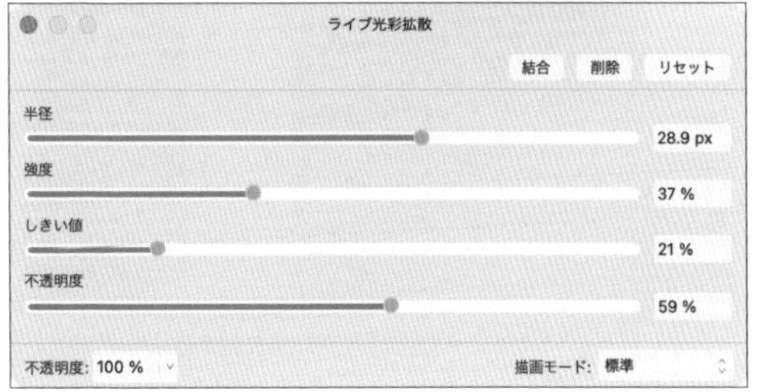

- 半径：ハイライト部分から拡散する範囲を設定します。
- 強度：ハイライトの強さを設定します。
- しきい値：拡散させる明るさの値のしきい値を設定します。値を小さくすると、より暗い領域から拡散が始まります。
- 不透明度：このぼかしの不透明度を設定します。

●●●● そのほかのぼかしライブフィルターレイヤー

ぼかしを行うライブフィルターレイヤーには、そのほかに以下のものがあります。

- ボックスぼかし：隣接するピクセルの平均カラーに基づいてぼかします。
- 表面ぼかし：コントラストが高い領域を保持しながら画像をぼかします。エッジを維持しつつノイズを低減するときなどに役立ちます。
- レンズぼかし：大口径のレンズを模倣してぼかします。
- 最大ぼかし：画像の明るい領域を拡張し、暗い領域を縮小します。
- 最小ぼかし：画像の明るい領域を縮小し、暗い領域を拡大します。

シャープのライブフィルターレイヤー

画像を鮮明にする「シャープ」に分類されているライブフィルターレイヤーを紹介します。

●●●● 明瞭度

「明瞭度」ライブフィルターレイヤーは、局所的なコントラストを強調します。中間調の範囲に強く影響し、設定項目は1つだけですので、シャープさを得たいときにもっとも簡単に使えます。

➡

⬅「明瞭度」ライブフィルターレイヤー

ライブ明瞭度
結合　削除　リセット
強さ
100 %
不透明度: 100 %　描画モード: 標準

- 強度：フィルターの強度を設定します。マイナスの値も設定できるので、シャープさを減らす目的にも使えます。

一般的には、「強度」を少し上げる程度でも、十分はっきりした印象になるでしょう。むやみに強度を上げると、かえって不自然に見えてしまうことも多いので注意してください。

●●●● アンシャープマスク

「アンシャープマスク」ライブフィルターレイヤーは、輪郭部分のカラーやコントラストを強調します。シャープさを与えるときに、もっともよく使われます。コントラストを強調するとディテールを失うことにもなるので、自然な仕上がりになるように注意してください。

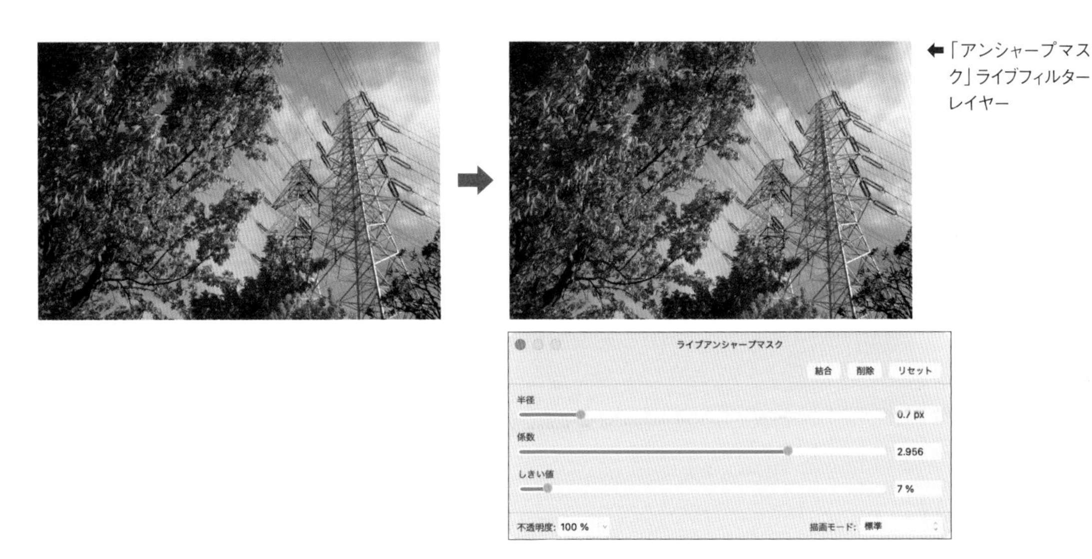

⬅「アンシャープマスク」ライブフィルターレイヤー

- 半径：明るいピクセルの周辺で影響を与える範囲を設定します。
- 係数：コントラストを強調する程度を設定します。
- しきい値：シャープさを与えるために、カラー間のコントラストを設定します。値を小さくすると、小さなコントラストも強調されます。

このフィルターレイヤーの機能は、値を極端に設定するとわかりやすいでしょう。次の図は、「半径」と「係数」を極端に強く設定してコントラストを強調し、「しきい値」を変化させたところです。

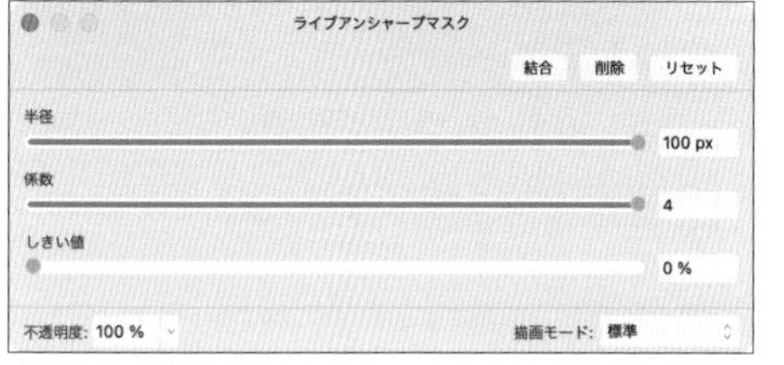

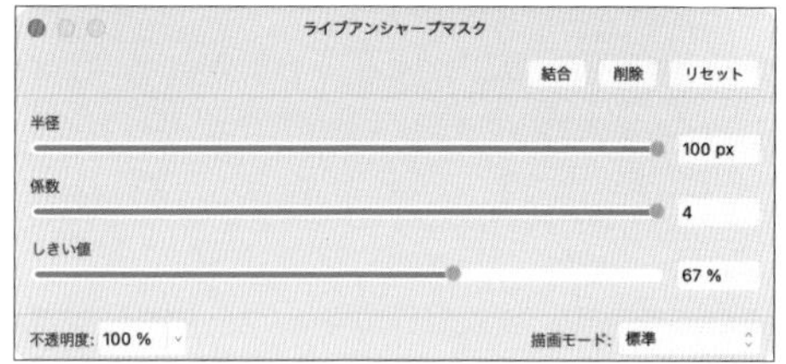

⬆ 極端な値を設定してアンシャープマスクを適用した例

しきい値が低いということは、小さなコントラストも強く強調するということです。また、しきい値が高いということは、小さなコントラストは強調しないということです。

その結果、左の図では、葉や鉄塔のようなコントラストが強い箇所の輪郭が不自然に強調されています。右の図ではしきい値のみを上げて、葉や鉄塔の内側のようなコントラストが弱い箇所ではディテールが戻ってきています。このフィルターは、「シャープにしない（アンシャープ）領域を隠す（マスクする）」と理解してください。

実際のドキュメントでは、それぞれの画像に合わせて、この3つのスライダーをバランスよく設定していく必要があります。

＋＋ **Note** ＋＋

一般的には、単に画像全体のコントラストを強調したいときは、まず調整レイヤーで明るさやカラーを調整して、それでも不足するときに「アンシャープマスク」ライブフィルターレイヤーを使うとよいでしょう。

●●●● そのほかのシャープライブフィルターレイヤー

そのほかの、シャープ化を行うライブフィルターレイヤーには以下のものがあります。

- 「ハイパス」ライブフィルターレイヤーは、大きなカラーの変化がある部分の細部を維持し、それ以外の部分を抑制します。

歪曲のライブフィルターレイヤー

画像をひずませたり曲げたりする「歪曲」に分類されているライブフィルターレイヤーを紹介します。効果の原点があるものは、ドキュメント上でクリックして指定します。一部のものは「ゆがみ」ペルソナへ移動して設定を行い、適用すると「Photoペルソナ」へ戻ります。

歪曲のライブフィルターレイヤーは、比較的効果や操作が分かりやすいものの、日常的な用途ではあまり使わないものが多いため、概略のみの紹介にとどめます。

- 波紋:さざ波のような効果を加えます。
- 渦巻き:渦巻きのような効果を加えます。角度をプラスにすると時計回り、マイナスにすると反時計回りになります。
- 球面:球面のような効果を加えます。「強度」に小さい値を設定すると、膨らんだような効果になります。マイナスの値を設定すると、球の内側に張り付けたような、へこんだように見える効果になります。
- 置き換え:ほかのファイルまたはレイヤーの画像を「マップ」として指定し、そのパターンに従ってひずみを適用します。
- つまむ/押す:球面状のゆがみの効果を加えます。「つまむ/押す」にプラスの値を設定すると、後ろから押し出されたような、マイナスの値を設定すると、へこんだような効果になります。
- レンズゆがみ:レンズによって生じるゆがみを補正します。ヘルプによれば、ほとんどのレンズは、+5〜−3の範囲の値で補正できるとされています。
- パースペクティブ:レンズによって生じるゆがみを補正します。また、距離感を演出する用途にも使われます。
- ゆがみ:このレイヤーを作成すると「ゆがみ」ペルソナへ切り替わり、さまざまな専用ツールを使ってゆがみを適用できます。
- メッシュワープ:このレイヤーを作成するとコンテキストツールバーに専用のメニューが現れ、カーブを使って全体を変形できます。このような変形はワープエフェクトとも呼ばれます。

ノイズのライブフィルターレイヤー

ノイズを加えたり減らしたりする「ノイズ」に分類されているライブフィルターレイヤーを紹介します。

●●●●ノイズ除去

「ノイズ除去」ライブフィルターレイヤーは、ノイズを軽減するものです。自然な仕上がりになるように設定しましょう。

←「ノイズ除去」ライブフィルターレイヤー

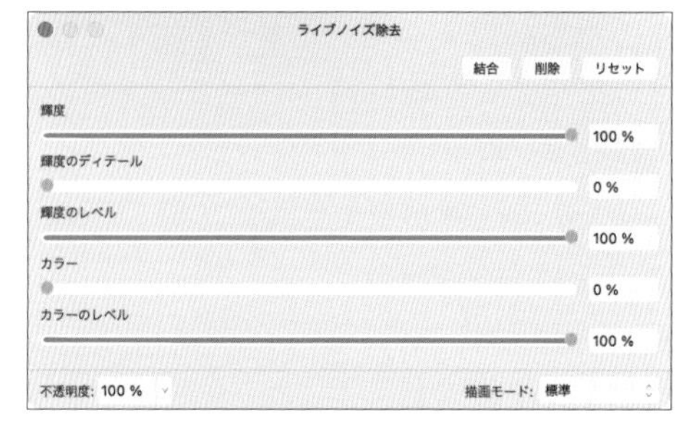

- 輝度：輝度チャンネルからノイズを除去する強さを設定します。
- 輝度のディテール：ディテールをスムーズにするしきい値を設定します。値を小さくすると、ディテールがなめらかになってノイズを軽減します。
- カラー：カラーの差からノイズを除去する強さを設定します。
- カラーのレベル：全体的なカラー成分のノイズ軽減を行う強さを設定します。

作例では、陰になっている背景の白い壁にノイズが見られます。フィルターを使うことでノイズは減りましたが、この例では画像全体に設定しているので、ネコの毛皮のディテールが失われます。

●●●●ノイズを追加

「ノイズを追加」ライブフィルターレイヤーは、ランダムなピクセル（ノイズ）を追加することにより、ディテール感を加えるものです。

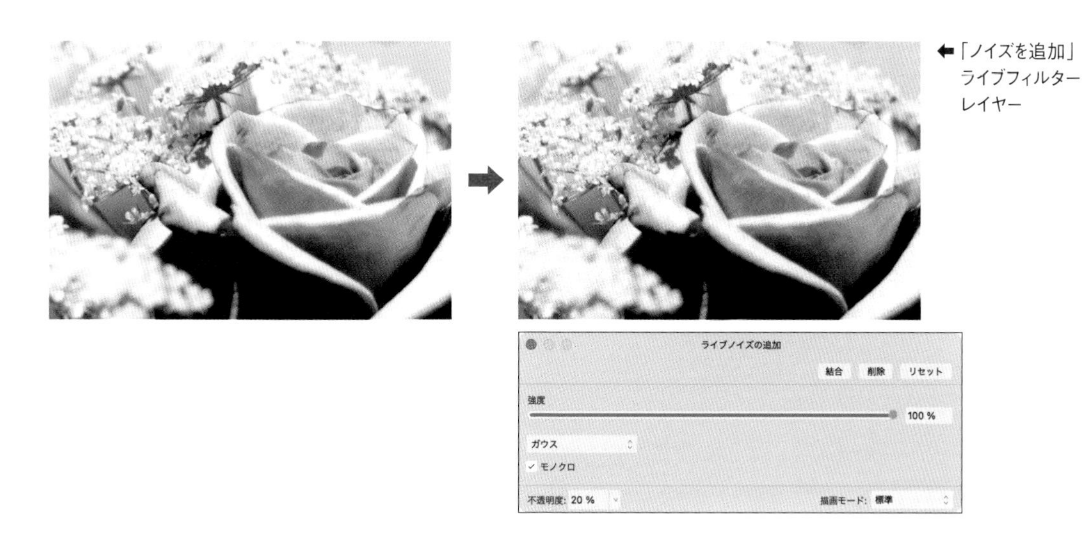

←「ノイズを追加」ライブフィルターレイヤー

- 強度：生成するノイズのレベルを調整します。
- （ノイズ分布タイプ）：「均一」は完全にランダムなノイズを生成するもので、カラー画像向きです。「ガウス」はより明暗の幅を広くノイズを生成するもので、グレースケール画像向きです。
- モノクロ：オンにすると、ノイズがグレースケールになります。

●●●●拡散

「拡散」ライブフィルターレイヤーは、エッジ部分にノイズを加えます。

←「拡散」ライブフィルターレイヤー

- 強度：生成するノイズのレベルを調整します。

●●●● ダスト&スクラッチ

「ダスト&スクラッチ」ライブフィルターレイヤーは、類似度の低いピクセルを消去（マッピングアウト）するものです。ホコリやキズなど、人工物によって二次的にできたノイズ（アーチファクト）を除去します。

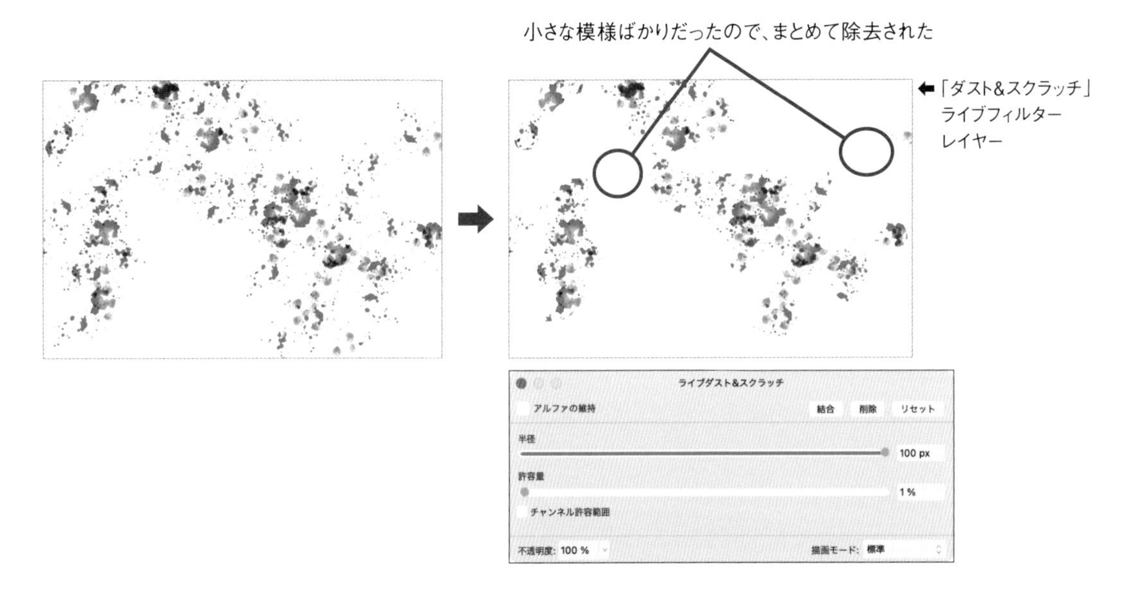

- 半径：ノイズを判断するサイズのしきい値を設定します。
- 許容量：フィルターによる解析の強さを設定します。
- チャンネル許容量：オンにすると、「許容量」の値がチャンネル単位で機能します。カラー画像向きの設定です。

作例は、白い背景にグレイスケールで模様を描いたものです。模様の端がノイズと判断されて除去されています。

カラーのライブフィルターレイヤー

画像のカラーを操作する「カラー」に分類されているライブフィルターレイヤーを紹介します。

●●●● ハーフトーン

「ハーフトーン」ライブフィルターレイヤーは、連続する階調を指定した方法によって再現するもので、古い印刷物のような効果が得られます。

←「ハーフトーン」ライブフィルターレイヤー

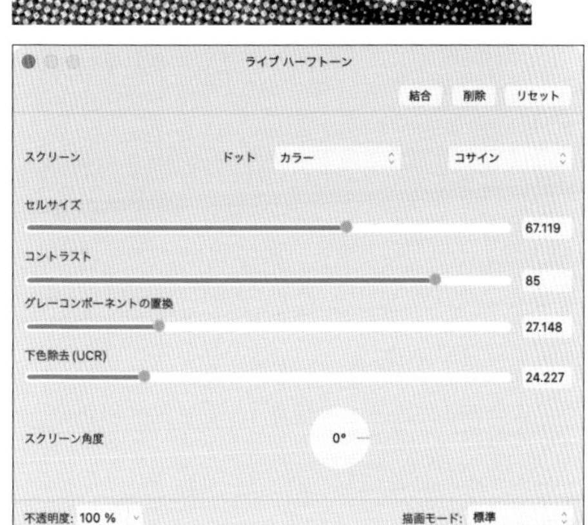

- スクリーン：連続する階調を生成する方法を、「モノクロ、カラー、線、循環」から選びます。
- ドット：ドット階調を生成する要素を選びます。「コサイン」はなめらかに、「ラウンド」はシャープになります。「スクリーン」の設定によっては選べないこともあります。
- セルサイズ：連続する階調を構成する要素（ドット、ライン、円）のサイズを設定します。
- コントラスト：「ドット」が「コサイン」のときに、セル間の階調のコントラストを設定します。
- グレーコンポーネントの変換：「スクリーン」が「カラー」のときに、セル間の階調のコントラストを設定します。
- 下色除去：「スクリーン」が「カラー」のときに、カラーセルの影響を設定します。
- スクリーン角度：階調表現の向きを設定します。

●●●● ビネット

「ビネット」ライブフィルターレイヤーは、画像の四隅の明るさを調整します。ビネットとは、写真の四隅を暗くする効果のことです。ただし、撮影機材によっては、不可避的に暗くなる場合もあります。

←「ビネット」ライブフィルターレイヤー

ライブビネット
結合　削除　リセット
露出 -2.882
硬さ 79 %
スケール 144 %
シェイプ 49 %
不透明度: 100 %　描画モード: 標準

- 露出:ビネットを加えるにはマイナスの値、除去するにはプラスの値を設定します。
- 硬さ:ビネットのぼかしの量を設定します。グラデーションをなめらかにするには少ない値を、明暗の境界をはっきりするには高い値を設定します。
- スケール:ビネットのサイズを四隅からの大きさで設定します。
- シェイプ:ビネットの形状を設定します。値を小さくすると長辺方向に長い楕円に、大きくすると円になります。

元の画像にビネットがないときは、四隅を暗くしてビネットを演出できます。逆に、ビネットがある画像に対しては、四隅を明るくしてビネットを軽減できます。原点は移動できません。

●●●● そのほかのカラーライブフィルターレイヤー

「カラー」に分類されるライブフィルターレイヤーには、そのほかに以下のものがあります。

- フリンジ除去:フリンジとは周辺という意味で、色収差などのためにコントラストがとくに高い部分の周辺で発生する、実際には存在しないカラーを消去するものです。色相のスライダーを操作するか、ドキュメントをクリックしてカラーを設定し、そこから範囲やしきい値を設定します。
- 水晶:画像からステンドグラスのようなモザイク模様を得るものです。
- プロシージャルテクスチャ:数式を指定して所定の効果を得るものです。プリセットが用意されていますが、自作することもできます。関数一覧などの詳細はオンラインヘルプにあります(「プロシージャルテクスチャ」で検索してください)。

そのほかのライブフィルターレイヤー

いずれのグループにも分類されていない、「照明」および「シャドウ／ハイライト」ライブフィルターレイヤーを紹介します。

●●●● 照明

「照明」ライブフィルターレイヤーは、照明光を再現するものです。照明のタイプ、カラー、強さなどを設定できます。

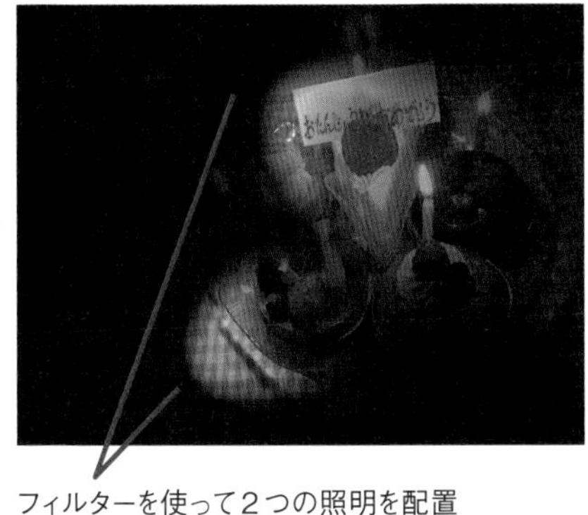

⬅「照明」
ライブフィルター
レイヤー

フィルターを使って２つの照明を配置

照明自体の選択、追加、種類の変更など

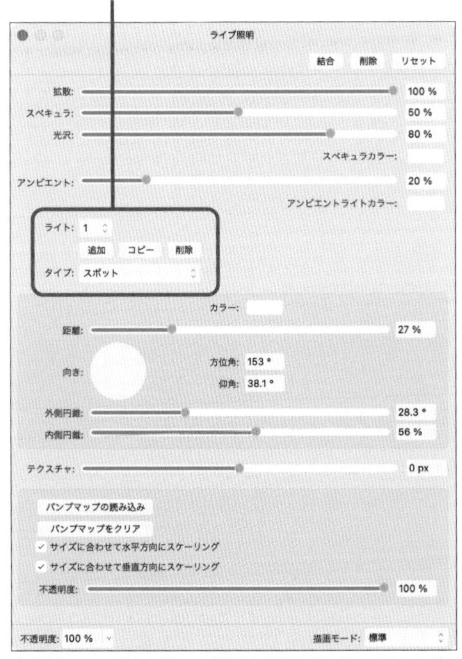

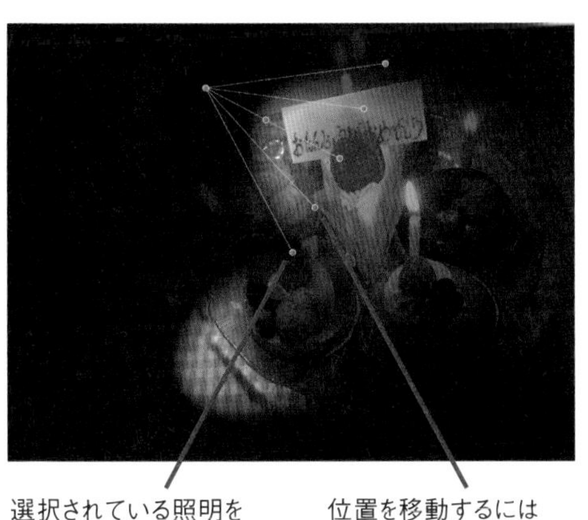

選択されている照明を
操作するハンドル

位置を移動するには
これをドラッグ

⬆ 設定ウィンドウを使って個別の照明を選択し、現れた表示を使って移動する

照明自体を操作するには、設定ウィンドウの「ライト」(Windows版では「明るい」)メニューあたりのメニューやボタンを使います(「明るい」は、「ライト」または「光源」と訳すべきでしょう)。照明を追加するには「追加」、配置した照明を切り替えるには「ライト」(Windows版では「明るい」)メニューから番号を選びます。設定項目が多いため、照明の設定の詳細は省略します。

●●●● シャドウ／ハイライト

「シャドウ／ハイライト」ライブフィルターレイヤーは、シャドウとハイライトの階調領域を操作します。シャドウやハイライトのディテールを強調するのに役立ちます。

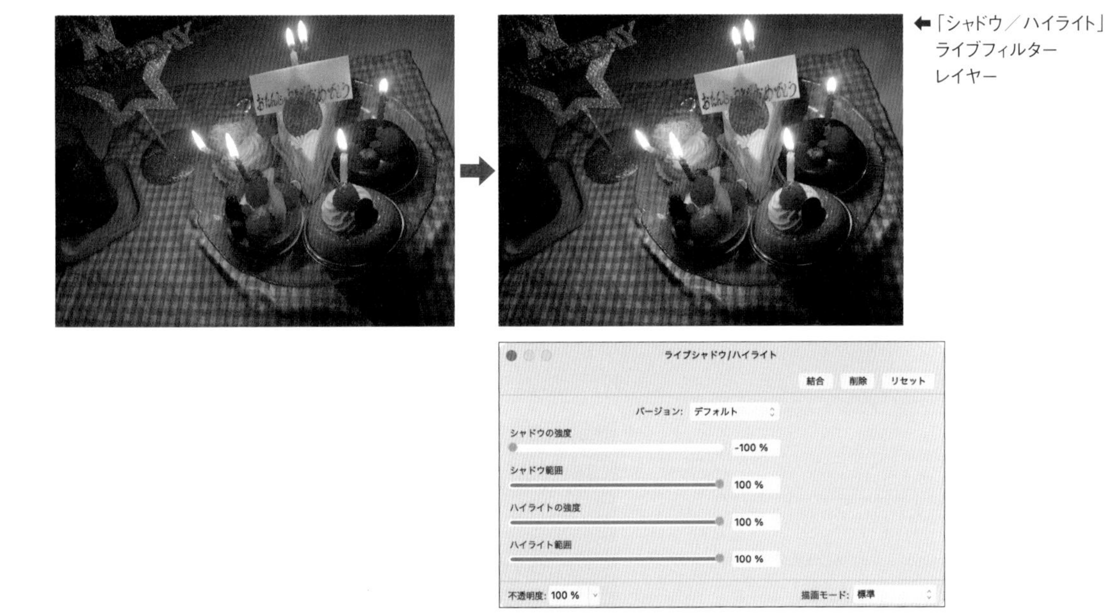

←「シャドウ／ハイライト」ライブフィルターレイヤー

- バージョン：とくに理由がない限り「デフォルト」を選びます。「1.6」は旧バージョンで編集したドキュメントとの互換性のためのものです。
- シャドウの強度：シャドウのディテールを強調する度合いを設定します。マイナスに設定すると、シャドウ領域が暗くなります。
- シャドウ範囲：操作する階調の範囲を設定します。値を大きくすると範囲が広がります。
- ハイライトの強度：ハイライトのディテールを強調する度合いを設定します。マイナスに設定すると、ハイライト領域が暗くなります。
- ハイライト範囲：操作する階調の範囲を設定します。値を大きくすると範囲が広がります。

作例では、「シャドウの強度」をマイナスにすることで暗く、「ハイライトの強度」をプラスにすることで明るくしています。範囲はともに値を上げて、広い範囲を操作しています。

Chap

5

レイヤーを使った編集の応用

レイヤーを活用した編集として、写真に図形やテキストを重ねてみましょう。その準備として、新しいドキュメントを作る方法や、図形やテキストで使うカラーを設定する方法も紹介します。

5-1

新しいドキュメントを作る

何もない状態からドキュメントを作成する手順を紹介します。
まったく何もない状態から作る方法と、
何らかの方法でコピーした画像を元にする方法があります。
頻繁に同じサイズのドキュメントを作る場合は、
プリセットを活用してください。

空白から新しいドキュメントを作る

ここまで本書では、すでに撮影された写真のファイルを使ってきました。しかし実際には写真を使わずに、何もない状態から任意の画像や図形を配置して、新しいドキュメントを作ることもあるでしょう。

まったく何もない状態から新しいドキュメントを作成するには、[ファイル]→[新規...]を選びます。すると「新規ドキュメント」(Windows版では「新規」ウィンドウ)が開き、自動的に「新規」カテゴリー(ウィンドウ左端の「新規」)が選ばれます。その後、必要なサイズやカラープロファイルなどを指定します。

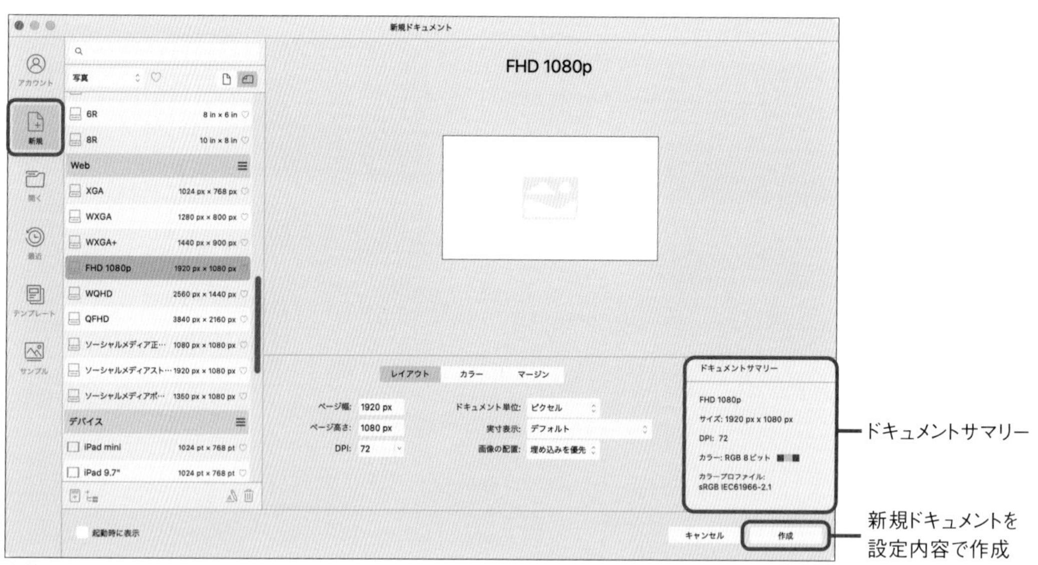

⬆「新規ドキュメント」ウィンドウ

設定した内容でドキュメントを作るには、ウィンドウ右下にある「作成」ボタンをクリックします。ボタンの上に設定の概要が「ドキュメントサマリー」として表示されているので、作成する前に確認しましょう。

新しく作成したファイルはafphoto形式になります。この段階ではまだファイルとして保存されていないので、必要に応じて［ファイル］→［保存］を選んで保存してください。

++ **Note** ++

ドキュメントを作成しただけでは、レイヤーは作られません。ただし、多くの場合、作業内容に応じて自動的にレイヤーが作られます。

●●●● プリセットを使う

コンピューター画面のWXGAや、印刷用紙のA4判のような一般的なサイズは、プリセットとして用意されています。

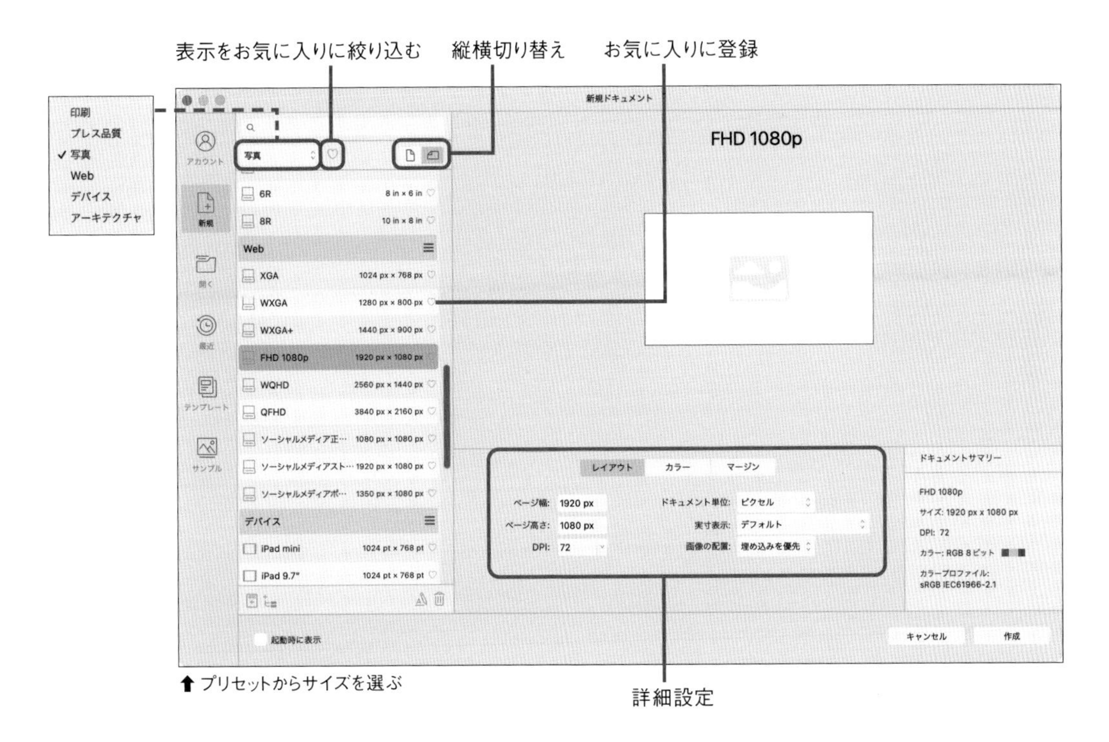

⬆ プリセットからサイズを選ぶ

プリセットはメディア別に分けられていて、家庭用プリンター向けの「印刷」、商業印刷用の「プレス品質」、コンピューターの標準的なディスプレイサイズの「Web」、モバイル機器のディスプレイサイズに合わせた「デバイス」などがあります。

「印刷」と「プレス品質」の大きな違いはカラーフォーマットにあり、前者はRGB、後者はCMYKです。用紙サイズだけで選ばないように注意してください。

目的のメディアとサイズのものがプリセットにある場合は、それをクリックし、向きを設定してから、ドキュメントを作成します。

目的に合致するものがない場合や、一部を変更したい場合は、もっとも近いものを選んでから、ウィンドウ右下の欄で詳細設定を変更します。少なくとも、メディアの種類だけでもプリセットから選ぶことをおすすめします。プリセットには、解像度、カラープロファイル、マージンの有無なども含まれているので、設定忘れを防ぐのに役立ちます。

よく使うプリセットがあれば、プリセット名の右端にあるハートマーク♡をクリックして、お気に入りに登録します。リスト上端の♡をクリックすると、プリセットを絞り込めます。

●●●●プリセットを作る

プリセットは自作できます。同じようなドキュメントを頻繁に作成する場合は、自作すると設定の手間を減らせます。例として、日本で写真のプリントによく使われるL判を登録してみましょう。

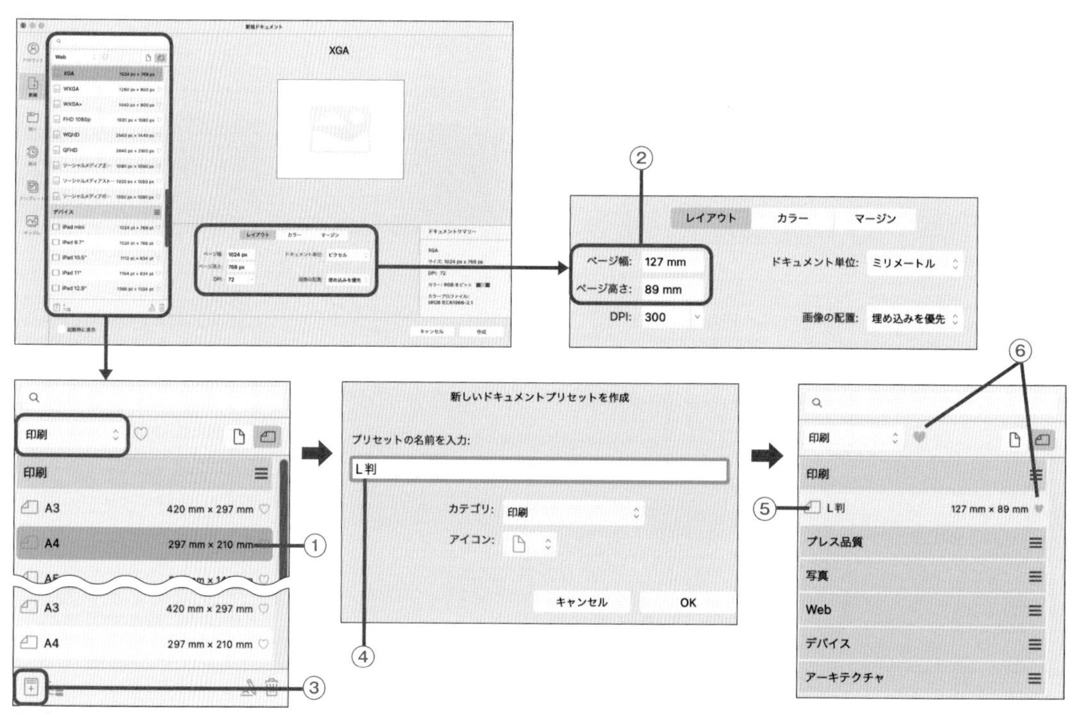

⬆ プリセットを作る

①L判に近いプリセットとして、「印刷」カテゴリーにあるいずれかを選びます。

②詳細設定の「レイアウト」で、L判のサイズ（127mm×89mm）を設定します。家庭用プリンターで印刷するのであれば、DPIやカラープロファイルはこのままがよいでしょう。もしも変更したい項目があれば設定してください。

③プリセット欄の下端にある「＋」マークが付いたアイコンをクリックします。これは、現在の設定でプリセットを作成するものです。
④ウィンドウが開いたら、自分で決めた名前を入力します。必要に応じて「カテゴリ」なども選び、「OK」ボタンをクリックします。
⑤指定したカテゴリーに、自作したプリセットが保存されます。
⑥お気に入り機能も活用すれば、たくさんのプリセットから探す手間がなくなります。

●●●●設定の詳細を指定する

必要な事項をすべて自分で指定する場合は、ウィンドウ右下の3つのタブを切り替えて設定します。

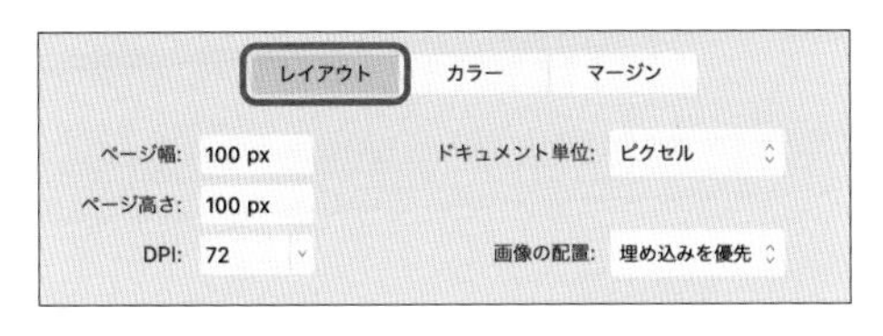

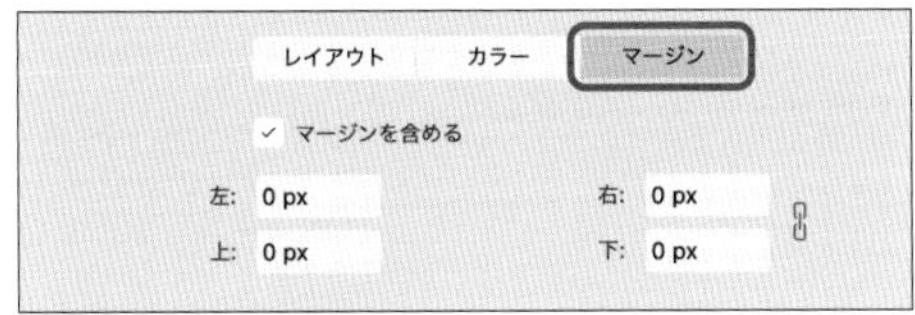

⬆ドキュメントの詳細設定

それぞれのタブの注意点のみ紹介します。

- 「レイアウト」タブ:「ドキュメント単位」の指定を忘れないでください。「画像の配置」は、このドキュメントにほかのファイルを読み込んで配置するときの基本的な方法を選びます。後から個別に指定することもできます（詳細はP.212「ほかの画像ファイルを読み込む」を参照）。
- 「カラー」タブ:「カラーフォーマット」と「カラープロファイル」の意味は、P.067「カラーフォーマットとカラープロファイル」を参照してください。「透明な背景」オプションは、オフにすると背景をホワイトに、オンにすると透明に表示します。
- 「マージン」タブ:詳細はこの項の中で紹介します。

●●●●マージンを設定する

「マージン」は余白のことで、Affinity Photoではおもに家庭用プリンターで印刷する場合のために設定することが多いでしょう。設定すると、指定した範囲にブルーの枠を表示します。この枠内が、印刷可能な範囲です。

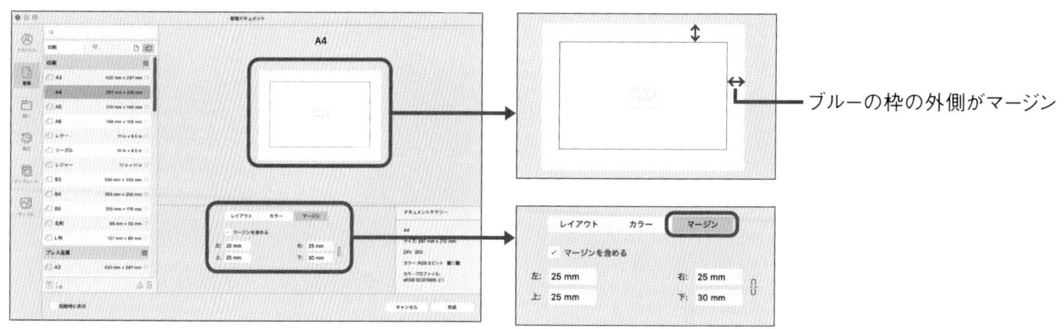

⬆ドキュメントの作成時にマージンを設定する

ドキュメントを作成した後からマージンのサイズを変更するには、[ドキュメント]→[マージン]を選び、「マージンを含める」オプションをオンにします。また、このウィンドウにある「プリンターからマージンを取得」ボタンをクリックすると、そのときに設定されているプリンターの情報から、マージン幅を取得します。

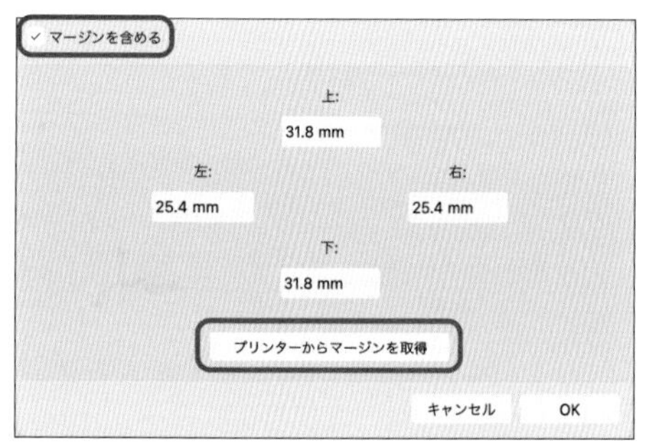

⬆ドキュメントを作成した後でマージンを設定する

なお、マージンのブルーの枠を隠すには、[表示]→[マージンを表示]オプションをオフにします。

クリップボードから新しいドキュメントを作る

すべてのアプリ(OS全体)で利用できるコピー機能(いわゆる「コピペ」機能)を使ってコピーした画像を元にして、新しいドキュメントを作成できます。この機能を使ってデータを一時的に保存しておく場所を「クリップボード」と呼びます。

クリップボードから新しいドキュメントを作るには、[ファイル]→[クリップボードから新規作成]を選びます。クリップボードに画像がコピーされていれば、写真のファイルを開いた場合と同様に、画像のレイヤーが作られます。もしもクリップボードの内容が、Affinity Photoでドキュメントを作れないものであったときは、エラーメッセージが表示されます。

5-2

図形を描く

よく使われる図形は、専用のツールが用意されています。
多くの種類の図形を描けるだけでなく、アレンジもできるので、
簡単な操作で複雑な図形が描けます。
自由な線へ変換すれば、通常の曲線として編集できます。

シェイプとは

丸、三角、星、ハートなど、一般的な図形を描くために、専用のツールが用意されています。Affinity Photoではこれらの定形の図形を「シェイプ」と呼びます。ここでは、空白のドキュメントにシェイプを描いてみましょう。写真に図形を重ねる方法はP.212「6-4 2つのレイヤーを使って切り抜く」で紹介します。

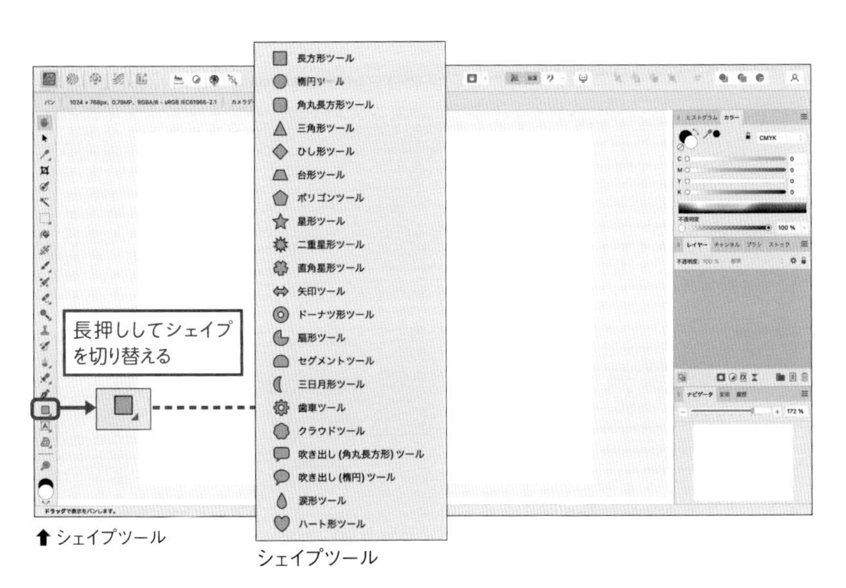

⬆ シェイプツール

シェイプツール

シェイプを選ぶと、ツールパネルのアイコンも変わります。直前に描いたものと同じ形状のシェイプを描くときは、長押ししてメニューから選ぶ必要はありません。

++ **Note** ++

【Mac】optionキー【Windows】shiftキーを押しながらメニューを開くと、末尾に［猫形ツール］が現れます。一種のジョークですが、きちんと猫の図形を描けます。

シェイプを描く

シェイプを描くには、ドキュメントウィンドウで、シェイプを囲む対角線をドラッグするように操作します。方向は問わないので、描きやすい方向で操作してかまいません。縦横比を保ったまま描くには、shiftキーを押しながら操作します。同じシェイプであれば、連続して作成できます。

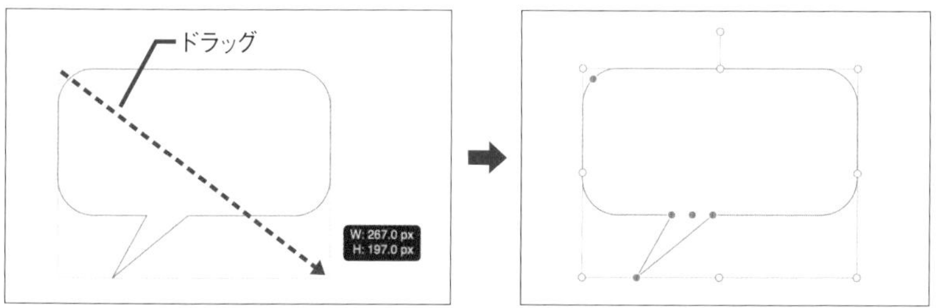

⬆シェイプを描く（「吹き出し（角丸長方形）」ツールの例）

シェイプを収めるには専用のレイヤーが必要ですが、シェイプを描くと自動的に作られます。1つのシェイプは1つのレイヤーに収められるので、複数のシェイプを描くと同じ数のレイヤーが作られます。

シェイプを描き終えたら、表示ツールや移動ツールを選んでください。シェイプツールは連続して複数のシェイプを作成できるので、選んだままでいると意図せず新しいシェイプを作成してしまうおそれがあります。

シェイプを設定する

シェイプを塗りつぶすカラーやフチ（境界）の線の太さなどを設定するには、コンテキストツールバーを使います。これを設定できるのは、シェイプを描いた直後、または、移動ツールでこのシェイプを選んでいるときです。

シェイプで設定できる項目は、形状によって異なります。次の図は角丸長方形のものです。

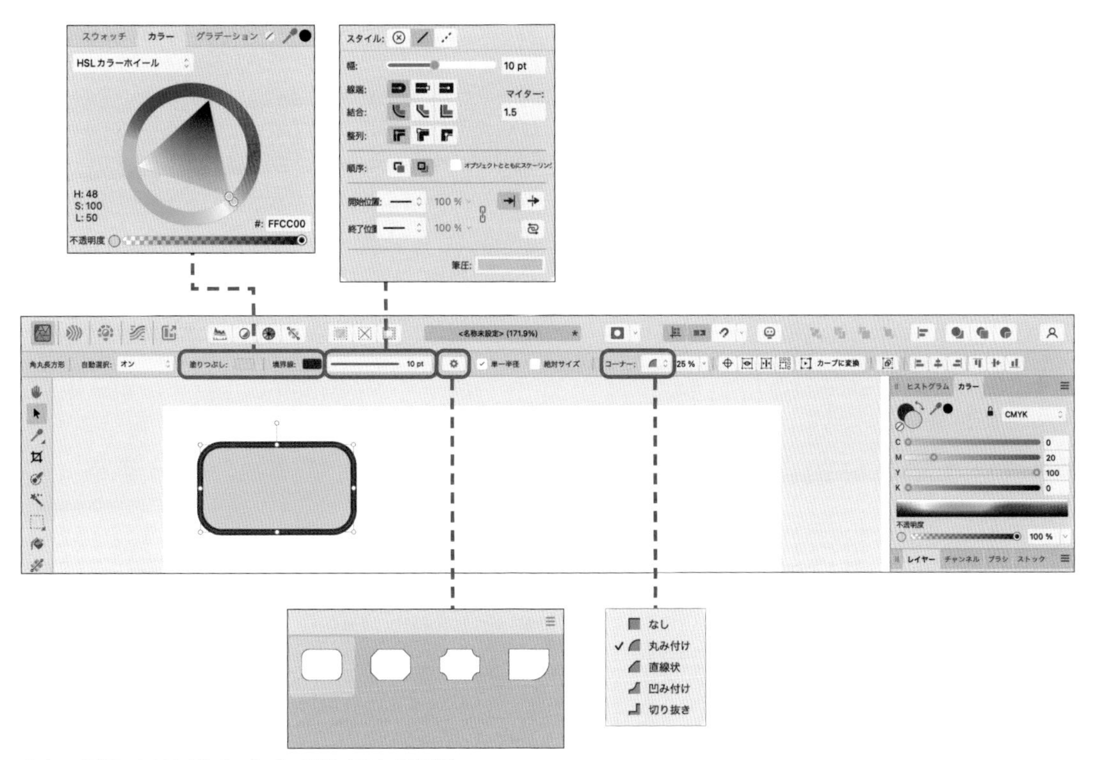

⬆ シェイプのコンテキストツールバーの例（角丸長方形）

シェイプの設定は一般に、塗りつぶしのカラー、境界線のカラー、境界線自体の設定、プリセット、さらに、シェイプの形状に応じた項目などから構成されます。それぞれの内容や設定項目の詳細は省略します。なお、カラーを設定するウィンドウの使い方はP.164「5-5 カラーの管理」を参考にしてください。

歯車のアイコンはプリセットです。ウィンドウの右上にある☰をクリックして開くメニューを使うと、プリセットを自作できます。

シェイプを変形する

シェイプは、全体をひとまとまりとして変形したり、さらに複雑に形状を変えることもできます。まず、ひとまとまりの図形として変形する方法から紹介します。

シェイプを囲むように表示されている白いマーク（ハンドル）をドラッグして、全体の形状を変形できます。変形できる位置にポインターを置くとアイコンが変わるので、それを目安にします。なお、「傾斜」とは、平行四辺形のようにひずませるものです。

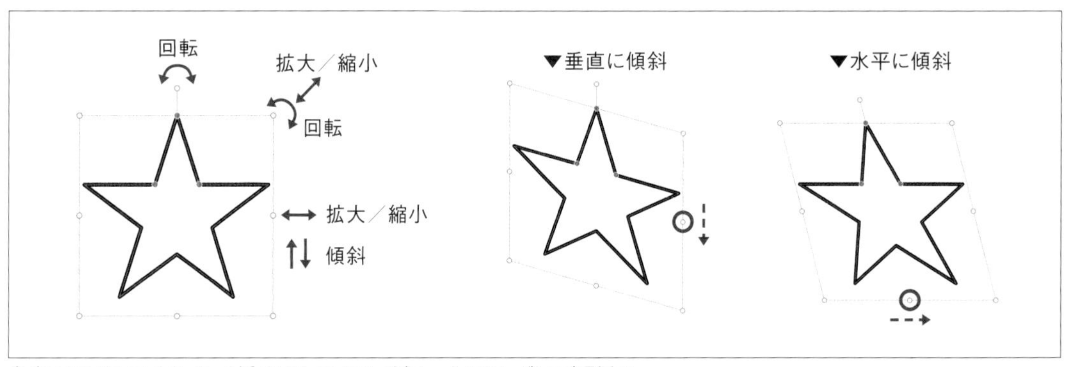

⬆ 白いハンドルにポインターを近づけて、アイコンが変わったらドラッグして変形する

●●●● オレンジ色のハンドルを使って、シェイプを複雑に変形する

一部のシェイプは、形状を生かした独特の変形ができます。たとえば、次の3つの図はいずれも星形ツールを使って描いたものです。左のものはデフォルト、中央と右のものは、左の星形を変形したものです。

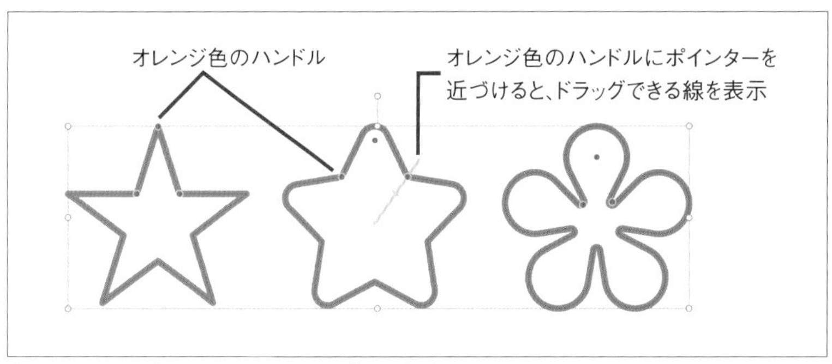

⬆ 星形のシェイプをオレンジのハンドルを使って変形する

このような変形を行うには、オレンジ色のハンドルをドラッグします。これが表示されないシェイプは、このような複雑な変形はできません。

オレンジ色のハンドルは、次の場合に表示されます。

- シェイプツールを使ってシェイプを描いた直後
- 移動ツールを使ってシェイプをダブルクリックしたとき（自動的にノードツールが選ばれます）
- ノードツールを使ってシェイプをクリックしたとき（ノードツールについては、次の「シェイプを自由な線へ変換する」を参照）

この方法では、全体としての形状を保ったまま変形できるので、複雑な形状を簡単に描けます。なお、オレンジのハンドルをダブルクリックすると、ハンドルの位置をリセットできます。

++ **Note** ++

シェイプは、変形しても輪郭がギザギザになることはありません。このため、大胆に変形してもかまいません。

シェイプを自由な線へ変換する

シェイプは、形状を保ったまま変形できるよう、編集機能が制限されています。シェイプの形状を完全に自由に変形するには、「カーブ」へ変換します。

カーブとは、ベジェ曲線という数学的に表現される方法で描かれた線のことで、ハンドル、ハンドルをつなぐセグメント、線の曲がり方などを決める制御ハンドルから構成されます。

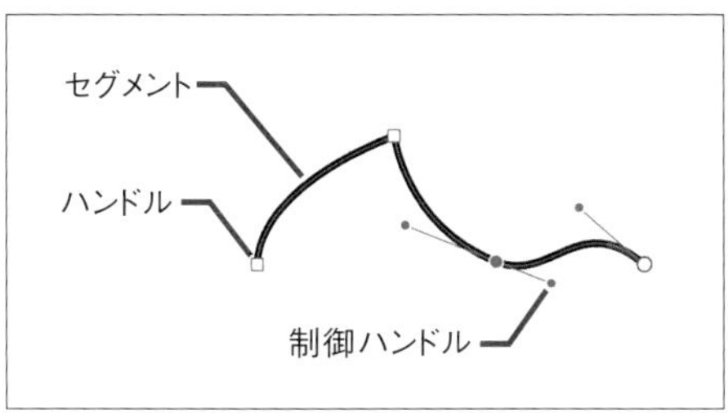

⬆ カーブを構成する要素

シェイプをカーブへ変換するには、移動ツールでシェイプを選択するか、レイヤーパネルでシェイプがあるレイヤーを選択してから、次のどちらかの手順を実行します。

- コンテキストツールバーにある「カーブに変換」ボタンをクリックします。
- [レイヤー]→[カーブに変換]を選びます。

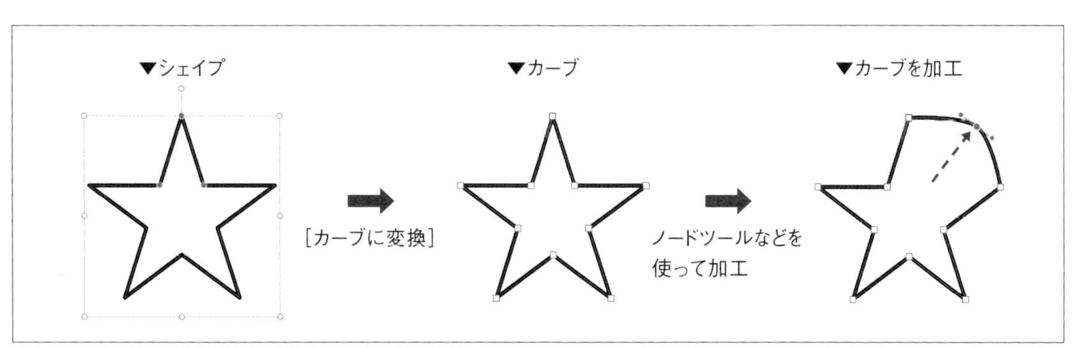

⬆ シェイプをカーブへ変換すると、自由な線として扱えるようになる

カーブを自由に加工したり作成したりするには、ツールパネルにあるノードツールとペンツールを使います。これらのツールは、同じグループに収められています。

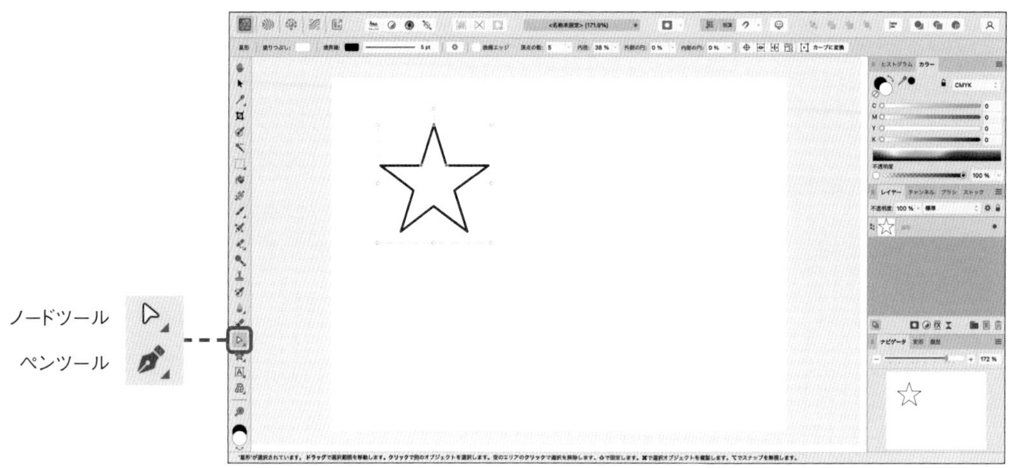

⬆ ノードツールとペンツール

ノードツールは、シェイプやカーブのノードを操作するツールです。また、ペンツールは、何もない状態から新しく自由な線（カーブ）を描くツールです。

++ **Note** ++

カーブを自由に作成・編集するには、Affinity Designer譲りの充実した機能がありますが、本書で扱う範囲を超えます。具体的な操作方法に興味がある方は、ヘルプの「ラインとシェイプ」を参照してください。

5-3 テキストを書き込む

テキストを書き込むには、
テキストのサイズを優先するツールと、
テキストを収める枠を作る、
2つのツールが用意されています。
また、シェイプにテキストを組み合わせることもできます。

アーティスティックテキストツール

テキスト（文字）を書き込むツールには、次の2つがあります。必要に応じて使い分けてください。ツールパネルでは、同じグループに収められています。

- アーティスティックテキストツール：サイズや見栄えを優先した、タイポグラフィなどのテキストに適しています。本項で紹介します。
- フレームテキストツール：枠（フレーム）の中に相応の長さがある文章を流し込むもので、統一したスタイルを持つ文章に適しています。P.152「フレームテキストツール」で紹介します。

⬆ 2つのテキストツール

まず、アーティスティックテキストツールを使ってテキストを入力する手順から紹介します。

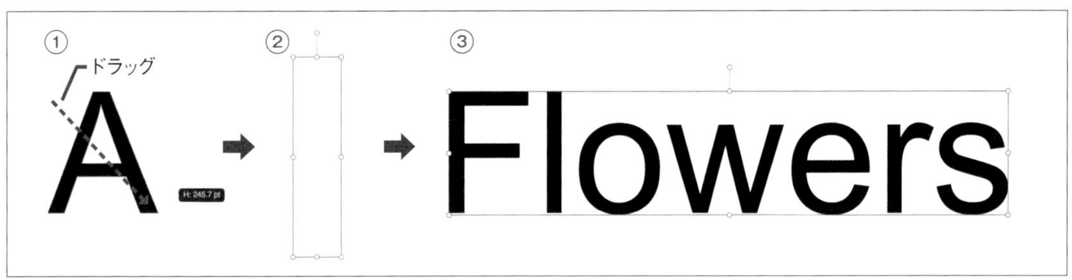

⬆ アーティスティックテキストツールを使ったテキスト入力

①アーティスティックテキストツールを選んでから、ドキュメントウィンドウで必要な高さのぶんだけ、対角線を描くようにドラッグします。後で修正できるので、最初から厳密に操作する必要はありません。なお、ドラッグ操作中は「A」の文字が現れますが、これはサイズを示す目安となるもので、実際に「A」の文字が書き込まれるわけではありません。
②マウスのボタンを離すと枠が作られるので、テキストを入力していきます。
③入力を終えたら、移動ツールを選びます。必要に応じて、続いて、テキストのサイズや位置を調整する作業へ移ります。

なお、アーティスティックテキストツールでドキュメントウィンドウをドラッグすると、自動的にテキストレイヤーが作られます。操作に応じて適切な種類のレイヤーが作られる点では、シェイプを作成するときと同じです。

++ **Note** ++

①の高さは、半角アルファベットの大文字（たとえば「A」）と同じ高さとして扱われます。このため、「g」のような文字では下へはみ出ますし、日本語を入力すると一回り大きくなります。はじめから正確な高さを指定しようとせずに、テキストの入力を終えてから調整しましょう。

●●●●テキストツールのコンテキストツールバー

フォントの種類やサイズ、カラーなどの詳細は、コンテキストツールバーから設定できます。なお、この設定はフレームテキストツールでも同じです。

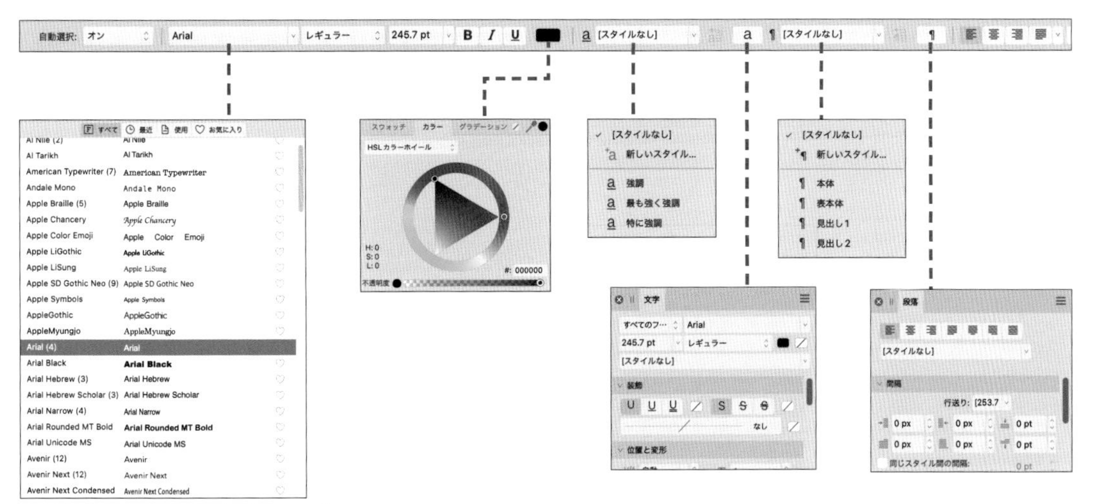

⬆ テキストツールのコンテキストツールバー

テキストのレイヤー全体に対して同じ設定を行うときは、移動ツールでテキストに関係する要素を選択するか、レイヤーパネルでテキストがあるレイヤーを選択します。

テキストのレイヤーの特定の文字を選んで設定するには、移動ツールでテキストの要素をダブルクリックします。すると内容を編集できる状態になります。

テキストに対する設定の基本は、Microsoft Wordのようなワープロアプリと同じです。また、フォントの種類やサイズなどの設定をひとまとめにして、文字スタイルや段落スタイルとして登録できる点も同じです。本書では機能の詳細は省略します。

●●●● アーティスティックテキストを変形する

アーティスティックテキストツールで入力したテキストには、シェイプと同様に、全体を囲むハンドルが表示されます。これを使って、テキストの全体を1つの図形のように変形できます。操作方法はシェイプを変形するときと同じです（詳細はP.145「シェイプを変形する」を参照）。

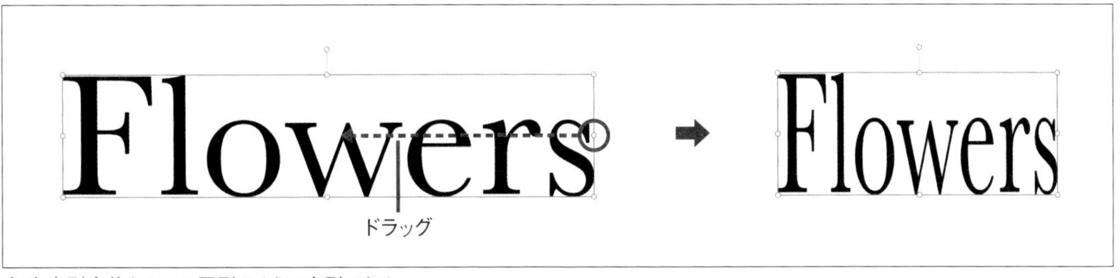

⬆ 文字列全体を1つの図形のように変形できる

Affinity Photo Column

テキストをロゴのように変形する

アーティスティックテキストツールで入力したテキストの輪郭を、図形としてさらに細かく変形することもできます。これにはまず、コンテキストツールバーにある「カーブに変換」ボタンをクリックするか、[レイヤー]→[カーブに変換]を選びます。すると、ペンツールを使って描いた図形と同様に扱えるようになります。

変換した後は線（カーブ）と同じですので、テキストを移動ツールでダブルクリックすると1文字ずつ扱えるようになり、さらに1つの文字をダブルクリックすると1文字を構成するカーブの制御ハンドルまでも操作できるようになります。

⬆カーブに変換してさらに細かく変形できる

具体的な方法は本書で扱う範囲を超えるので省略しますが、興味がある方は、ヘルプの「ラインとシェイプ」などを参照してください。

フレームテキストツール

フレームテキストツールを使ってテキストを入力するには、テキストを配置したい領域を囲むように、対角線を描くようにドラッグします。フレーム（枠）が作られたらテキストを入力します。

フォントの種類やサイズは、コンテキストツールバーから設定できます。1つのフレーム内のすべてのテキストを同一に設定するには、移動ツールでフレームを選択してから設定します。また、特定の箇所だけ異なるように設定するには、移動ツールでフレームをダブルクリックして、テキストを編集できる状態にしてから、ワープロのように目的の文字列を選択してから設定します。

フレームの線上にあるハンドルをドラッグすると、フレームが変形してテキストの位置が変わりますが、テキストの拡大／縮小は行われません。これがアーティスティックテキストツールで入力したテキストと異なる点です。

フレームとあわせてテキストも拡大／縮小したい場合は、フレームの右下から少し離れたところにあるハンドルをドラッグします。

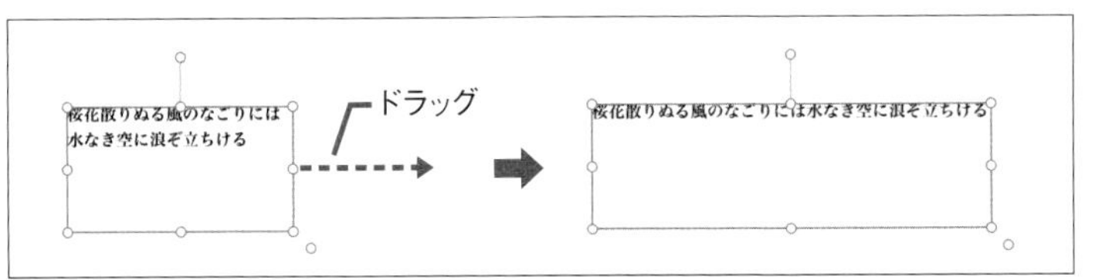

⬆ フレームテキストツールを使ったテキスト入力①：文字サイズを変えずに、フレームサイズを変える

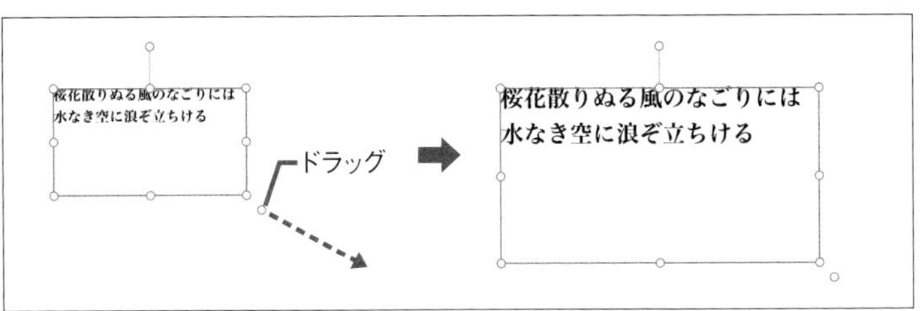

⬆ フレームテキストツールを使ったテキスト入力②：縦横比を変えずに、フレームと文字サイズを変える

フレームにテキストが入りきらないときは、フレームの右下付近にレッドの目のアイコンが表示されます。クリックすると、入りきらない分のテキストを非表示にします。あわせて、アイコンに斜線が重なります。目のアイコンをクリックするたびに、表示を切り替えます。

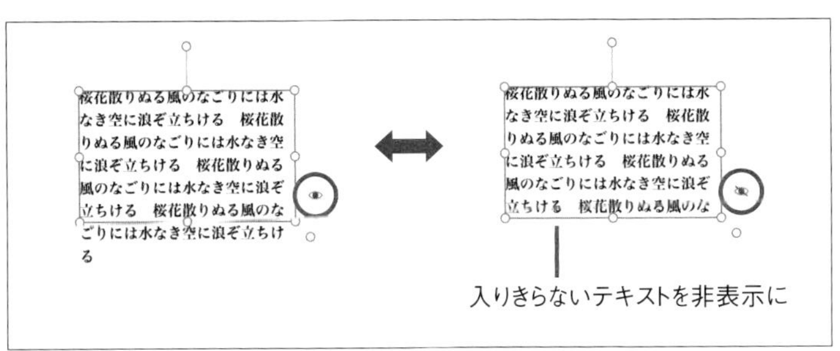

⬆ フレームに入りきらないテキストは目のアイコンで示される

入力したテキストをすべて表示したい場合は、目のアイコンが表示されなくなるまで、フレームのサイズやテキストのサイズを調整します。

++ **Note** ++

ほかのアプリからテキストをコピー&ペーストする場合は、フォントの種類やサイズなどの書式情報が含まれている場合があります。それらを削除してテキストの文字列のみをペーストするには、[編集] → [書式を解除して貼り付け] を選びます。

シェイプにテキストを組み合わせる

シェイプツールで描いた図形に、テキストを組み合わせられます。具体的には、図形の線に沿ってテキストを配置したり、図形をフレームとして使うことができます。

まずシェイプを描いたら、移動ツールを使って目的のシェイプを選びます。

続いて、Ⓐアーティスティックテキストツールでシェイプの境界線をクリックするか（ポインターに波線が加わったときが目印です）、Ⓑフレームテキストツールを選んでシェイプの内側をクリックします。

Ⓐの場合は、境界線に沿ってテキストを配置できます。Ⓑの場合は、シェイプの内側にテキストを配置できます。

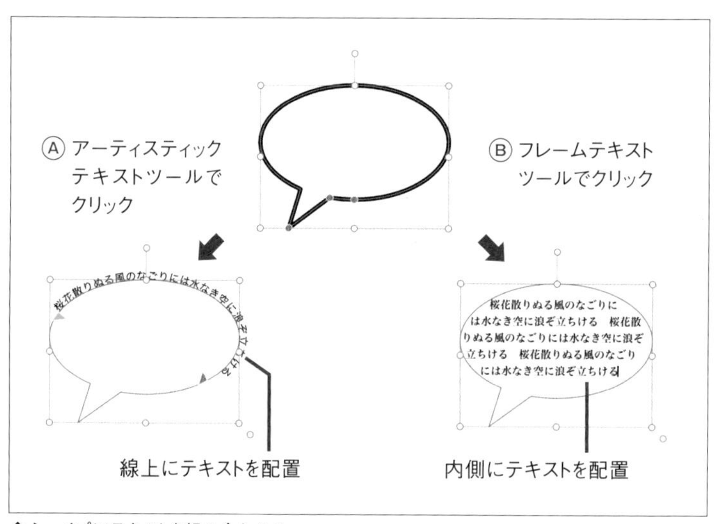

⬆ シェイプにテキストを組み合わせる

いずれも、ツールを選んでからシェイプをクリックすると、テキストを入力できることを示す縦棒のカーソルが点滅します。入力したテキストの基本的な設定や、いったん設定を終えた後から再編集するときの手順は、これまでに紹介したものと同じです。

●●●● テキストと組み合わせるとシェイプはテキスト用に使われる

シェイプにテキストを組み合わせると、シェイプに設定されていた塗りつぶしや境界線などの設定は失われます。

それらを設定したシェイプとテキストを重ねたい場合は、あらかじめレイヤーを複製して、シェイプとテキストを別々のレイヤーに配してください。

++ **Note** ++

ここでは簡単に描けるシェイプを使いましたが、ペンツールで描いたカーブや、シェイプから変換してアレンジを加えたカーブも、同様にテキストと組み合わせられます。

●●●● パス上のテキスト

パス上のテキストの位置を操作するには、さまざまな方法があります。マウスの微妙な操作が必要になるので、いろいろと試してみてください。

パス上のテキストの位置を操作するには、移動ツールでテキストをダブルクリックして、内容を編集できる状態にします。すると、グリーンの「開始ハンドル」と、レッドの「終了ハンドル」が表示されます。

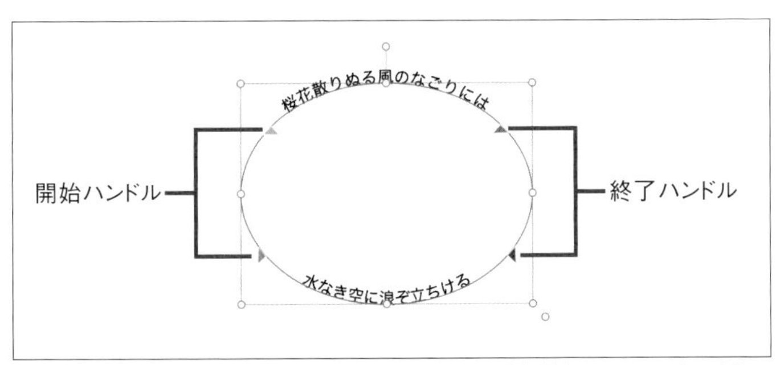

⬆ パス上のテキストの開始ハンドルと終了ハンドル（2組表示されている場合の例）

テキストを配置する位置の始まりは開始ハンドル、終わりは終了ハンドルで操作します。ともにドラッグして移動できます。コンテキストツールバーに表示される行揃えの設定も適用されるので、合わせやすい位置になるよう設定してください。

テキストをパスの反対側へ移動するには、テキストを編集する状態にしてから、コンテキストツールバーに表示される「テキストパスを反転」ボタンをクリックします。

テキストが長くて2つのハンドルの間に収まらない場合は、2組目のハンドルが現れます。2組のハンドルは個別に操作できます。

開始ハンドルまたは終了ハンドルをドラッグするときに、shiftキーを押し続けると、ハンドルの間隔を保ちながら位置を移動します。command／Ctrlキーを押し続けると、両ハンドルの中間地点からの距離を同じにして位置を移動します。

5-4

さまざまなレイヤー効果

レイヤー自体に、さまざまな効果を設定できます。
これらは効果を持つレイヤーを追加するのではなく、
レイヤー自体に設定する点に注目してください。
効果ではありませんが、ロックする機能もここで紹介します。

不透明度

レイヤーの不透明度を、0%から100%の間で設定できます。0%に設定すると、完全に表示されなくなります。50%に設定すると、下層のレイヤーが半分透けて見えます。

⬆ 不透明度

レイヤーの不透明度を設定するには、目的のレイヤーを選択し、レイヤーパネルの「不透明度」のメニューを以下のいずれかの方法で操作します。

- 数値の右隣にある∨をクリックして、スライダーが現れたらつまみをドラッグします。
- 数値表示をクリックして、数値を入力します。
- 0〜9の数字キーを1つまたは2つ、素早く押します。「0」は100%、「2」は20%、「15」は15%、「09」は9%になります。

ブレンドモード

あるレイヤーを、下層または下位のレイヤー（本項でのみ、以後まとめて「下のレイヤー」と呼びます）とブレンドする方法（ブレンドモード）を設定できます。この設定は、「不透明度」の右隣にあるメニューから選びます。

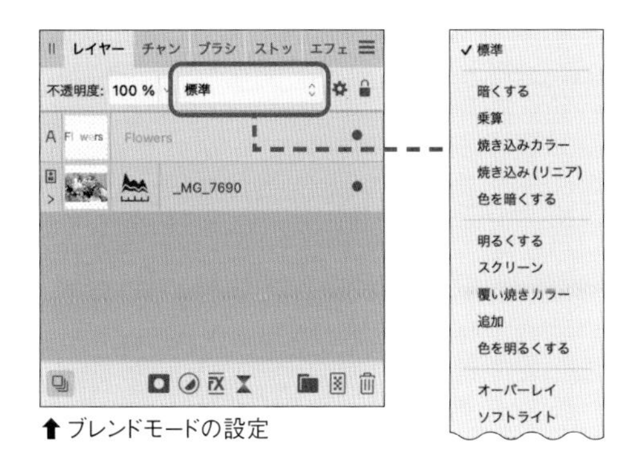

⬆ブレンドモードの設定

なかでも重要なブレンドモードは次のとおりです。

- 標準：特殊な合成を行わず、下のレイヤーと重なった部分を隠します。デフォルトの設定です。
- 乗算：下のレイヤーとカラーを組み合わせ、より暗いカラーになります。スクリーンの逆です。
- スクリーン：下のレイヤーとカラーを反転したものを組み合わせ、より明るいカラーになります。乗算の逆です。
- オーバーレイ：下のレイヤーが50%未満のグレーであれば乗算、50%以上であればスクリーンと同じになります。
- 除算：下のレイヤーは、上のレイヤーの輝度に基づいて明るくなります。
- 焼き込みカラー：上のカラーと比較し、下のカラーを暗くします。

さまざまなブレンドモード

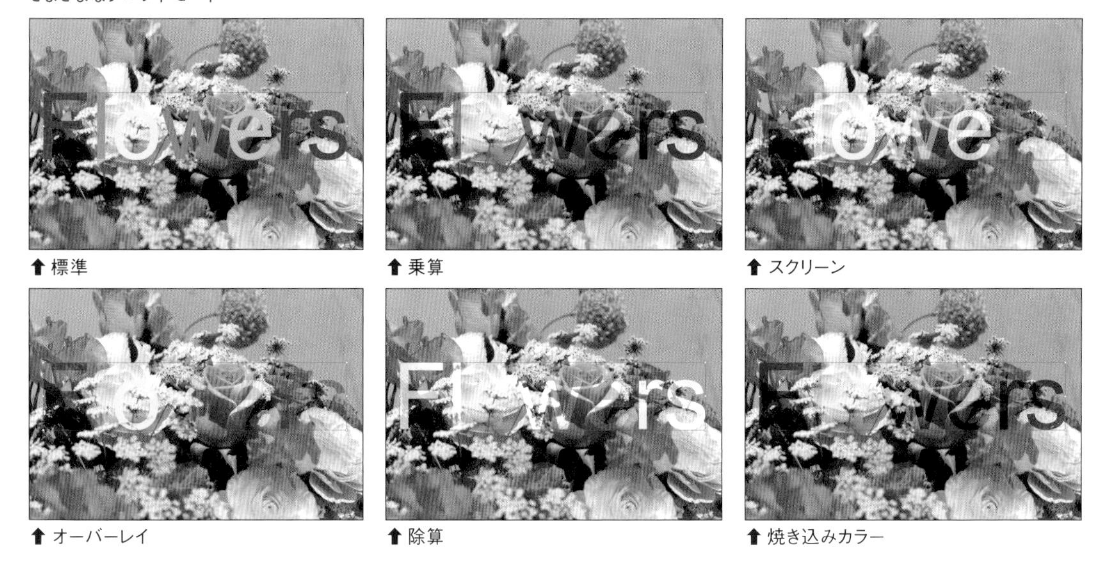

⬆ 標準　⬆ 乗算　⬆ スクリーン

⬆ オーバーレイ　⬆ 除算　⬆ 焼き込みカラー

●●●●グループ自体はパススルーとして設定される

複数のレイヤーをグループにまとめると、グループ自体のブレンドオプションは「パススルー」と表示されます。これは名前のとおり、ブレンドオプションとして何も設定しない状態です。

⬆ グループ自体にもブレンドオプションを設定できる

ただし、グループに対しても、手作業でブレンドオプションを設定できます。グループの中にあるレイヤーをまとめて設定したい場合によいでしょう。

レイヤーエフェクト

視覚的な要素を持つレイヤー自体に、ふちどりやドロップシャドウなど、さまざまな効果を設定できます。これを「レイヤーエフェクト」と呼びます。

選択しているレイヤーにレイヤーエフェクトを設定する方法は2つあります。

Ⓐクイックエフェクトパネルを使う:設定する項目を絞り込んで、簡易的に設定できます。
Ⓑレイヤーエフェクトウィンドウを使う:レイヤーパネルから操作して開きます。専用のウィンドウを開き、多くの項目を設定できます。

どちらを使っても、レイヤーエフェクトを設定する点は同じですので、設定した内容は共通です。はじめからⒷの方法で設定するか、あるいは、まずⒶの方法で簡単に設定し、Ⓑの方法でさらに仕上げる流れがよいでしょう。

なお、1つのレイヤーに対して、複数のレイヤーエフェクトを設定できます。また、エフェクトの種類は数多くありますが、本書では個々の設定は省略します。

●●●●クイックエフェクトパネルを使う

クイックエフェクトパネルを開く方法は、次のとおりです。

【Mac】[ウィンドウ]→[クイックFX]を選びます。
【Windows】[ウィンドウ]→[エフェクト]を選びます。

パネルが開いたら、目的のカテゴリーをチェックします。すると設定欄が開くので、必要に応じて設定します。次の図は「アウトライン」を設定した例です。

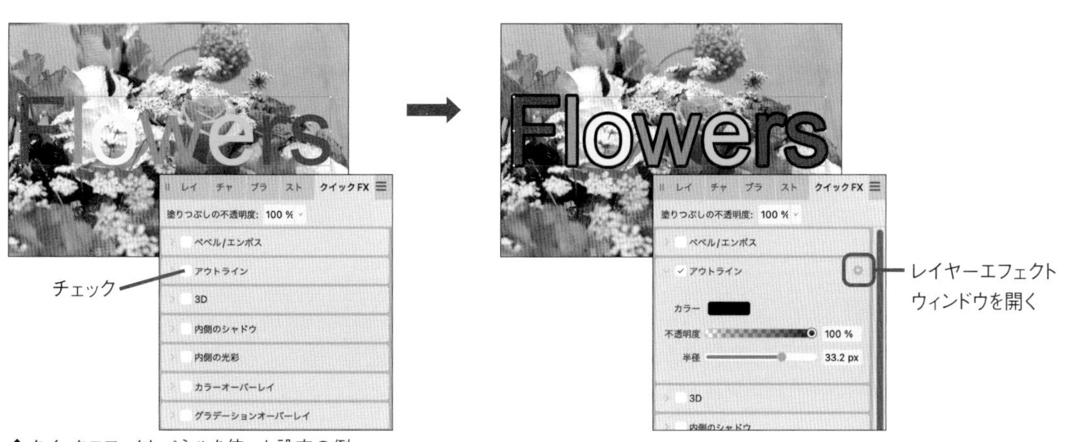

⬆ クイックエフェクトパネルを使った設定の例

●●●●レイヤーエフェクトウィンドウを使う

レイヤーエフェクトウィンドウを使うには、レイヤーパネルにある「FX」のアイコンをクリックします。または、クイックエフェクトパネルの個々の設定の右上にある歯車のアイコンをクリックします。

ウィンドウが開いたら、目的のカテゴリーをチェックし、必要に応じて設定します。次の図では、前の図と同じ「アウトライン」を設定していますが、設定できる項目が多くなっています。

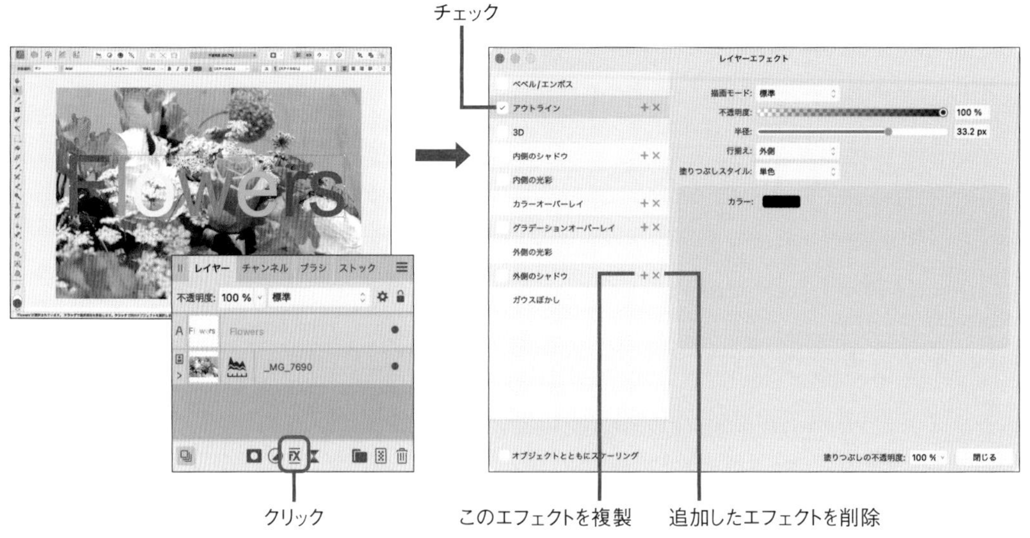

⬆ レイヤーエフェクトウィンドウを使った設定

目的の種類のエフェクトを使うには、まず名前の左隣にあるチェックボックスをクリックしてオンにします。個々のエフェクトの設定を変えるには、「アウトライン」などの名前をクリックします。すると、ウィンドウ右側に詳細が表示されます。

++ **Note** ++

レイヤーエフェクトウィンドウでは、エフェクトの有効／無効を切り替えるチェックボックスと、設定内容を表示するためにクリックする名前の部分が、独立しています。このため、複数のエフェクトを有効にして設定を変えていると、目的のものでない種類のエフェクトの設定を操作してしまうおそれがあります。いま、どのエフェクトを操作しているのか、よく確かめてください。

●●●●レイヤーエフェクトの設定を後から変更する

設定した手順にかかわらず、レイヤーエフェクトを設定したレイヤーには「FX」のアイコンが付きます。後から設定を変更するには、このアイコンをクリックします。すると、レイヤーエフェクトウィンドウが開きます。

⬆レイヤーエフェクトが設定されたレイヤー

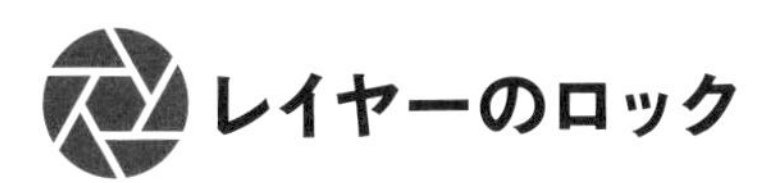

レイヤーのロック

これまでシェイプやテキストのレイヤーで使ってきたように、レイヤーの位置は、ツールパネルにある移動ツールを使って、ドラッグ&ドロップで移動できます。

しかし、編集が終わった、あるいは、ある程度確定したレイヤーは、意図せず動かさないようにしたいものです。その場合は、レイヤーをロック(固定)できます。

レイヤーをロックするには、次のいずれかを実行します。ロックされたレイヤーには、カギのアイコンが表示されます。

- 目的のレイヤーを選択してから、レイヤーパネルの右上にあるカギのアイコンをクリックします(Ⓐ)。
- 個別のレイヤーで、表示/非表示を決める●アイコンの左隣あたりをクリックします。その位置にポインターを重ねると、カギのアイコンが表示されるので、目印になります(Ⓑ)。
- 目的のレイヤーを選択してから、[レイヤー]→[ロック]を選びます。解除するときは、[レイヤー]→[ロックを解除]を選びます。

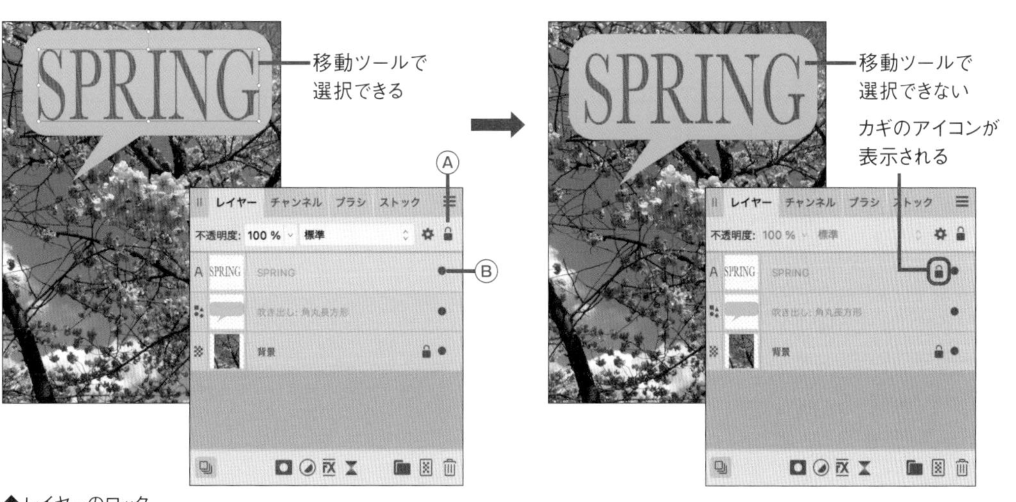

⬆レイヤーのロック

●●●●背景レイヤーとロック

JPEGファイルのように、1つの画像として完結している画像のファイルをAffinity Photoで開くと、原則として、「背景」という名前の、固定されたレイヤーとして読み込まれます。

このため、移動ツールを使っても、画像に重ねたレイヤーは移動できますが、背景レイヤー（写真）は固定されたままです。これは、写真に図形や文字を組み合わせて仕上げるときに扱いやすいといえます。

もしも、最初に読み込んだ画像も移動したい場合は、背景レイヤーのロックを外します。移動して何もなくなった領域は透明になります。

⬆「背景」レイヤーもロックを外して移動できる

Affinity Photo Column

キャンバス

移動して画面から見えなくなった領域があっても、再度移動すると画面に戻ってきます。このことから分かるように、いったんドキュメントに配置された要素は、画面から見えなくなっても、隠されているだけで、失われるわけではありません。afphoto形式で保存すれば、後日に再編集することもできます。

ドキュメントウィンドウで表示されている部分を「キャンバス」と呼びます。キャンバスのサイズを変更するには、[ドキュメント]→[キャンバスのサイズを変更...]を選びます。

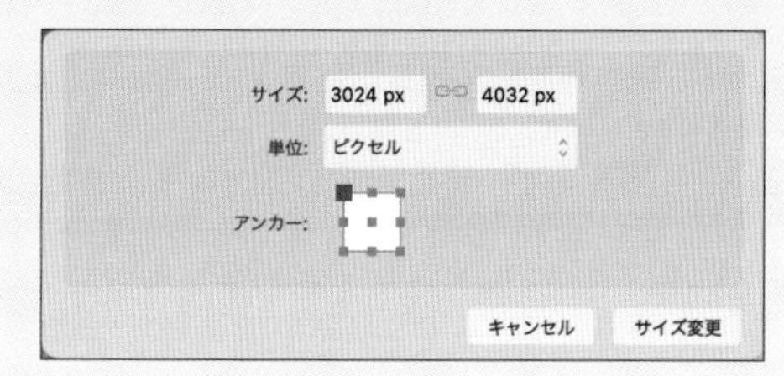

⬆ キャンバスのサイズを変更する

「アンカー」はもともと(船の)錨(いかり)という意味で、キャンバスのサイズを変えるときの基準となる位置を指定するものです。たとえば、図のように左上が強調されていれば、左上を基準としてサイズが変更されます。

ドキュメントに含まれるすべての要素をすべて表示できるようにキャンバスを広げるには、[ドキュメント]→[キャンバスのクリップを解除]を選びます。

また、不要なキャンバスの領域を削除するには、[ドキュメント]→[キャンバスをクリップ]を選びます。

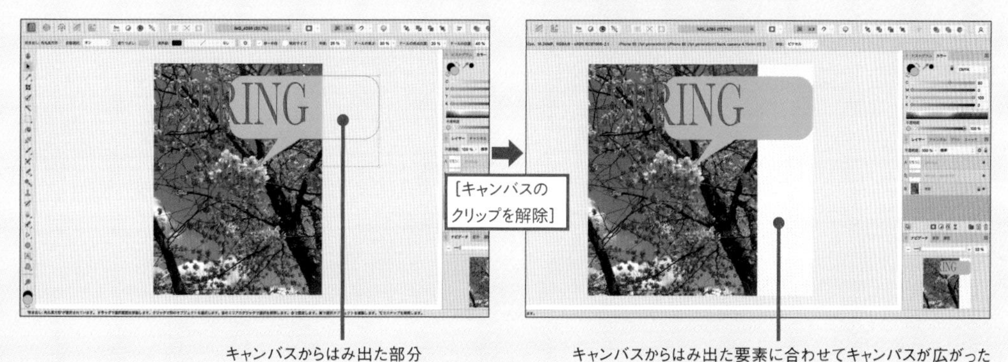

⬆ キャンバスからはみ出た要素に合わせて、キャンバスのサイズを広げる

5-5 カラーの管理

本節では、カラーとグラデーションの扱い方を紹介します。
これらはレイヤーとは直接関係のないことですが、
シェイプやテキストを作成するときに必要になることですので、
本章の中であわせて紹介します。

カラーパネル

カラーを扱うには、おもにカラーパネルを使います。たとえば、すでにシェイプやテキストなどに設定されているカラーを確認したり、逆に、好みのカラーを設定するときなどに使います。なお、ツールパネルの下端に、カラーパネルと同じような2つの円が表示されていることにも注目してください。

⬆カラーパネル

●●●●カラーを選ぶインターフェースは共通

これまでも、カラーを設定する手順の中では、似たようなウィンドウが表示されていました。たとえば、移動ツールでシェイプを選ぶと、コンテキストツールバーの「塗りつぶし」から、シェイプの塗りつぶしに使うカラーを設定できました。カラーパネルは、これらのカラーを選ぶ欄などと連動し、機能も共通です。

たとえば次の図では、移動ツールでシェイプを選択して、塗りつぶしのカラーを変えているところです。このとき、コンテキストツールバーの「塗りつぶし」、カラーパネル、ツールパネルの下端のいずれでも、シェイプを選択するだけで、いま設定されているカラーが表示されます。また、いずれかでカラーを変更すると、シェイプのカラーとともに、ほかの表示も変更されます。

⬆ カラーパネルの表示は、ツールパネル下端などのカラー選択とも連動し、操作手順やインターフェースも似ている

このように、カラーを選ぶ方法はいくつもありますが、その中でももっとも基本になるのはカラーパネルです。よって、ここではカラーパネルの使い方のみを紹介します。

カラーセレクター

カラーパネルの左上にある2つの円は、いま選んでいるカラーを示すもので、「カラーセレクター」と呼ばれます。2つの円のうち、画面の下側にあるものを「メインカラー」（または描画色）、上側にあるものを「サブカラー」（または背景色）と呼びます。

2つの円は重なっていますが、重なりが上であるものを、いま選択しているという意味で「アクティブである」と言います。重なりが下にあるように見えるものをクリックすると、そちらをアクティブにします。パネルには、アクティブなカラーの設定が表示されます。

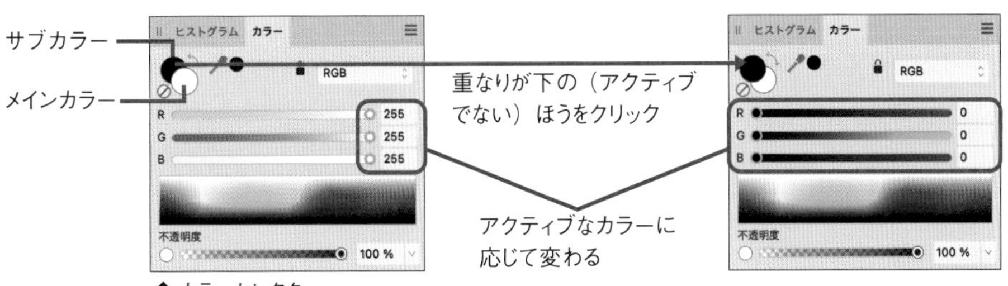

⬆ カラーセレクター

++ **Note** ++

円の位置が少し違いますが、ツールパネルの下端にある2つの円もカラーセレクターと同じ機能を持っています。

●●●●カラーパネルを使ってシェイプのカラーを変更する

カラーパネルは、移動ツールなどで選択されている要素に対して、現在設定されているカラーを反映します。逆に、カラーパネルでカラーを変更すると、選択されている要素にそのカラーを設定します。

カラーセレクターは、シェイプやカーブを選択しているときは、塗りつぶしと境界線のカラーの設定になります。

移動ツールでシェイプやカーブを選択すると、カラーパネルの表示が変更されます。続けて、カラーパネルのスライダーを動かすなど、何らかの方法でカラーを選ぶと、そのカラーがアクティブなカラーセレクターに設定され、シェイプやカーブに反映されます。

これらのことを、次の図を使って具体的に見てみましょう。

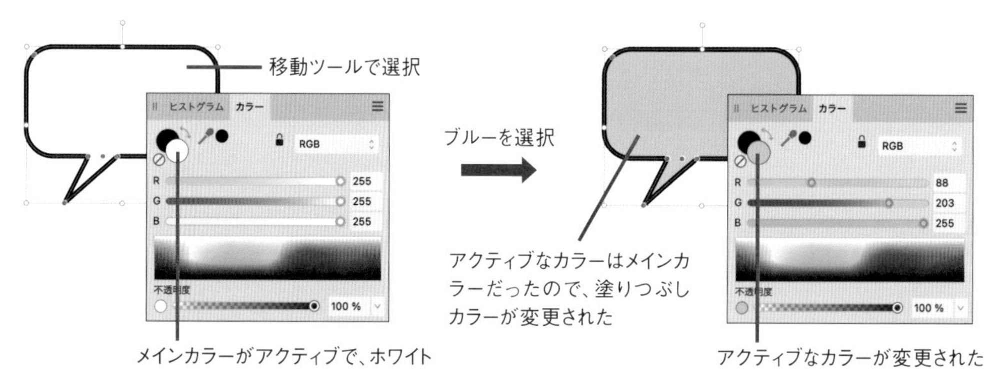

⬆ カラーパネルを使ってシェイプのカラーを変更する

図の左側では、シェイプを選択しています。このとき、カラーパネルのメインカラーは、選んだシェイプのカラーが反映され、ホワイトになります。

次に、何らかの方法でブルーを選ぶと（カラーの選び方は次の「カラーセレクターのカラーを設定する」を参照）、アクティブなカラーセレクターである、メインカラーがブルーに変更されます。同時に、選択しているシェイプの塗りつぶしも、同じブルーが設定されます。

なお、もしも境界線のカラーを変えたい場合は、サブカラーをアクティブにしてから、カラーを変更します。

●●●●そのほかのカラーセレクターの操作

カラーセレクターを扱うときに便利な操作を以下に紹介します。

- メインカラーをホワイト、サブカラーをブラックに設定する：「D」キーを押します。選択しているシェイプなどのカラーをデフォルトへ戻すときに便利です。
- アクティブなカラーセレクターを（ホワイトではなく）透明に設定する：左下にある、斜線の入った円⊘をクリックします。
- メインカラーとサブカラーに設定されているカラーを入れ替える：右上にある、入れ替えを示す矢印をクリックします。
- メインカラーとサブカラーのアクティブを入れ替える（カラーの入れ替えではない）：「X」キーを押します。

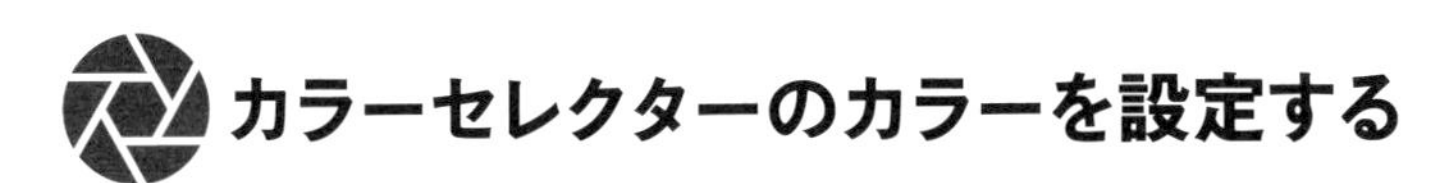

カラーセレクターのカラーを設定する

アクティブなカラーセレクターに好みのカラーを設定する、さまざまな方法を紹介します。

なお、すでに紹介したとおり、カラーを設定するときにいずれかの要素を選択していると、カラーセレクターのカラーを設定すると同時に、その要素のカラーも変更されます。

もしもどの要素のカラーも変えたくない場合は、あらかじめ移動ツールでキャンバスの外側をクリックして、何も選択していない状態にしてください。

●●●●スライダーで選ぶ

カラーパネルにデフォルトで表示されるのはRGBのカラーモデルによるもので、一般的にもよく使われるスライダーと、色相と彩度を組み合わせたグラデーションです。カラーを設定するには、スライダーを動かしたり、グラデーションの中を直接クリックします。また、表示されている数値の欄をクリックして、値を入力することもできます。

RGB以外のカラーモデルを使いたい場合は、スライダー右上にあるメニューから選びます。

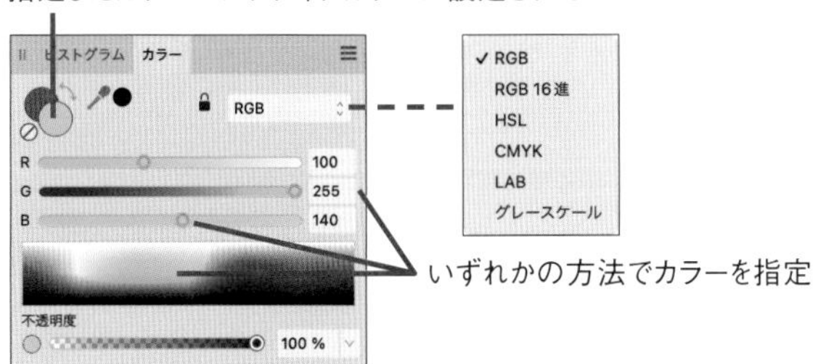

⬆ カラーパネルの中でカラーを選ぶ

どの方法を使っても、指定したカラーがアクティブカラーに設定されます。次の操作へ移る前に、好みの色が設定されたことを確かめてください。

++ **Note** ++

すべてのスライダーを同じ比率で動かすには、shiftキーを押しながらツマミをドラッグします。

●●●●ホイールやボックスで選ぶ

パネルの右上にある☰のメニューを使うと、HSLカラーホイールを使う「ホイール」や、色相／彩度／明るさのみを設定する「ボックス」の表示へ切り替えられます。

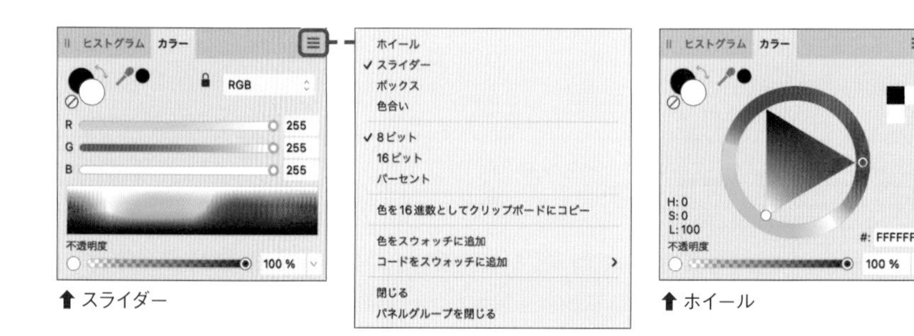

⬆ スライダー　⬆ ホイール

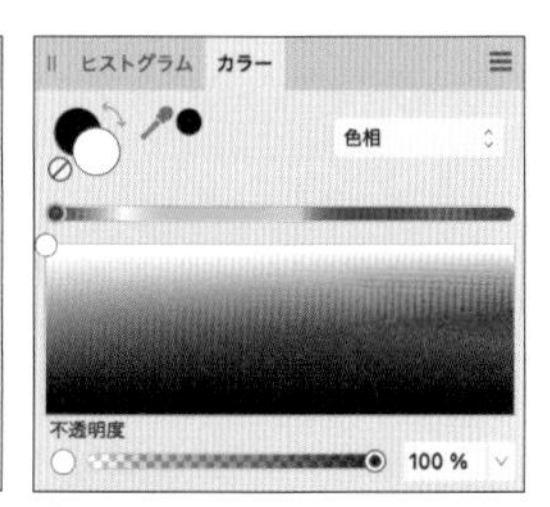

⬆ ボックス

●●●●ドキュメントウィンドウの表示から選ぶ

ドキュメントウィンドウに表示されている要素のカラーを調べて、カラーセレクターに設定できます。この機能を「カラーピッカー」と呼びます。手順は以下のとおりです。

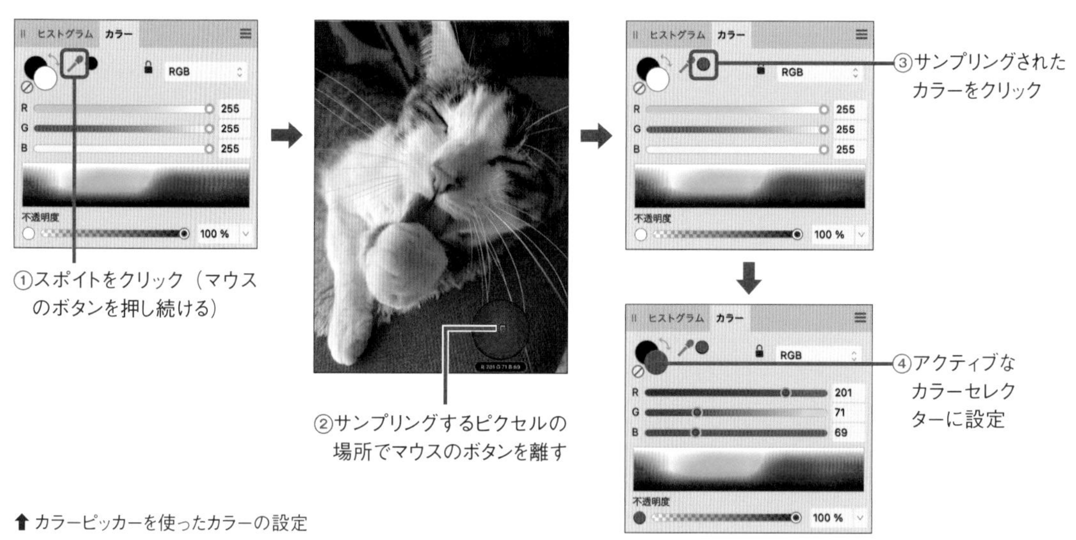

⬆ カラーピッカーを使ったカラーの設定

①カラーセレクターの右隣にあるスポイトのアイコン（カラーピッカーツール）をクリックし、マウスのボタンを押します。この後、離すよう指示があるまでずっと押し続けてください。
②カラーを調べたい位置までポインターを移動します。このとき、虫眼鏡のような拡大表示が現れるので、位置を正確に探してください。
③カラーを取得するには、マウスのボタンを離します。すると、カラーパネルのスポイトのアイコンの右隣にある円に、取得したカラーが表示されます。もしも好みのカラーを取り出せなかったときは、①からやり直します。
④スポイトのアイコンの右隣にある円をクリックすると、アクティブなカラーセレクターに、取り出したカラーが設定されます。

++ **Note** ++

実際にはドキュメントウィンドウだけでなく、ディスプレイに映っているものはすべて、同じ手順でカラーを取得できます。これには、②の手順でAffinity Photoのワークスペースの外までドラッグします。

カラーセレクターのウィンドウから選ぶ

カラーセレクターをダブルクリックすると、カラーを選ぶウィンドウが開き、好みのカラーを選べます。数値指定や、カラーピッカーを使った取得もできます。

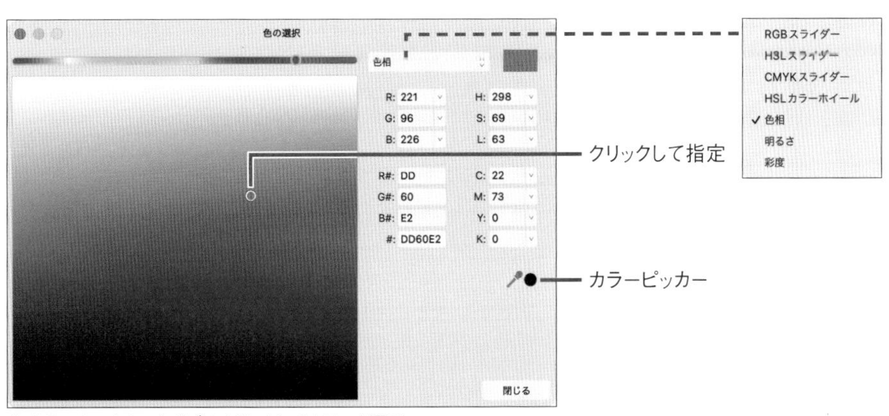

⬆ カラーセレクターをダブルクリックしてカラーを選ぶ

スウォッチパネルから選ぶ

スウォッチパネルを使うと、あらかじめリスト化されているカラーの一覧から選べます。このようなカラーを「スウォッチ」（色見本の意味）、カラーのリストを「パレット」と呼びます。

スウォッチパネルを開くには、[ウィンドウ]→[スウォッチ]を選びます。必要があればパレットを切り替えてから、いずれかのスウォッチをクリックしてカラーを選びます。

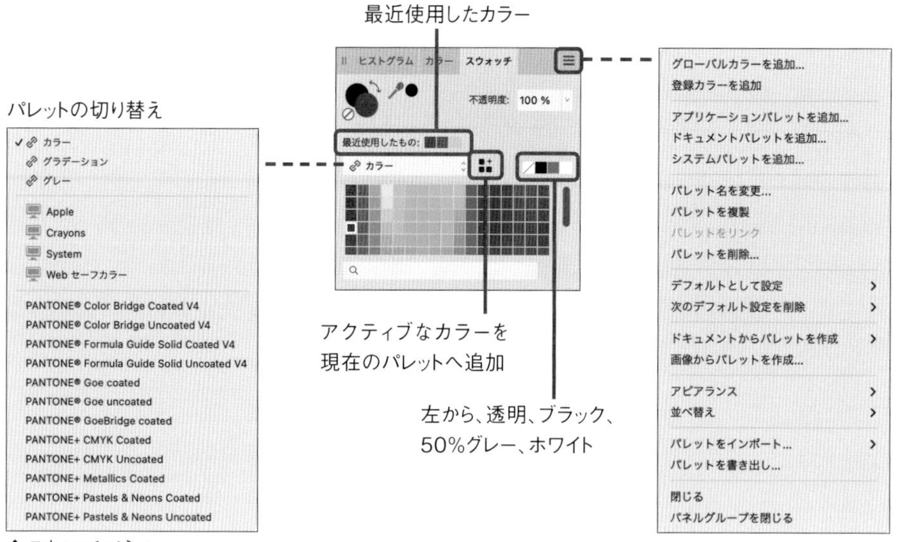

⬆スウォッチパネル

スウォッチパネルには、最近使用したカラーの履歴が最新の10色まで表示されるので、これを使うこともできます。それよりも古いものは自動的に消去されます。

もしも、使用したカラー（スウォッチ）を後から利用したい場合は、何らかの方法で保存する必要があります。

たとえば、スウォッチパネルのパレット名の右隣にあるアイコンをクリックすると、現在のアクティブカラーを、現在開いているパレットへ保存できます。

ほかにも、（スウォッチパネルではなく）カラーパネルの右上にある☰のメニューから以下のコマンドを選ぶ方法もあります。

- ［色を16進数としてクリップボードにコピー］：アクティブなカラーを「#FF440E」のような値でクリップボードに保存します。Web制作などで使う場合に便利です。必要に応じて適切な場所へペーストするなどして保存してください。
- ［色をスウォッチに追加］：アクティブなカラーを、スウォッチパネルで現在開いているパレットへ追加します。
- ［コードをスウォッチに追加］：アクティブなカラーのコードを、スウォッチパネルで現在開いているパレットへ追加します。

++ **Note** ++

スウォッチファイルは、Adobe Swatch Exchange（ASE）形式のファイルを読み込むこともできます。Affinity用のものも含め、有志の方が自作したものを配布しています。興味がある方はネットで探してみてください。

グラデーションツール

カラーには、1色だけでなく、複数のカラーを組み合わせたグラデーションも設定できます。これには、ツールパネルのグラデーションツールを使う方法と、シェイプなどのコンテキストツールバーのカラー設定欄を使う方法があります。

どちらの方法を使っても設定した内容は共通ですが、ここでは位置を指定しやすい、グラデーションツールを使う方法を紹介します。

例として、シェイプをグラデーションで塗ってみましょう。まず、グラデーションを塗るシェイプを描きます。このシェイプが選択されている状態であることを確かめてください。もしも選択されていなければ、移動ツールを使って選択します。

次に、グラデーションツールを選び、塗りの始まりの位置でクリックし、終わりの位置までドラッグしてからマウスのボタンを離します。このとき、両端に表示される丸を「端点」と呼びます（端点は追加できるので、両端にのみ現れるものではありません）。

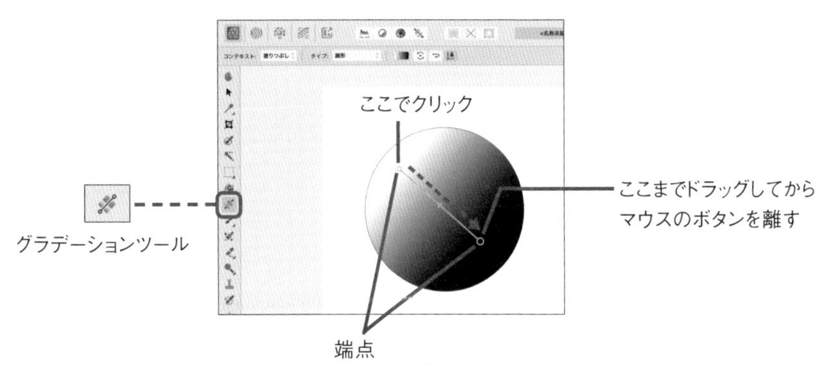

⬆ グラデーションツールでシェイプにグラデーションを塗った

端点は、カラーを設定するポイントとして機能します。端点をクリックして選択すると、カラーパネルにはそのカラーが表示されます。

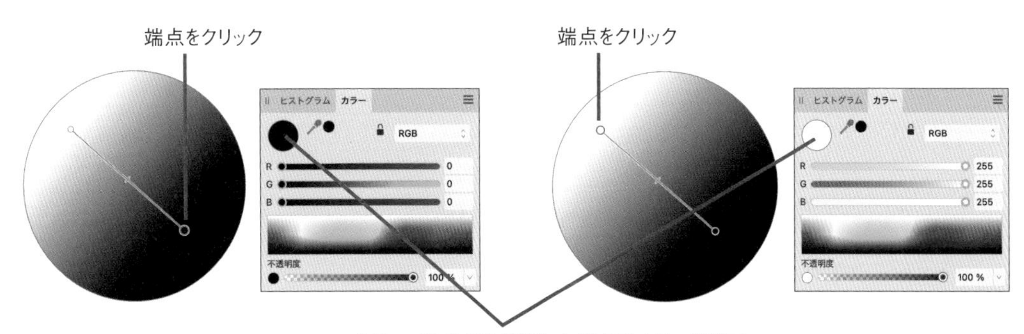

⬆ 端点を選択してカラーを表示する

グラデーションで使うカラーを変更するには、端点を選択した状態で、カラーパネルを使ってカラーを指定します。また、コンテキストツールバーから、さまざまな設定を変更できます。

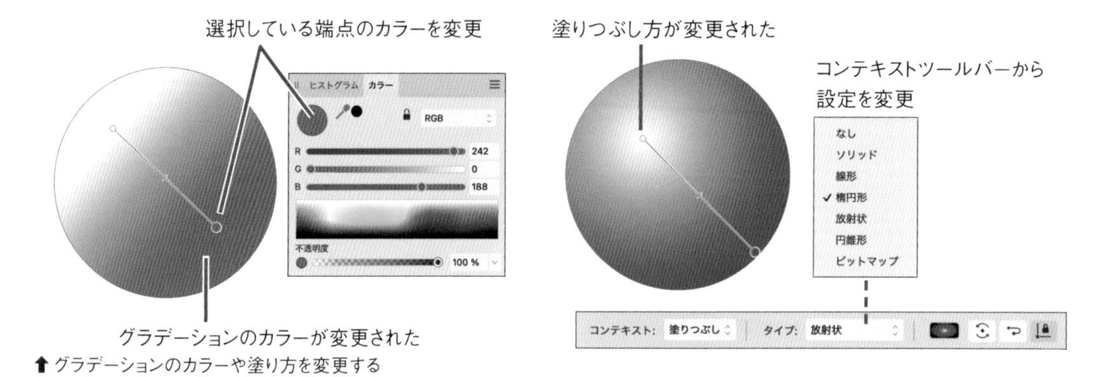

⬆ グラデーションのカラーや塗り方を変更する

3色以上のグラデーションを塗るには、2つの端点を結ぶ線上でクリックして、端点を追加します。塗る位置を変えるには、端点をドラッグします。

別のツールを選ぶなどした後からグラデーションを再編集するには、まず移動ツールを使って目的の要素（たとえばシェイプ）を選択してから、グラデーションツールを選択します。すると端点などが現れて編集できるようになります。

++ **Note** ++

さらに複雑な設定に興味がある方は、ヘルプの「カラー」→「グラデーションとビットマップ塗りつぶし」を参照してください。

Chap
6

範囲の選択と応用

画像全体ではなく、画像の一部を選択して活用する方法を紹介します。ここでは、範囲を選択するさまざまな方法、背景を消去して必要な領域を残す方法、それらのレイヤーを組み合わせて切り抜く方法を紹介します。

6-1

範囲を選択する準備

範囲を選択すると、より高度な編集を行えるようになります。
ここでは、その手順を学ぶ前に知っておきたいことを紹介します。
この章での作業の基本になるので、確実に把握してください。

なぜ範囲を選択するのか

これまで本書では、カメラで撮影した写真のような、1つで完結した画像をもとに、画像全体を一律に編集する方法を紹介してきました。

一方、特定の領域を選択して、限定した範囲を編集することもできます。範囲を限定できるようになると、複雑な形で切り抜いたり、特定の部分だけに効果を付けるような、より高度な編集ができるようになります。

たとえば次の図では、ガウスぼかしライブフィルターレイヤーを使って、画像をぼかしています。図Ⓐでは画像全体をぼかしていますが、図Ⓑでは中央以外を選択してからぼかすことにより、中央をはっきり見せる演出をしています。

元の図

Ⓐ全体をぼかした

Ⓑ中央以外を選択してからぼかした

本章では、範囲を選択する機能を多く紹介します。選択した範囲を編集する方法は自由に組み合わせられるので、P.093「4-2 調整レイヤーを使った色調補正」やP.120「4-3 ライブフィルターレイヤーを使った効果づけ」で紹介したさまざまな機能と組み合わせるだけでも、多様な編集ができます。

範囲を選択するには数多くの方法があるので、次項以降で紹介します。その前に本節では、選択を済ませた範囲の扱い方を紹介します。

選択した範囲を示す方法

選択した範囲を示す方法は2つあります。通常の画面では点滅する点線で示されます。また、クイックマスクというモードへ切り替えて確かめる方法もあります。次の2つの図は、見え方は異なりますが、選択している範囲は同じです。

⬆ 選択した範囲を示す方法は、点滅する点線（左）と、クイックマスク（右）の2つ

●●●● 点滅する点線による表示

通常の表示では、選択した範囲を点滅する点線で表示します。

この方法では、形状などによっては、内側と外側を区別しづらくなることがあります。また、ドキュメントのサイズに対して極端に小さい範囲を選ぶと、表示倍率によっては画面で表示できない場合があります。選択したはずなのに点線が表示されないように見えるときは、表示を拡大してみてください。

●●●●クイックマスクによる表示

選択範囲の逆、つまり、選択していない領域を、何らかの方法で隠して表示できます（デフォルトでは半透明のレッド）。このモードをクイックマスクと呼びます（マスクの詳細はP.192「クイックマスク」を参照）。

クイックマスクへ切り替える手順には、次のものがあります。元の表示へ戻すには、再度実行します。

- 「Q」キーを押します（commandやCtrlキーなどの修飾キーは押しません）。
- ［選択］→［選択範囲をレイヤーとして編集］を選びます。
- ツールバーにある「クイックマスクを切り替え」ボタンをクリックします。

++ **Note** ++

動く点線による表示は紙面では見づらいので、以後本書ではクイックマスクの表示を使うことがあります。

●●●●ぼかした境界を表現できるクイックマスク

選択範囲の境界は、はさみで切ったように完全に区切ることも、グラデーションを使ってぼかすこともできます。境界をぼかすと、少しずつ効果を強めていくように仕上げられます。

ぼかした境界は、点線では表現できませんが、クイックマスクでは濃淡を使って表現できます。次の図は、境界のぼかしの有無によって、クイックマスクモードでの表示と、外側を削除したときの結果の違いを比較したものです。

境界のぼかしの有無を比較（削除は、選択範囲を反転してから実行）

⬆ 境界をぼかさずに選択

➡ 削除

➡ 削除

⬆ 境界をぼかして選択

境界をぼかす方法は本章の中で紹介します。ここでは、このような確認方法があることだけ覚えてください。

++ **Note** ++

クイックマスクは、すでに選択されている範囲を確認するだけでなく、範囲を選択する作業にも使えます。この機能についてはP.192「クイックマスク」で紹介します。

不要な範囲を選んで反転する

範囲を選択するとき、「必要な範囲を選ぶ」ほかに、「不必要な範囲を選んでから、反転する」方法もあります。これには、[選択]→[ピクセル範囲選択を反転](command／Ctrl＋shift＋Iキー)を選びます。

たとえば次ページの写真から、建物を切り抜きたいとします。建物の形をきれいになぞることも不可能ではありませんが、輪郭が複雑ですので大変そうです。一方、空を選んでから反転するのであればブルーの領域を選べばよいので、作業はより簡単になります。

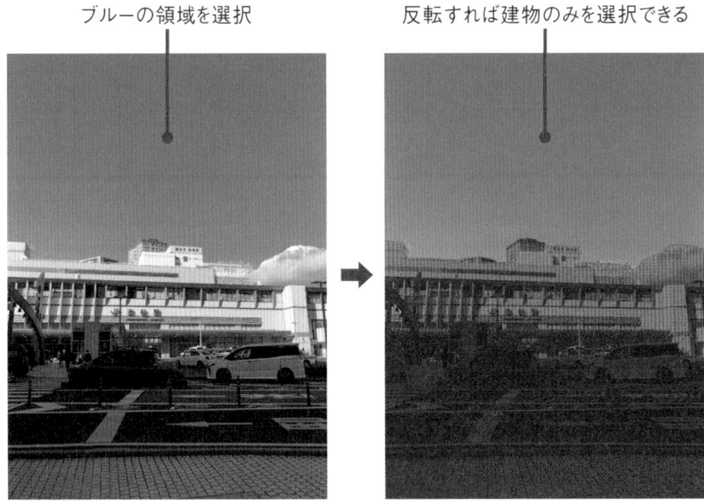

⬆ 必要な範囲と不要な範囲、作業が簡単なほうから選ぶ

++ **Note** ++

この写真では空を選ぶほうが簡単そうですが、もしも背景が複雑であれば、多少面倒でも建物の形をなぞるほうが簡単になる場合もありえます。さまざまな選択方法を知ったうえで、画像ごとに「必要な範囲と不要な範囲、どちらを選ぶほうが簡単か」を見極められるようになると理想的です。

そのほかの選択に関する基本コマンド

そのほか、選択に関する基本的なコマンドとして、ここでは以下のものを覚えましょう。

- 選択しているレイヤーのすべてを選択：[選択]→[すべて選択](command／Ctrl+Aキー)を選びます。いったん全体を選んでから、特定の領域を選択から外していくときなどに使います。
- 範囲選択の解除：[選択]→[選択解除](command／Ctrl+Dキー)を選びます。選択作業をやり直したいときや、別の作業を始めたいときなど、意図的に解除したいときに使います。

なお、範囲を選択しているときにBackspaceキーを押すと、[レイヤー]→[削除]を選んだことになり、その範囲が削除されて透明になります。背景を削除して切り抜くようなときはよいのですが、不意に削除しないよう注意してください。

Affinity Photo Column

ピクセルレイヤー

一般に画像編集アプリで画像を表現する方法には、画素の集まりで表現する「ピクセル」(ビットマップ)と、数式で線や塗りを表現する「ベクトル」があります。たとえば、デジタルカメラで撮影した写真はピクセル、Affinity Photoのシェイプ機能で作成した図形はベクトルです。表現する方法が異なるため、両者を同じレイヤーに収めることはできません。1つのドキュメントで両者を組み合わせたい場合は、レイヤーを分けて、重ね合わせる必要があります。

ピクセル画像を収めるピクセルレイヤーは、拡大／縮小を始めとする変形を行うと、程度はさまざまですが、輪郭が荒れてきます。一方ベクトル画像を収めるベクターレイヤーは、どれほど変形しても輪郭が荒れることはありません。

Affinity Photoでは、規定の図形をシェイプ、細かく変形できるものをカーブと呼びますが、どちらもベクターレイヤーの一種です。また、TrueTypeやOpenTypeのようなフォントもベクターデータとして作られているので、アーティスティックテキストツールを使って書いたテキストも、ベクターレイヤーの一種と言えます。

ベクターレイヤーなど、ピクセルレイヤーではないレイヤーをピクセルレイヤーへ変換する操作を、ラスタライズ(ラスター化する)と呼びます。Affinity Photoでラスタライズを行うには、目的のレイヤーなどを選んでから、[レイヤー]→[ラスタライズ...]を選びます。具体的には、シェイプレイヤーやアーティスティックテキストレイヤー、調整レイヤーを下位に含むピクセルレイヤーなどに対して使います。

多くの場合、ラスタライズを実行しても見栄えはほとんど変わりません。しかし、ラスタライズを行うと、図形の線のカラーを変えたり、テキストを書き換えたり、ぼかしの調整の度合いを変えたりすることはできなくなります。

左の図は、シェイプを描いて複製し、一方のレイヤーをラスタライズしたものです。見た目だけでは区別できませんが、選択ツールでレイヤーを選ぶとコンテキストツールバーの表示は異なります。また、レイヤーパネルを見ると、レイヤーの種別を示すアイコンが異なります。このアイコンは種類が多いので覚えるのは難しいですが、アイコンにポインターを重ねると種別が名前で表示されます。

ラスタライズは、ピクセルレイヤーでなければ適用できない作業をするときや、Affinity Photo以外のアプリとドキュメントを共有するようなときには必要な作業です。ただし、あとからやり直す可能性がある場合は、ラスタライズ前の状態をafphoto形式のファイルで保管したり、レイヤーを複製して不可視に設定することでバックアップとするなどの対策をしておきましょう。

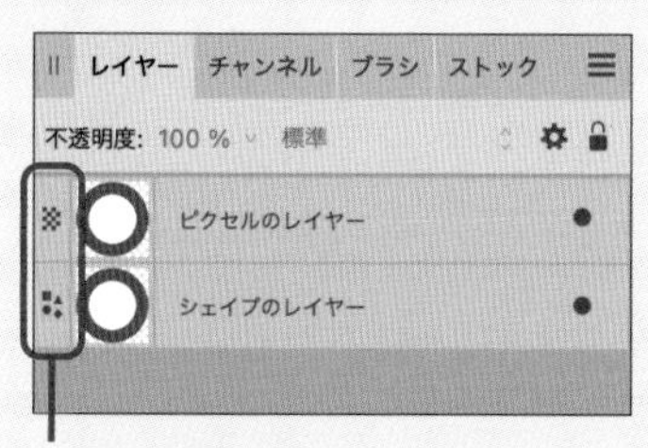

レイヤーの種類を示すアイコン

⬆ ベクターレイヤーとピクセルレイヤーの違いはレイヤーパネルの表示で分かる

6-2 範囲を選択する

範囲を選択するさまざまな方法を紹介します。
複数回に分けて追加·削除しながら選べるので、
一度できれいに選ぶ必要はありません。
多くの方法を知って、組み合わせて使いましょう。

基本の選択ツール

もっとも一般的な形状で選択できる長方形選択ツールと、そのグループになっている、楕円形、列、行の各選択ツールを紹介します。

⬆ 長方形選択ツールと、同じグループの選択ツール

なお、同じグループにあるものの、フリーハンド選択ツールは使い方が異なるので、P.184「フリーハンド選択ツール」で紹介します。

●●●● 長方形選択ツール

長方形選択ツールは、長方形の形状で範囲を選ぶもので、目的の範囲を対角線で囲むようにドラッグして選びます。

shiftキーを押しながら操作すると、縦横比を1対1に制限して、正方形で選択できます。

⬆ 長方形選択ツール

●●●●楕円形選択ツール

楕円形選択ツールは、楕円形の形状で範囲を選ぶもので、目的の範囲を対角線で囲むようにドラッグして選びます。

楕円形の中心から選びたい場合は、コンテキストツールバーにある「中央から」オプションをオンにします（デフォルトでオン）。shiftキーを押しながら操作すると、縦横比を1対1に制限して、円で選択できます。

⬆ 楕円形選択ツールで中心から選ぶ

●●●●列選択／行選択ツール

列選択／行選択ツールは、縦または横の方向に、画像全体をまたぐ細長い範囲を選ぶものです。

幅または高さは、コンテキストツールバーの「幅」または「高さ」から設定できます。ただし、shiftキーを押しながらドラッグすると、コンテキストツールバーの設定にかかわらず、ドラッグした範囲の幅や高さで選択できます。

もしも選択されていないように見えるときは、表示を拡大してから操作してください。表示に対して幅や高さの値が小さすぎると、選択されていないように見えることがあります。

なお、この操作をして範囲を選択してから、[レイヤー]→[選択範囲からの新しいパターンレイヤー]を選ぶと、新しいレイヤーを作成して、選択範囲を繰り返したパターンをキャンバスいっぱいに塗りつぶします。結果としては、ごく細い範囲を引き延ばしたように見えます。

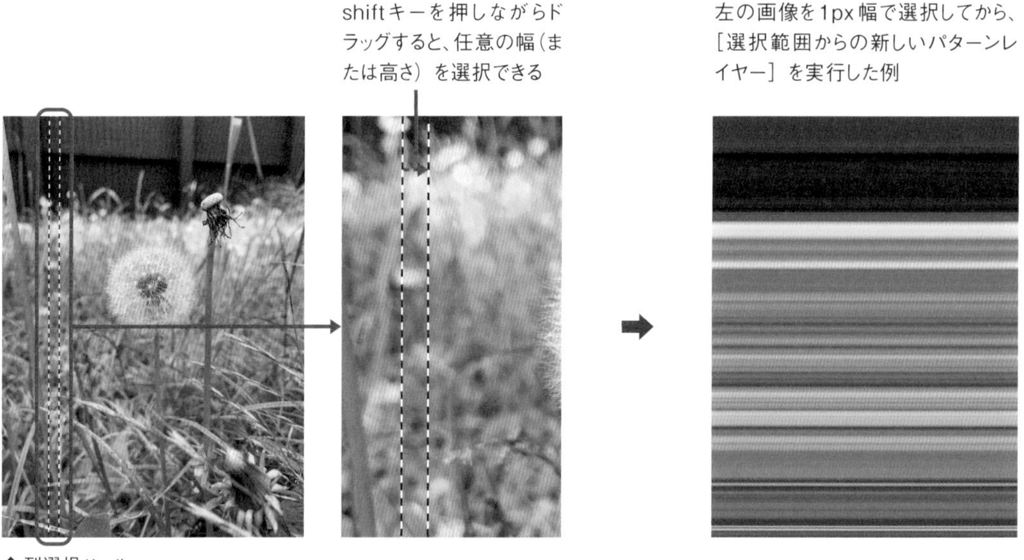

⬆ 列選択ツール

Affinity Photo Column

選択のモード

多くの選択ツールでは、操作するたびに新しく範囲を選び直します。ただし、いくつかのツールでは、それ以外の選び方を「モード」として設定できます。これには、コンテキストツールバーから設定する方法と、特定のキーを押しながら範囲をドラッグする方法があります。

- 新規:現在の選択範囲を解除して、新しく範囲を選択します。新しくやり直したいときにも使います。
- 追加:現在の選択範囲に、新しく選択する範囲を追加します。【Mac】controlキー、【Window】Ctrl+Altキーを押しながら操作しても同じです。
- 型抜き:現在の選択範囲から、新しく選択する範囲を除外します。【Mac】optionキー、【Windows】Altキーを押しながら操作しても同じです。不要な範囲まで選択してしまったときに、アンドゥのかわりにこのモードを選び、不要な範囲を選ぶという使い方もあります。
- 交差:現在の選択範囲と、次に選択する範囲が重なった範囲を、新しい選択範囲とします。

次の右図では、2回に分けて追加モードで選択し、クイックマスクモードへ変更したところです。通常のマーキー選択ツールでは選べない形状で選択されていることが分かります。

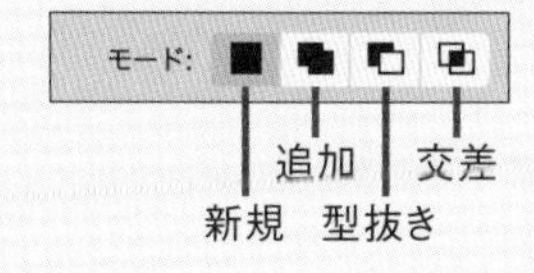

⬆「追加」 モードで複雑な形状を選択した例

なお、ツールによっては、その特性のため、前記したすべてのモードが選べない場合があります。

フリーハンド選択ツール

フリーハンド選択ツールは、ドキュメント上でポインターを自由に動かして範囲を選択するものです。フリーハンド、ポリゴン、マグネットの３つのタイプを切り替えて使用できます。

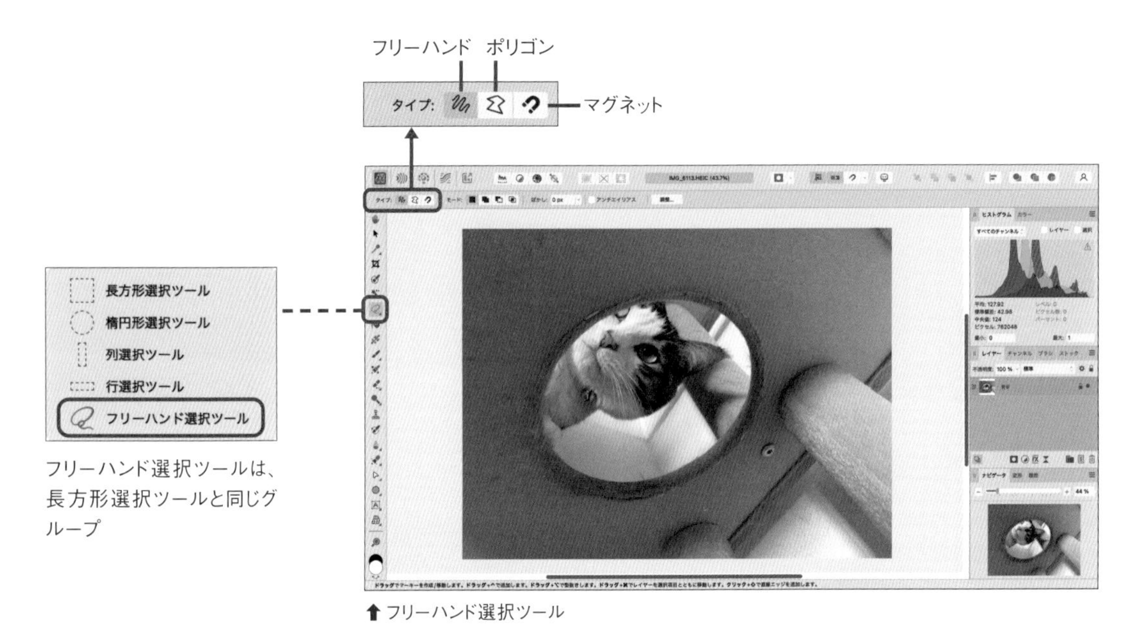

フリーハンド選択ツールは、長方形選択ツールと同じグループ

⬆ フリーハンド選択ツール

++ **Note** ++

macOS版では図のようにボタンで切り替えますが、Windows版Ver.2.1.1ではメニューから選びます。

●●●● フリーハンド

マウスのボタンを押すと選択が始まり、ボタンを押しながら目的の範囲の境界をなぞります。完全に手作業で選択できることが特徴です。

マウスのボタンを離すと、その位置から始点までを直線で結びます。描いた線の内側が選択範囲になります。

なお、shiftキーを押しながら操作すると、次にキーを離すまでの間は直線になります。

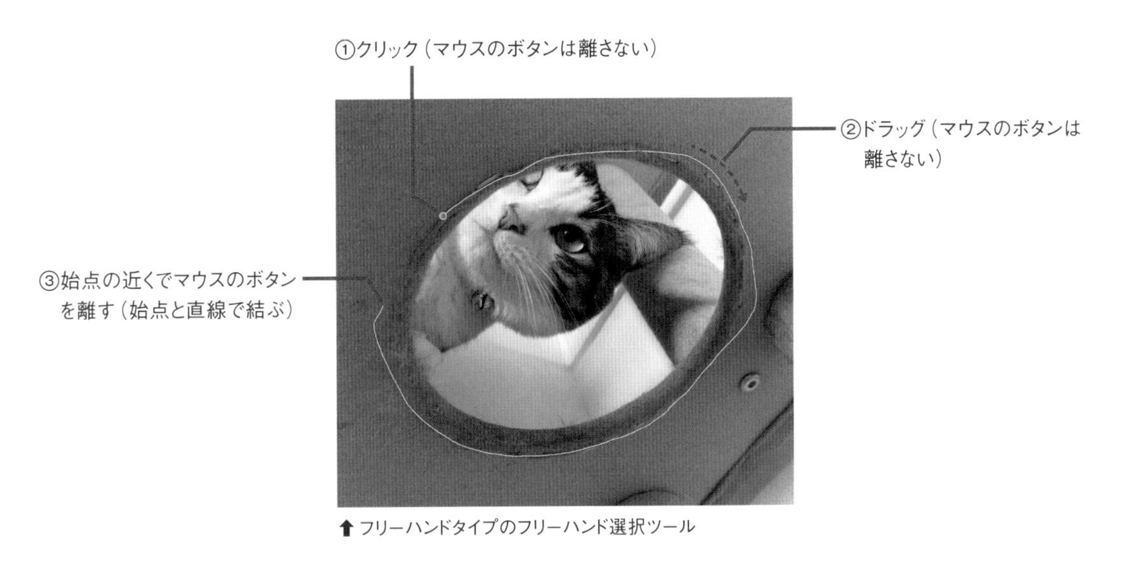

⬆ フリーハンドタイプのフリーハンド選択ツール

●●●● ポリゴン

マウスでクリックすると選択が始まります（ボタンは離します）。以後、クリックするたびに境界のポイントを指定し、前のポイントとは直線で結ばれます。最後のポイントでreturnキーを押すと、その位置から始点までを直線で結び、描いた線の内側が選択範囲になります。

なお、shiftキーを押しながら操作すると、その間はマグネットタイプ（次に紹介）になります。

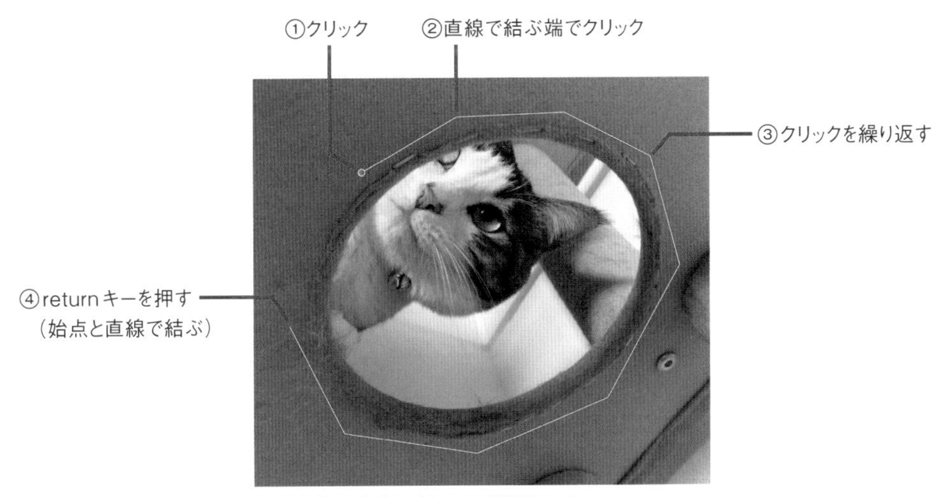

⬆ ポリゴンタイプのフリーハンド選択ツール

●●●● マグネット

「フリーハンド」と同様に手作業でポインターをドラッグしますが、画像のコントラストからエッジを検知して、自動的に境界にポイントを作りながら範囲を指定します。エッジに磁石のように引きつけられることから、この名前があります。

マウスでクリックすると選択が始まります。「フリーハンド」とは異なり、ボタンは離します。以後、境界に近いところをなぞると、自動的に選択範囲やポイントを作ります（マウスのボタンを押す必要はありません）。最後のポイントでreturnキーを押すと、その位置から始点までを直線で結びます。描いた線の内側が選択範囲になります。

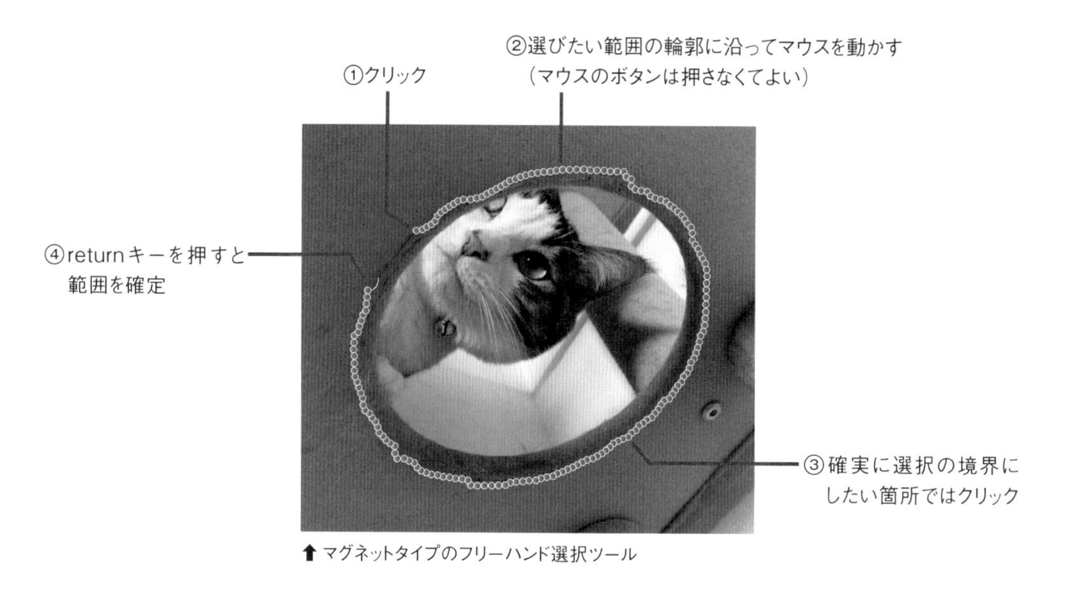

⬆ マグネットタイプのフリーハンド選択ツール

++ **Note** ++

「ポリゴン」と「マグネット」のタイプでは、選択の最後の場所でダブルクリックするか、始点のポイントをクリックしても選択を完了できます。ただし、意図しない場所をクリックしないように注意してください。

自動選択ツール

自動選択ツールは、クリックした場所と似たカラーの範囲を選択するものです。選択する方法の詳細をコンテキストツールバーで設定可能で、なかでも重要な項目は「許容量」と「隣接」の2つです。

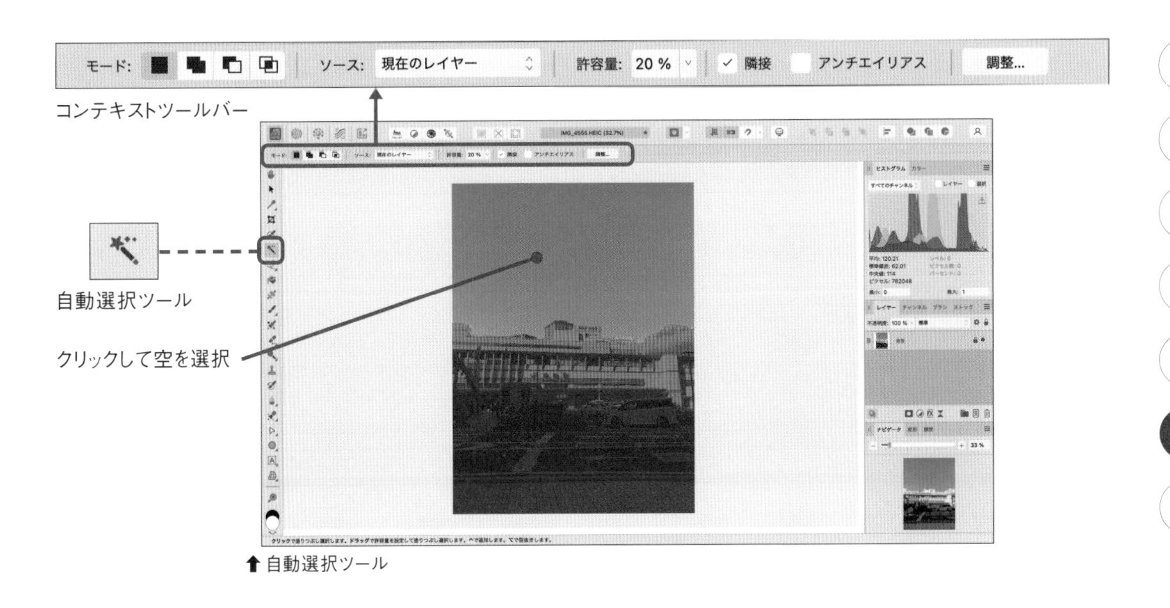

⬆自動選択ツール

●●●●許容量の設定

「許容量」の設定は、クリックした位置のカラーと階調が、どの程度まで同じと見なすかという程度を指定します。値を小さくすると、わずかな違いも許容しなくなるため、選ばれる範囲は狭くなります。値を大きすると、その逆です。

次の図では、ホワイトのテーブル部分を選択しようとしています。しかし実際には照明の反射や影があるため、同じテーブルの上でも微妙な違いがあります。このようなときに、許容量を変えて調整します。

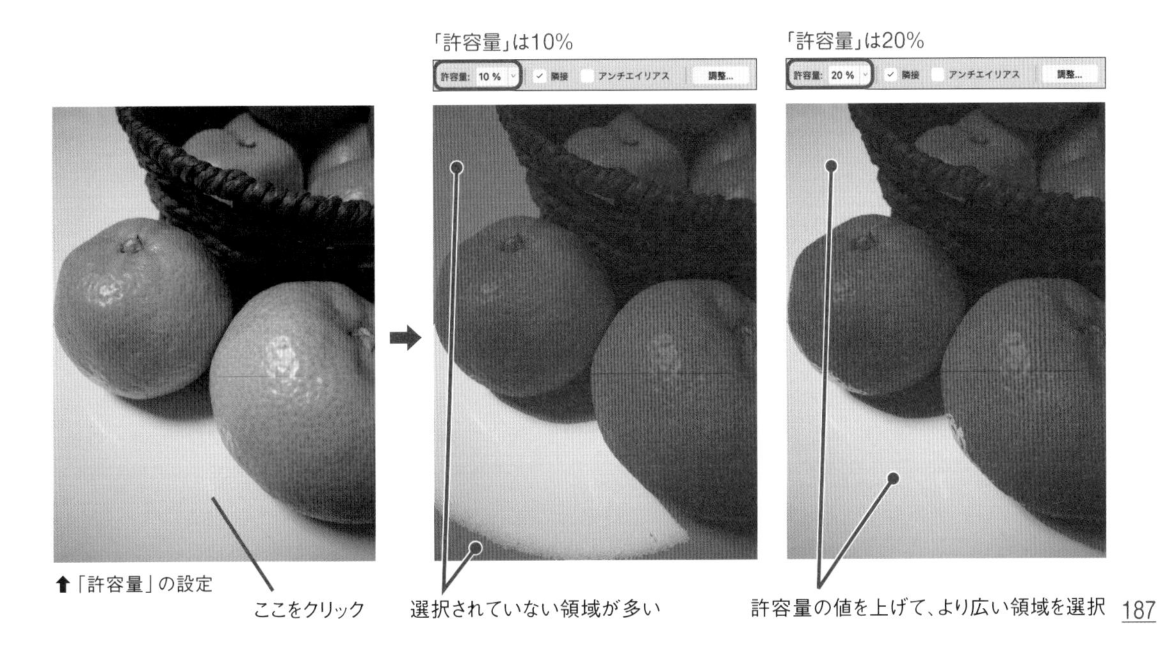

⬆「許容量」の設定

++ **Note** ++

人間の髪の毛のように、対象が細かすぎて、「許容量」の設定だけでは意図したように選択できない場合があります。その場合は「調整ブラシ」を使って、手作業で調整する方法があります（P.196「選択済みの範囲を調整する」を参照）。

●●●● 隣接の設定

「隣接」オプションをオンにすると、選択する範囲を、クリックした位置と隣接した範囲に限定します。

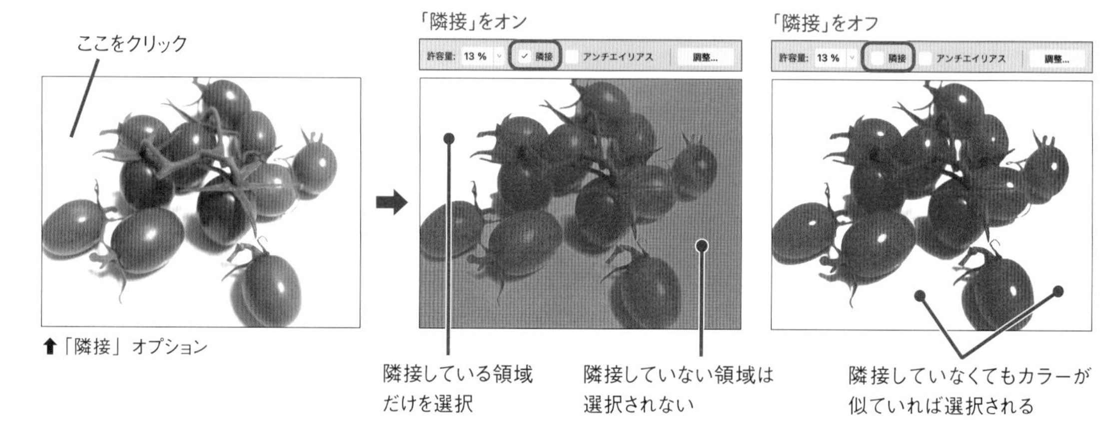

⬆「隣接」オプション

意図したように選択できない場合は、許容量や隣接の設定を変えるほかに、選択モードを「追加」に設定して複数の場所をクリックすることで、数回に分けて選択範囲を加えていく方法もあります。

++ **Note** ++

撮影環境を自分で工夫できる場合は、後で自動選択ツールを使うことを考えて、撮影時に背景をできるだけ単色に近づけられると、範囲選択がラクになります。なお、背景を消去して切り抜く場合は、自動消去ツールを使う方法もあります（P.207「自動消去ツール」を参照）。

選択ブラシツール

選択ブラシツールは、鉛筆や絵筆などで塗るように操作して範囲を選択するものです。

ここで使うブラシとはAffinity Photoの機能の1つで、先端をさまざまな形状に変更できる筆記具のようなものです。ただし、選択ブラシツールでは絵を描くのではなく、範囲を選択するためだけに使います。ブラシの詳細は、次ページのコラム「ブラシ」を参照してください。

選択ブラシツールで選択する範囲は、コンテキストツールバーにある「エッジにスナップ」オプションの設定によって、コントラストが大きく異なるエッジまで自動的に広げることも、完全に手作業で塗るように選ぶこともできます。デフォルトではオンになっているので、次の写真では適当に空をなぞるだけで、ブルーの領域のほとんどを選択できます。

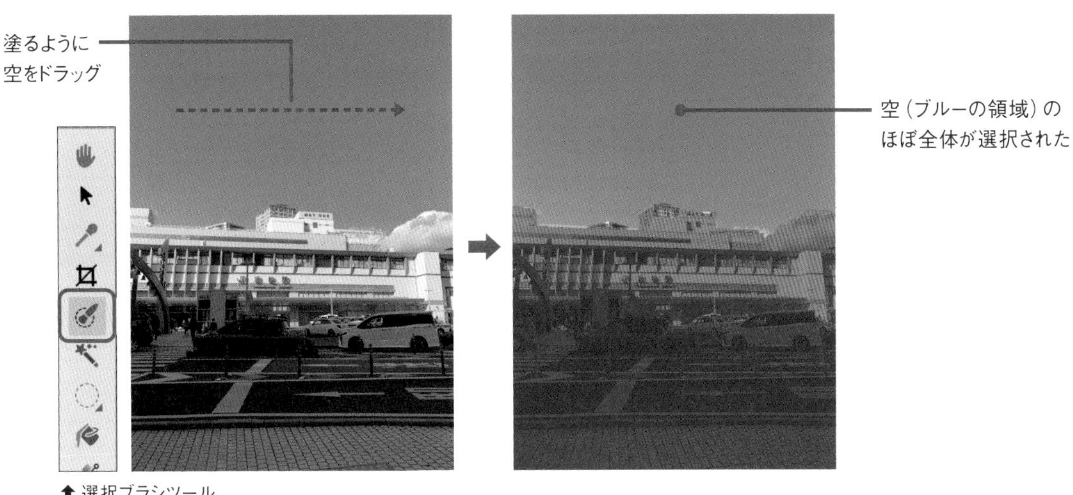

⬆ 選択ブラシツール

選択する方法はコンテキストツールバーで設定できます。重要なものを以下に紹介します。

⬆ 選択ブラシツールのコンテキストツールバー

++ Note ++

「調整...」ボタンの使い方は、P.196「選択済みの範囲を調整する」を参照してください。人間の髪の毛のような細かい領域を選択するときに役立ちます。

●●●●「幅」

「幅」オプションは、ブラシのサイズを調節します。ドキュメントウィンドウにポインターを置くと、設定されたサイズでプレビューが表示されます。

一度に広い範囲を選択したい場合は値を大きく、細かい範囲を選択したい場合は値を小さくします。画像に合わせて調整してください。

●●●●「エッジにスナップ」

「エッジにスナップ」オプションは、オンにすると、クリックした位置からエッジまで選択範囲を広げます。このオプションをオフにすると、必要な範囲をすべて手作業で塗る（選択する）必要があります。

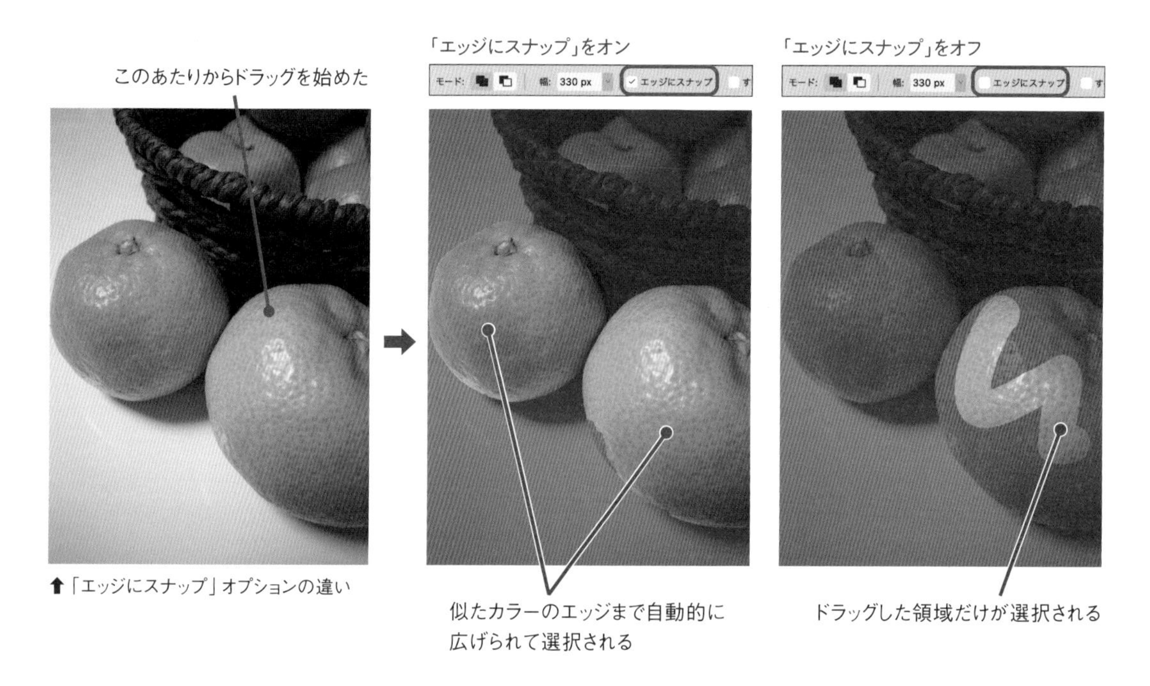

⬆「エッジにスナップ」オプションの違い

●●●●「ソフトエッジ」

「ソフトエッジ」オプションをオンにすると、選択範囲の境界がアンチエイリアス処理されます。別の背景と合成するときに境界がなじみやすくなります。

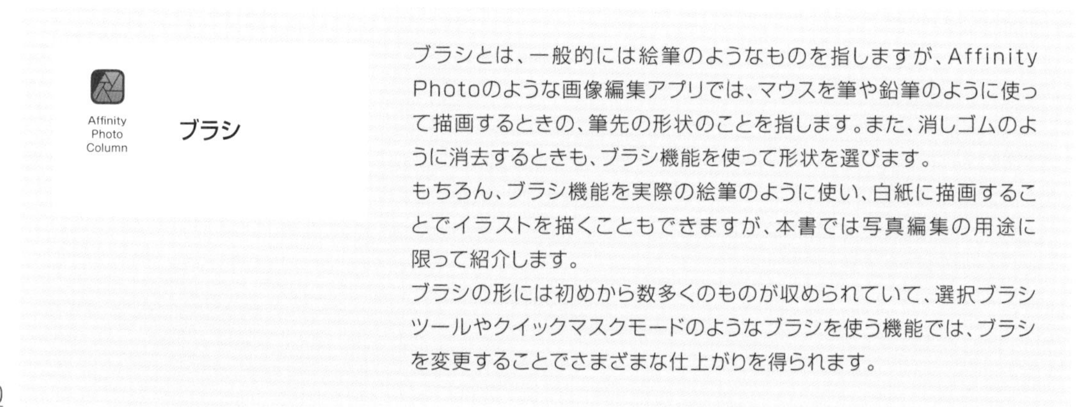

ブラシ

ブラシとは、一般的には絵筆のようなものを指しますが、Affinity Photoのような画像編集アプリでは、マウスを筆や鉛筆のように使って描画するときの、筆先の形状のことを指します。また、消しゴムのように消去するときも、ブラシ機能を使って形状を選びます。
もちろん、ブラシ機能を実際の絵筆のように使い、白紙に描画することでイラストを描くこともできますが、本書では写真編集の用途に限って紹介します。
ブラシの形には初めから数多くのものが収められていて、選択ブラシツールやクイックマスクモードのようなブラシを使う機能では、ブラシを変更することでさまざまな仕上がりを得られます。

ブラシを変更するには、ブラシパネルで目的のものをクリックします。輪郭がはっきりした円形の「基本」をはじめ、既存の道具を模した「鉛筆」「水彩」「スプレーと飛沫」などのカテゴリーに分けられています。なお、選択したブラシのサイズなど、基本的なカスタマイズには、個別のツールのコンテキストツールバーを使います。

レイヤー チャンネル ブラシ ストック
基本
1
2
4
8
16
32
64
128
4

⬆ ブラシパネル

新規カテゴリを作成...
カテゴリ名を変更...
カテゴリを複製
カテゴリをリンク
カテゴリを削除...
次の項目でカテゴリを並べ替え >
✓ リストとして表示
ブラシの名称を表示
✓ 自動スクロール
✓ 自動切り替えカテゴリ
✓ 関連ツールを有効にする
ブラシをインポート...
ブラシを書き出し...
新規強度ブラシ
新規ラウンドブラシ
新規正方形ブラシ
新規画像ブラシ
選択範囲からの新しいブラシ
閉じる
パネルグループを閉じる

既存ブラシの管理、新規ブラシの作成など

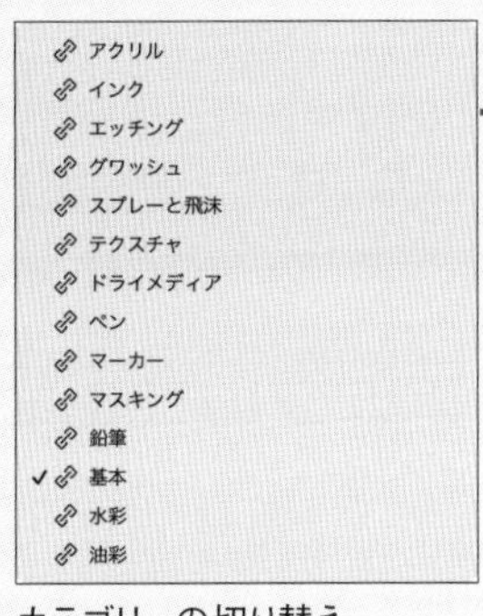

カテゴリーの切り替え

次の図は、クイックマスクモード(次ページ参照)でブラシを持ち替えて範囲を選択しているところです。マスクの表示方法には「マスクを白で表示」を使うことで、範囲選択を終えた後に反転して背景を削除したときの結果をシミュレートしています。

なお、タブレットペンが使える場合は、筆圧やティルト(傾き)などを使えるブラシもあります。さらに複雑なカスタマイズを行うには、ブラシパネルで目的のブラシをダブルクリックします。

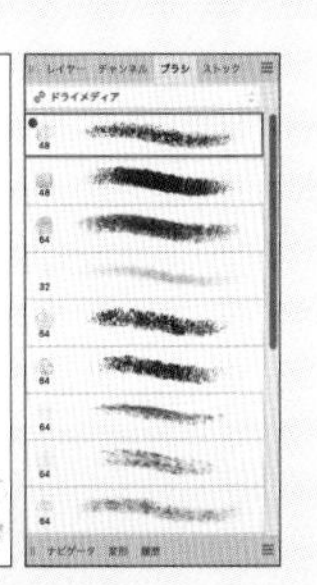

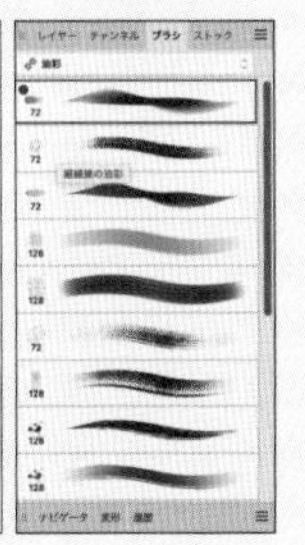

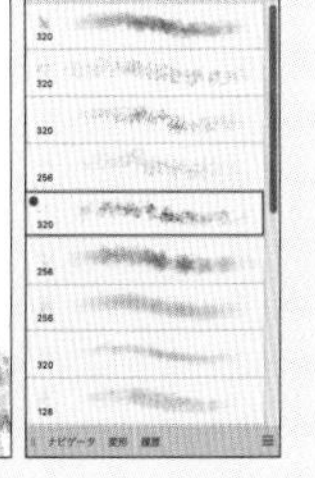

⬆ さまざまなブラシを使って範囲を選択した例(ブラシの幅や不透明度は適宜変更した)

クイックマスク

クイックマスクモードとは、いま選択している範囲をピクセルで表示および編集するモードです。P.175「選択した範囲を示す方法」では選択済みの範囲を確認する方法として紹介しましたが、塗りや消去のブラシ、グラデーションを描くツールなどを使って、選択範囲を編集することもできます。

マスクとは

そもそもマスクとは、選択していない範囲のことです。この「マスク」は仮面のことで、影響が及ばないように覆い隠すものという意味です。マスクは結果として、選択範囲を反転したものと同じになります。

マスクを扱う方法にはいくつかありますが、もっとも手軽なのが、クイックマスクモードです。これは、いまマスクしている範囲（選択していない範囲）を何らかの方法で隠して表示するものです。デフォルトでは、マスクされた領域は半透明のレッドで表されますが、別の方法も使えます（本項の中で紹介します）。モードを切り替える手順はP.175「選択した範囲を示す方法」を参照してください。

表示方法を変える

マスクを表示する方法は、半透明のレッドを含め、4種類から選べます。これには、ツールバーにある「クイックマスクを切り替え」ボタンの右隣にあるメニューから選びます。

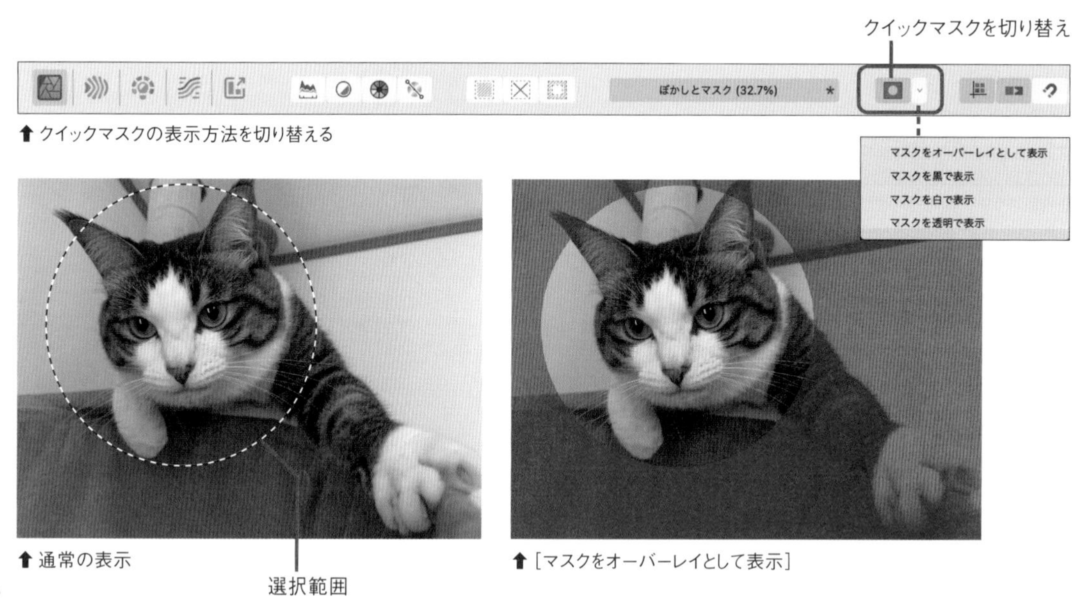

⬆ クイックマスクの表示方法を切り替える

⬆ 通常の表示

⬆ [マスクをオーバーレイとして表示]

⬆［マスクを黒で表示］

⬆［マスクを白で表示］

⬆［マスクを透明で表示］

どれを選んでも、マスクしている範囲を隠し、マスクされていない（選択している）範囲が元画像と同じように表示される点は同じです。そのときどきで分かりやすいものを選ぶとよいでしょう。

●●●● 選択範囲を変形する

クイックマスクモードのときに移動ツールを使うと、選択範囲になる範囲の周囲に、シェイプと同様のハンドルが現れます。これをドラッグして、移動、拡大／縮小、回転、傾斜が行えます。手順はP.143「5-2 図形を描く」を参考にしてください。

⬆円形に選択した範囲を、クイックマスクモードの移動ツールを使って変形した例

++ **Note** ++

クイックマスクモードではない通常の状態でも、選択した範囲をドラッグして形状を変えずに移動できる場合もあります。このときは、選択済みの範囲にポインターを重ねたときに、ポインターの形が十字の矢印になります。

●●●●色を塗って範囲を選択する

クイックマスクモードでは、塗りや消去、グラデーションなどを描くツールを使って、選択範囲を編集できます。塗りに使うカラーと選択範囲の関係は、次のとおりです。

- ホワイトで塗ると、その範囲を選択範囲へ追加します。
- ブラックで塗るか、消去すると、その範囲を選択範囲から外します。
- グレーや何らかのカラーで塗ると、その強さ（階調）によって、選択範囲の透明度が変わります。

なお、ポインターをドキュメントウィンドウに置くと、設定されたとおりの様子がプレビューされます。もしもいまクリックするとどのようになるかが分かるので、丸暗記する必要はありません。

塗りに使うカラーを選ぶには、カラーパネルを選びます。クイックマスクモードでは完全なホワイトとブラックを使うことが多いので、「D」キーでカラーを戻せることを思い出してください。グレーの強さを調節するには、カラーパネルでスライダーを操作します。

次の図は、何も選択していない状態でクイックマスクモードへ切り替え、ペイントブラシツールを使ってマスクを編集しているところです。ペイントブラシツールは、ブラシパネルで選択したブラシと、カラーパネルで選択したカラーで、描画するツールです。

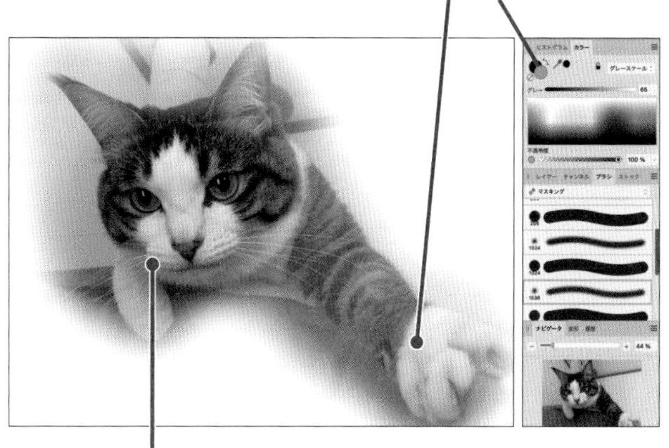

⬆ クイックマスクモードでペイントブラシツールを使って範囲選択する

また、次の図は、グラデーションツールを使ってマスクを編集しているところです（グラデーションツールの詳細はP.171「グラデーションツール」を参照）。

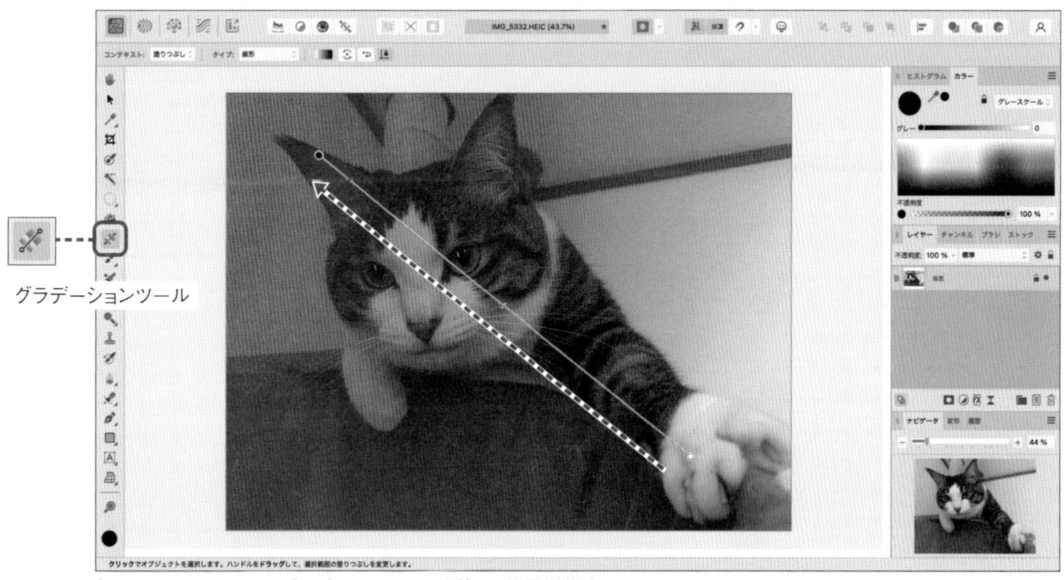

⬆ クイックマスクモードでグラデーションツールを使って範囲選択する

++ **Note** ++

デフォルトのオーバーレイでは範囲選択の具合が分かりづらい場合は、表示方法を何度も変えて仕上がりを確認してみるとよいでしょう。

選択済みの範囲を調整する

選択を済ませた範囲を、さまざまな方法で調整できます。具体的には、均等に拡大または縮小したり、ぼかしていなかった境界をぼかしたり、髪の毛のような微妙な領域を選択したりできます。

これらの機能を使うには、何らかの方法で範囲を選択してから、コマンドを実行します。前もって範囲を選択する必要がある点に注意してください。

●●●● 方法と数値を指定して調整する

調整する方法と数値を指定するコマンドには、以下のものがあります。コマンドは、いずれも[選択]メニュー以下にあります。実行するとウィンドウが表示され、調整する幅を数値で調整できます。

- [拡大／縮小...]：選択範囲を拡大または縮小します。
- [ぼかし...]：選択範囲の境界をぼかします。
- [滑らかに...]：選択範囲の形状を滑らかにします。境界のぼかしは操作されません。
- [アウトライン...]：選択範囲の境界を縁取るように選択します。

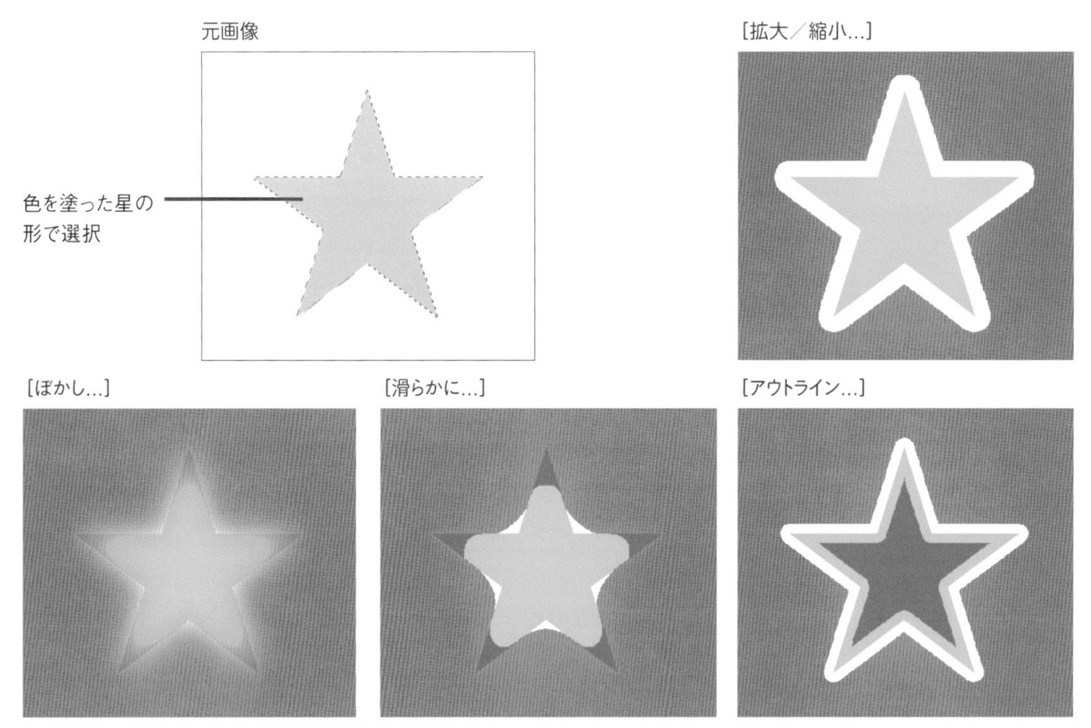

⬆ 選択済みの範囲を調整するさまざまな方法の例（表示はクイックマスクモードでのもの）

●●●●手作業でエッジを調整する

［選択］→［エッジを微調整...］も選択済みの範囲を調整するコマンドですが、数値だけでなく、手作業で選択範囲を調整できる「調整ブラシ」を使えることが特徴です。

このコマンドを選ぶと「選択範囲の調整」ウィンドウが表示されます。なお、このウィンドウは、範囲選択のツールを選んでいるときに、コンテキストツールバーに現れる「調整...」ボタンをクリックして開くこともできます。

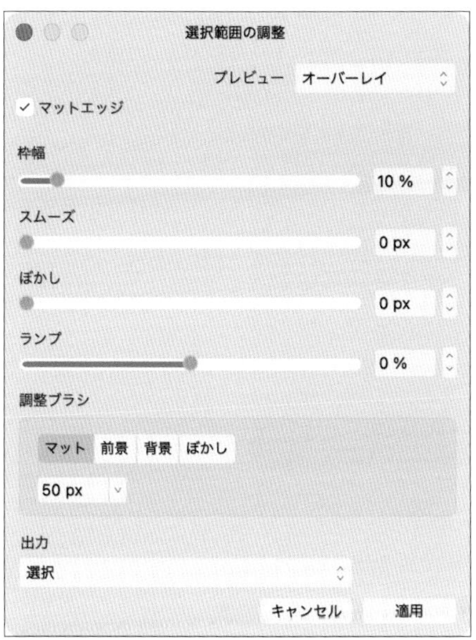

⬆「選択範囲の調整」ウィンドウ

- プレビュー：ドキュメントウィンドウでの選択範囲の表示方法を設定します。P.192「クイックマスク」の設定も参考にしてください。
- マットエッジ：選択領域がエッジをたどるかどうかを設定します。
- 枠幅：選択範囲の枠の幅を拡張する程度を設定します。
- スムーズ：選択範囲のエッジをなめらかにします。
- ぼかし：選択範囲のエッジのぼかしを設定します。
- ランプ：不透明のピクセルから透明のピクセルへ変化する領域で、変化の度合いを設定します。完全に不透明または透明のピクセルには影響しません。
- 調整ブラシ：選択範囲をさらに細かく調整するブラシのモードを選びます。ブラシパネルでの設定に関わりなく円形で、サイズはこのウィンドウで調節します。具体例を後に紹介します。なお、このウィンドウが開いている間は調整ブラシが機能するので、意図せずドキュメントをクリックしないように注意してください。
- 出力：「適用」ボタンをクリックしてこのモードを終了するときに、選択範囲を適用する方法を選びます。選択範囲とする場合は［選択］です。

- 「適用」ボタン:設定した内容を選択範囲に適用します。ウィンドウを閉じると、確認なしにキャンセルされるので注意してください。

調整ブラシを使って、細かな要素がある写真の選択領域をさらに細かく仕上げてみましょう。ここでは、P.188「選択ブラシツール」で使用した建物の写真を使います。人間の髪や、動物の毛などのような細かいものをきれいに切り抜くときも、手順は同じです。

まず、自動選択ツールや選択ブラシツールを使って空を選んだ結果を、表示を拡大して確認します。もしも対象の輪郭が単純で、すでに期待したように選択されていれば以下の作業は不要ですが、この写真では建物の輪郭をきれいに選択できていないことが分かります。

⬆ 表示を拡大して現在の選択領域を確認する

選択から外したい領域が多くあるときは「調整ブラシ」を「背景」に、選択に含めたい領域が多くあるときは「前景」にして、塗りつぶしていきます。ブラシのサイズは、作業しやすいように調節してください。

このとき、飛び地のように、境界から離れたところに選択漏れがないように注意します。境界自体を厳密に塗る必要はありません。大きな選択漏れがなければ、この作業は行わなくてもかまいません。

⬆ 選択から外したい領域は「調整ブラシ」を「背景」にして塗りつぶす

⬆選択したい領域は「調整ブラシ」を「前景」にして塗りつぶす

最後に、境界を仕上げます。「調整ブラシ」を「マット」に設定して、境界をなぞるように何度もドラッグして塗ります。このときブラシのサイズは、操作しづらくない程度で、できるだけ小さくします。大きすぎると、画像によっては余分な領域が選択されてしまいます。また、必要に応じて表示を拡大してください。

ある程度作業が進んだら、「プレビュー」の種類を切り替えて、仕上がりを確認します。画像にもよりますが、[黒マット]や[白マット]が見やすいでしょう。図の例では、建物の輪郭だけでなく、屋上のポールまで編集できました。

⬆「調整ブラシ」を「マット」にして境界を塗り、仕上がりを確認しつつ仕上げる

必要な品質に応じて調整ブラシの作業を繰り返し、期待どおりになったら、「適用」ボタンをクリックして作業を完了します。

++ **Note** ++

[選択]メニューを使った範囲選択の操作としては、ほかに[カラー範囲]や[階調範囲]のサブメニューがあります。これらを使うと、グリーンやハイライトなどを指定して範囲を選択できます。コマンドの特性上、あらかじめ範囲を選択する必要はありません。

選択範囲を保存する

選択した範囲は、新しく別の範囲を選択したり、[選択]→[選択解除]を選んだりすると、なくなってしまいます。その直後であればアンドゥできますが、ファイルを閉じると元通りにはできません。

選択範囲を再度使う可能性がある場合は、スペアチャンネルとして保存します。afphoto形式で保存すると、ファイルを閉じた後からでもスペアチャンネルを選択範囲として読み込み直すことができます。

●●●●スペアチャンネルとして保存する

選択範囲をスペアチャンネルとして保存するには、範囲を選択した状態で、以下のどちらかの手順を実行します。

- [選択]→[選択範囲を保存]→[スペアチャンネルとして]を選びます。
- チャンネルパネルで「ピクセル選択範囲」という名前のチャンネルを右クリックして、メニューが開いたら[スペアチャンネルを作成]を選びます。

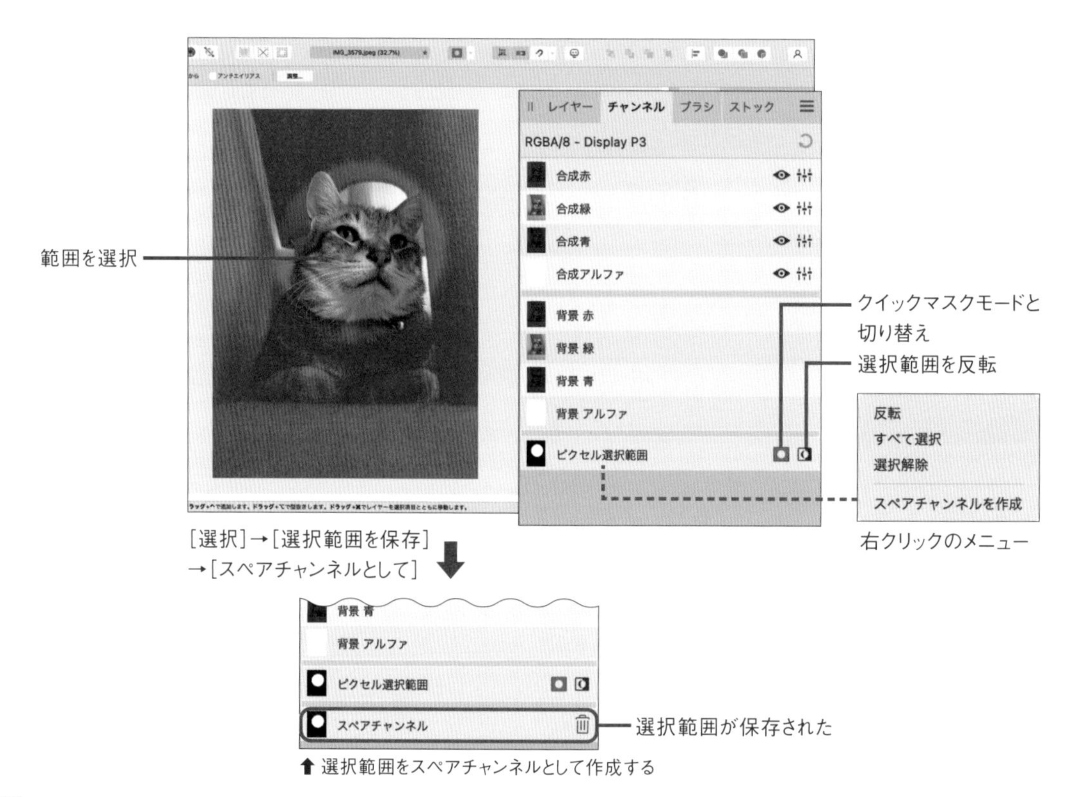

⬆ 選択範囲をスペアチャンネルとして作成する

なお、スペアチャンネルは複数作成できます。スペアチャンネルに名前を付けるには、作成したスペアチャンネルを右クリックして（このとき、クリックして選択しておく必要はありません）、メニューが開いたら［名前を変更］を選びます。

●●●●選択範囲として読み込む

スペアチャンネルを選択範囲として読み込むには、チャンネルパネルで目的のスペアチャンネルを右クリックして（このとき、クリックして選択しておく必要はありません）、メニューから読み込み方法を選びます。4つある読み込み方法の違いについては、P.183のコラム「選択のモード」を参照してください。

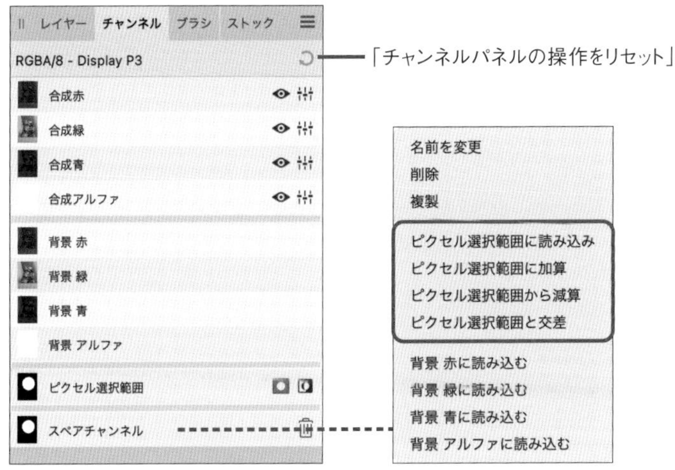

⬆ スペアチャンネルを選択範囲として読み込む

Note

スペアチャンネルをクリックすると、チャンネルマスク（チャンネルを使ったマスク）として読み込まれます。元の表示へ戻すには、もう1度スペアチャンネルをクリックするか、チャンネルパネル右上にある、回転する矢印のアイコンをクリックしてリセットします。

6-3

塗りつぶす、消去する

レイヤー全体や背景を、塗りつぶしたり、
消去したりするときに使う方法を紹介します。
対象範囲の選択と描画を同時に行えます。
操作方法はよく似ているので、あわせて紹介します。
さらに、画像の中のほかの部分を使って塗ることにより、
写っているものを消す方法も紹介します。

塗りつぶす

範囲を選択して塗りつぶす方法を紹介します。範囲選択と、塗りつぶしや消去を1度に行えます。

●●●● 塗りつぶしツール

塗りつぶしツールは、クリックした位置と似たカラーの範囲を、カラーセレクターのアクティブなカラーで塗りつぶすものです。

↑ 塗りつぶしツール

カラーセレクターのアクティブなカラーで、
似たカラーの範囲を塗りつぶす

塗りつぶす方法は、コンテキストツールバーで設定できます。「許容量」の設定では、似ていると見なす許容レベルを指定できます。許容度を100%に設定すると、現在の画像を無視して塗りつぶします。許容量の設定については、P.186「自動選択ツール」を参考にしてください。

なお、あらかじめ範囲を選択しておくと、塗りつぶす範囲をさらに限定できます。次の図は、空以外を選択してから、許容量を100%に設定することで、空以外を1色で塗りつぶした例です。

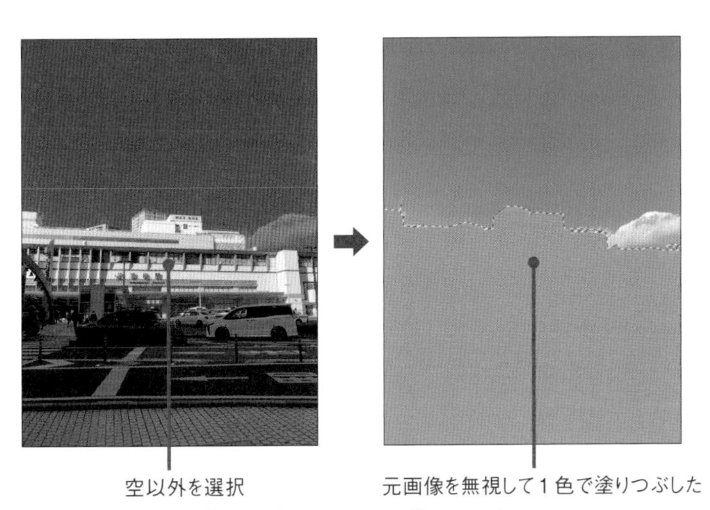

⬆範囲を選択してから「許容量」を100%にして塗りつぶした

++ Note ++

カラーで塗りつぶすツールとしては、ほかにもグラデーションで塗りつぶすグラデーションツールがあります(詳細はP.171「グラデーションツール」を参照)。また、背景を消去するのであれば「背景消去ブラシ」があります(「P.204「消去する」を参照)。

●●●●レイヤーを1色で塗りつぶす

レイヤーを1色で塗りつぶすには、ピクセルレイヤーを新しく作ってから塗りつぶしツールを使う方法もありますが、専用の塗りつぶしレイヤーを使うと、カラーを変更するときに便利です。

塗りつぶしレイヤーを作るには、[レイヤー]→[新規塗りつぶしレイヤー]を選びます。

塗りつぶしレイヤーのカラーを変更するには、レイヤーパネルで目的のレイヤーを選んでから、カラーパネルでカラーセレクターのカラーを変更します。もしもカラーが変わらない場合や、カラーセレクターに2つのカラーが表示されている場合は、移動ツールを選択します。

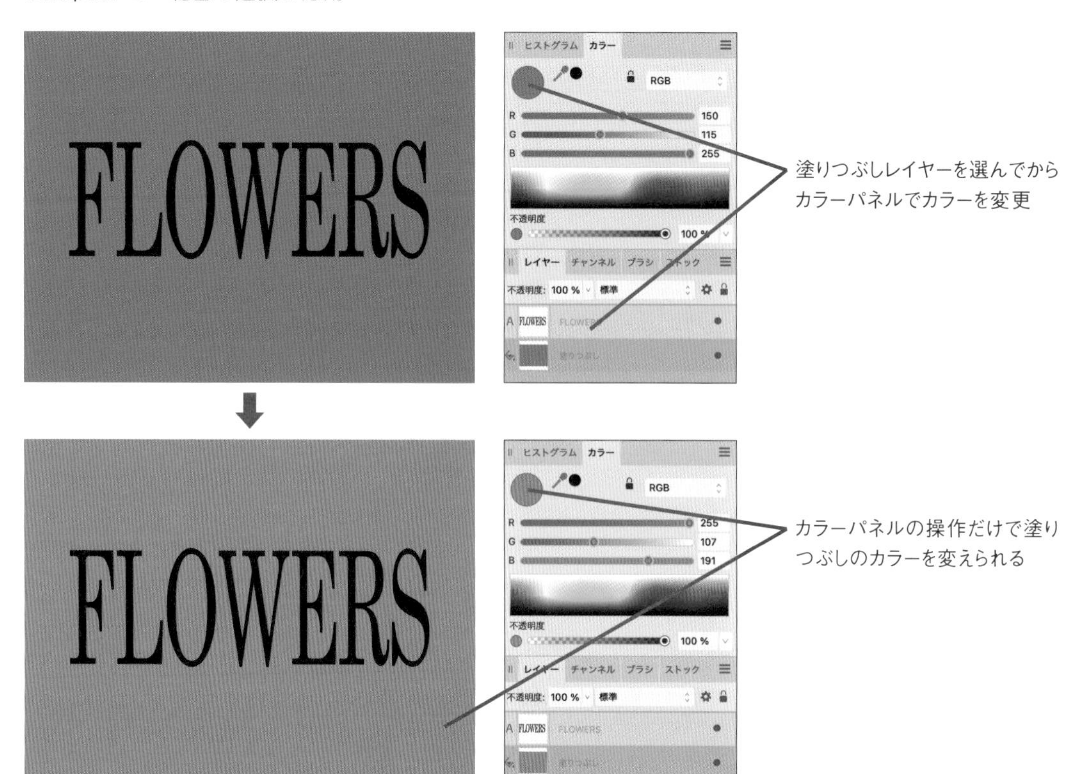

⬆シェイプの背景に塗りつぶしレイヤーを配した例

++ **Note** ++

選択範囲を限定して塗りつぶすには、塗りつぶしツールを使います。また、グラデーションで塗りつぶす場合は、[レイヤー]→[新規レイヤー]を選んで、新しいピクセルレイヤーを作成してからグラデーションツールを使います（詳細はP.171「グラデーションツール」を参照）。

消去する

背景を消去するために使う、消去ブラシ、背景消去ブラシ、自動消去の3つのツールを紹介します。これらは1つのグループにまとめられています。

⬆ 消去ブラシと、同じグループのツール

これらのツールでは、消した後はホワイトになるのではなく、透明になる点に注目してください。下層にレイヤーがあれば、消去した領域から下層のコンテンツが見えます。

⬆ 部分的に消去すると下層にあるレイヤーが見える

なお、消去ツールを使っても消去できないように見えるときは、レイヤーパネルで目的のレイヤーを選んでいることを確かめてください。

++ **Note** ++

もしも背景に（透明ではなく）何らかのカラーを配したいときは、下位に新しくカラー付きのレイヤーを作成して、レイヤーを分けるとよいでしょう。カラーで塗りつぶすよりも、後で別のカラーや背景と差し替えやすくなります。

●●●●消去ブラシツール

消去ブラシツールは、ドラッグしたとおりにピクセルを消去するものです。消しゴムのようなイメージですが、消去ブラシツールでは、ブラシパネルで選択したブラシが適用されます（ブラシの詳細はP.190のコラム「ブラシ」を参照）。

ドラッグした軌跡を消去

⬆ 消去ブラシツール

カーソルを置くと消去する範囲（ブラシの先）を表示

●●●●背景消去ブラシ

背景消去ブラシは、クリックした場所と似たカラーのピクセルを消去するものです。塗りつぶしツールと同様に、許容量をコンテキストツールバーから設定できます（許容量についてはP.186「自動選択ツール」を参考にしてください）。

ポインターを画像に重ねると（まだクリックしないでください）、その場所で操作したときに消去する様子をプレビューできます。目的の範囲を消去できることを確かめたら、マウスのボタンを押し続けて背景を消去します。

ここでクリックするとテーブルを消去できると分かる

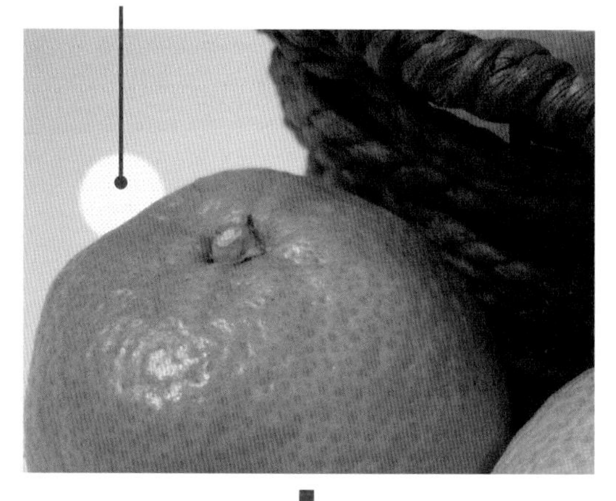

ここでクリックするとミカンを消去してしまうと分かる

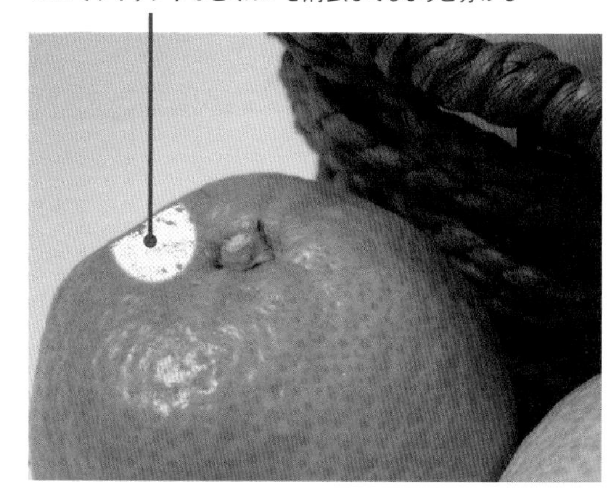

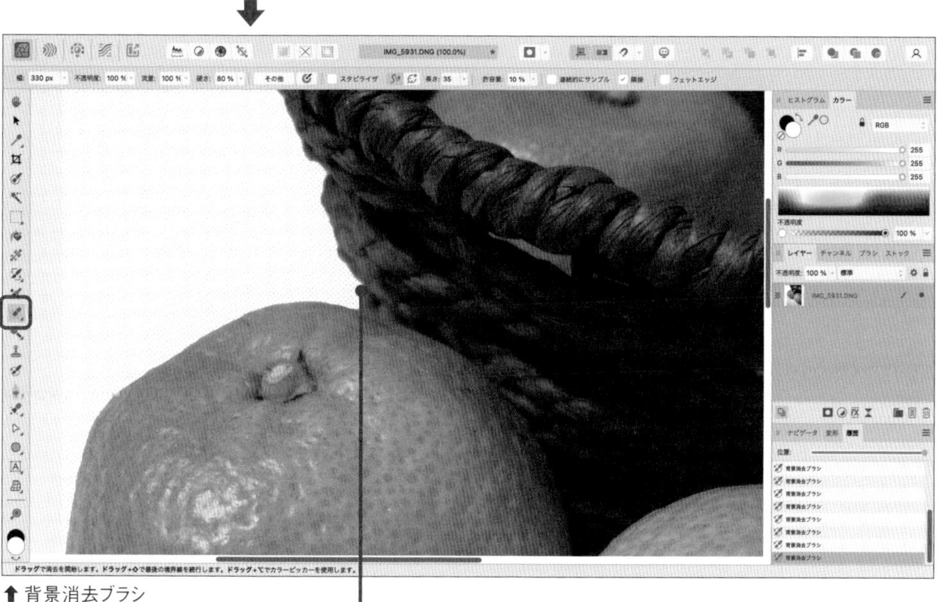

⬆ 背景消去ブラシ

消去されるのはエッジまで

消去ブラシツールとは異なり、ドラッグしても、似ていないカラーのピクセルは消去しません。よって、エッジが明確である画像の場合は、多少ラフに操作しても、意図しない範囲を消去するおそれがありません。

●●●● 自動消去ツール

自動消去ツールは、クリックした場所と似たカラーの範囲を消去するものです。カラーの違いで消去するときに向いています。

⬆自動消去ツール

「クリックした場所と似たカラーの範囲」を操作する点では、自動選択ツールとよく似ています（P.186「自動選択ツール」を参照）。コンテキストツールバーには「許容量」や「隣接」の設定がある点も同じです。

ほかの部分の画像で塗る

塗りつぶす機能の応用として、コピーブラシツールを紹介します。このツールは、風景写真から電線を消したり、人物写真の肌からホクロを消したりする用途でよく使われます。

●●●●コピースタンプツールの基本

コピーブラシツールは、コピー元として指定した位置の画像を、別の位置へ、ブラシを使って塗るようにペーストするものです。また、ペーストするときはブラシが使われるので、ブラシの形状やサイズによって仕上がりが変わります。

基本的な動作を理解するために、まずは簡単な画像で使ってみましょう。

⬆ コピーブラシツール

①コピー元にしたい位置を指定します。これには、【Mac】option+クリック、【Windows】Alt+クリックします。マウスのボタンはいったん離してください。
②ペーストするときに使うブラシを選び、必要に応じてコンテキストツールバーで幅などを設定します（ブラシの詳細はP.190のコラム「ブラシ」を参照）。
③ペーストしたい場所でクリックまたはドラッグします。このツールは、操作の途中でマウスのボタンを離して、何度もクリックやドラッグを続けてもかまいません。キャンバスにポインターを置くと、クリックしたときに描画される画像が、ブラシの形でプレビューされます。つまり、いまの設定でクリックしたときの結果をあらかじめ確かめられます。

ドラッグし続けて、元の画像がどのように描画されるか確かめてください。このとき、①でクリックした位置と、③で最初にドラッグした位置の関係を保ったまま、元の位置にある画像がコピーされていきます。よって、ドラッグを続けると、最終的には①の位置にある画像がまるごとコピーされます。

⬆ 相対的な位置を保ったままブラシでコピーできる

++ **Note** ++

長方形などの単純な形で複製したい場合は、①何らかの方法で範囲を選択して、②［編集］→［コピー］を選び、③【Mac】［編集］→［ペースト］、【Windows】［編集］→［貼り付け］を選びます。これでペーストした画像が新しいレイヤーとして作られるので、④移動ツールを選んで目的の位置へ移動します。

●●●●コピースタンプツールの実例

コピースタンプツールの実例として、人物の写真からホクロを消してみます。仕上げた画像だけを見ると消えたように見えてますが、実際には、「別の場所からコピーして塗り重ねることで、消えたように見せる」ということです。

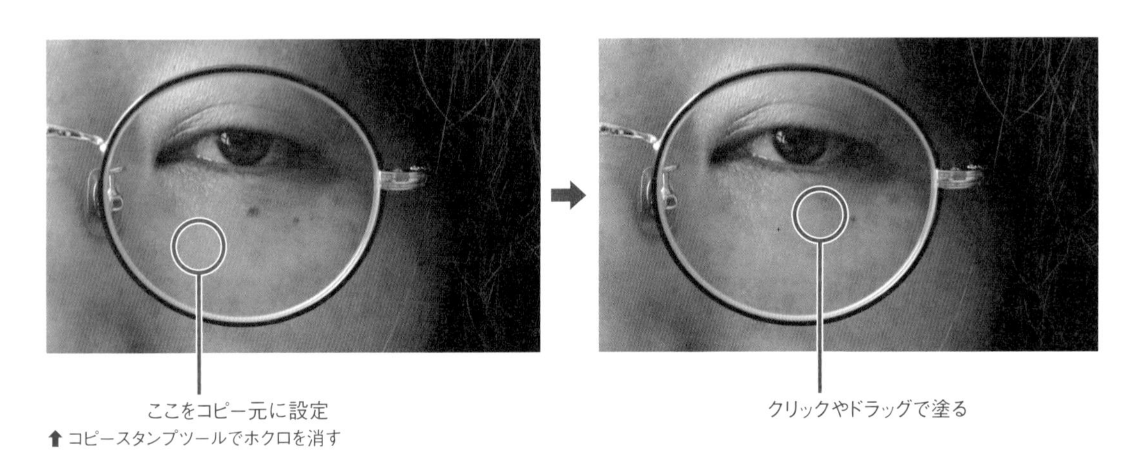

⬆ コピースタンプツールでホクロを消す

手順そのものは、前述したものと同じです。消したい対象と似た領域を探してコピー元として設定し、ブラシのサイズを調整し、ドラッグしてホクロの上から塗り重ねます。塗る前にプレビューを使ってよくイメージしてください。

実際の写真でやってみると、相当に単純な画像でなければ、自然に見えるように仕上げるのは難しいことが多いでしょう。作業の途中でもコピー元の位置を変える、不透明度を下げて薄く塗り重ねる、ブラシの種類やサイズを変えるなど、さまざまなやり方があります。描画先を別のレイヤーに設定すると元の画像と分けて管理できます（次ページのコラム［別のレイヤーをコピー元にする］参照）。

Affinity Photo Column

別のレイヤーをコピー元にする

コピーブラシツールや塗りつぶしツールなど、いくつかのツールでは、コピー元や、塗る領域を判定するための元画像のレイヤーを、ソースとして指定できます（ソースとは、情報源の意味）。この機能を使うと、ソースのレイヤーと実際に描画するレイヤーを分けられるので、作業をやり直したくなった場合や、新しい画像として描画したい場合にも対応できます。

次の図はコピーブラシツールを使っているところですが、元画像の上に新規ピクセルレイヤーを作成し、コピーブラシツールのコンテキストツールバーにある「ソース」を「下のレイヤー」に設定することで、下のレイヤーにある画像をブラシでコピーしています。

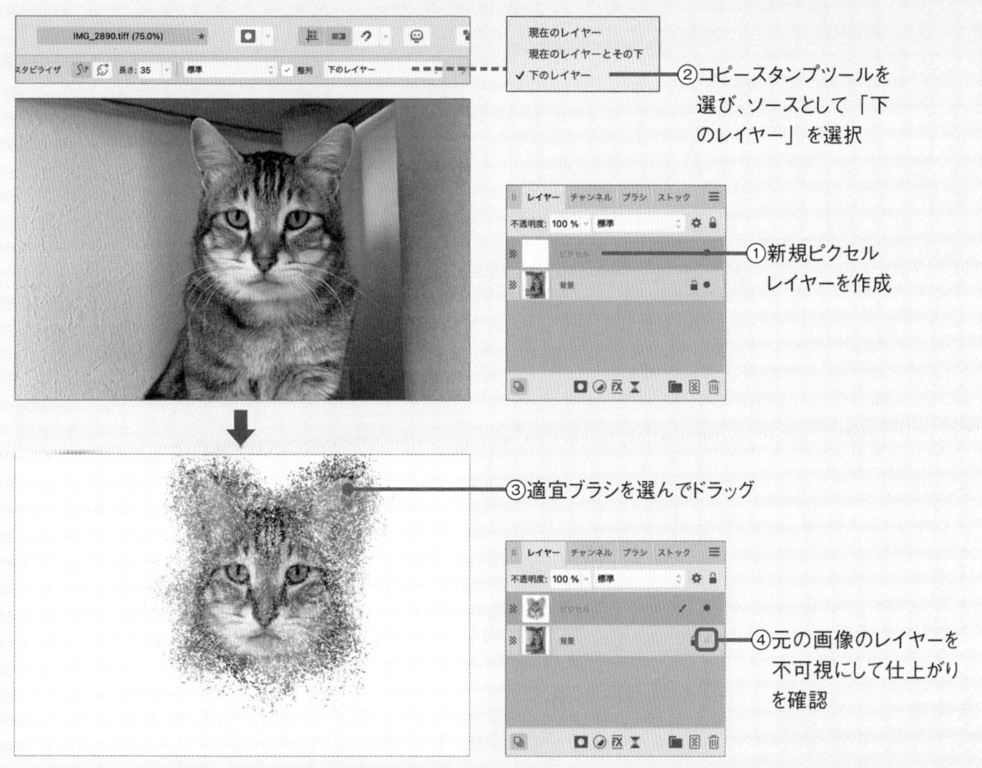

⬆ 別のレイヤーに描画する

このように設定すると、元の画像には何も描き加えていないため、上のレイヤーを非表示にしたり、削除したりすれば、作業をやり直したり、元の画像と比較することができます。また、元の画像のレイヤーを非表示にすれば、新しい画像として扱うことができます。

なお、背景消去ブラシのように透明に消去するツールでは、この機能は使えません。透明にするというツールの特性上、「上のレイヤーに透明で描画する」ことは不可能だからです。この場合は、元の画像をレイヤーごと複製して非表示にするなどの方法を選ぶ必要があります。

6-4

2つのレイヤーを使って切り抜く

範囲選択の応用例として、画像とシェイプ、画像と画像など、
2つのレイヤーを組み合わせて切り抜きを行う方法を紹介します。
あわせて、ほかの画像のファイルを読み込む手順も覚えましょう。

ほかの画像ファイルを読み込む

複数の画像を組み合わせる場合は、重ね合わせるファイルを単独で開くのではなく、まずベースにする画像を単独で開き、次にほかの画像をレイヤーとして読み込むことで、1つのドキュメントとして扱えるようにします。これには、次のどちらかを実行します。

- [ファイル]→[配置...]を選び、ウィンドウで目的のファイルを選択します。
- ファイル管理アプリ(【Mac】Finder、【Windows】エクスプローラー)から、ファイルのアイコンをドキュメントウィンドウ内へドラッグ&ドロップします。このとき、ツールバーにドロップしないように注意してください(P.029「既存のファイルを開く」を参照)。

このようにして配置された画像はレイヤーとして重ね合わせられます。ただし、独立したファイルとして保存されていたということは、もともとそれ自体で完結しているので、読み込んだ後も解像度やカラースペースなどが保持されます。このようなレイヤーを画像レイヤーと呼びます。

なお、すでにAffinity Photoで開いているドキュメントのレイヤーをコピー&ペーストして読み込む方法もあります。この場合は、元のレイヤーと同じ種類でペーストされます。すなわち、元がピクセルレイヤーであればピクセルレイヤーに、画像レイヤーであれば画像レイヤーになります。

++ **Note** ++

ベースにする画像を用意せずに、まず新しいドキュメントを作って、それ以外のすべての画像を配置する方法もあります(新しいドキュメントを作る手順はP.138「空白から新しいドキュメントを作る」を参照)。

●●●●配置した画像を操作する

移動ツールを使って画像レイヤーを選択すると、シェイプと同様に、ドラッグして移動したり、ハンドルをドラッグして変形や回転ができます（P.145「シェイプを変形する」を参考にしてください）。

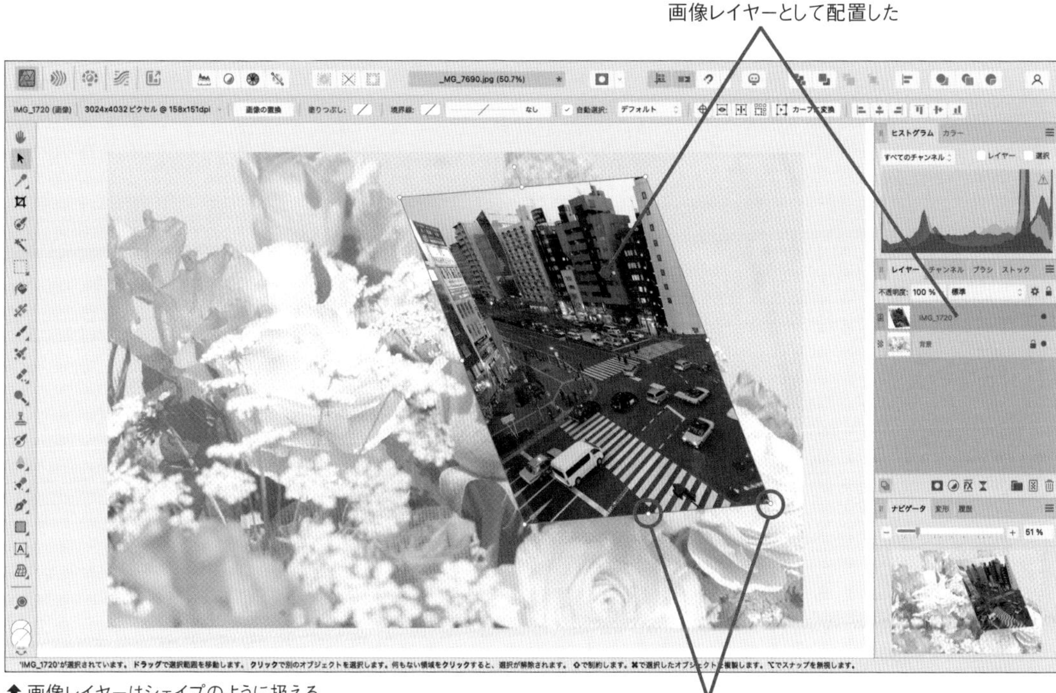

⬆ 画像レイヤーはシェイプのように扱える

画像レイヤーのサイズは、数値でも指定できます。これには、移動ツールを選択してから、レイヤーパネルでそのレイヤーを選択し、コンテキストツールバーにある解像度などの表示をクリックして、メニューから操作します。

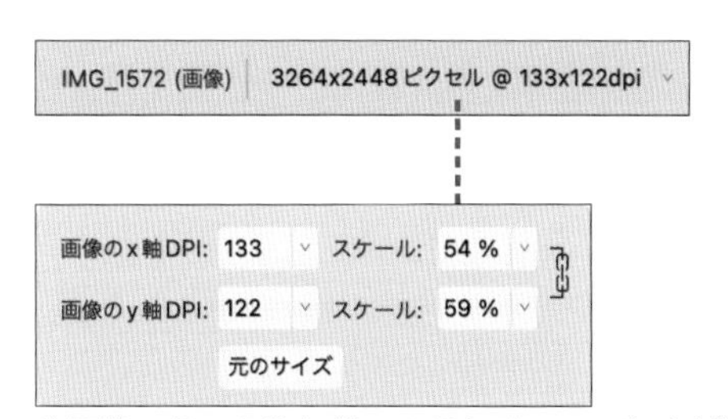

⬆ 画像レイヤーのサイズは、コンテキストツールバーから数値で確認または操作できる

なお、縦横比を元通りにするには、（四隅ではなく）四辺上のハンドルをダブルクリックします。数値指定する必要はありません。

●●●●画像レイヤーの内容を編集する

画像レイヤーは完結したものとして扱われるため、通常の編集機能は使えません。たとえば、（前もって背景を消去したファイルを用意するのではなく）配置した後に背景を消去したいような場合は、通常のピクセルレイヤーへ変換する必要があります。

これには、目的のレイヤーを選択してから、[レイヤー]→[ラスタライズ...]を選びます。または、レイヤーパネルで目的のレイヤーを選んでから、右クリックしてメニューを開き、[ラスタライズ...]を選んでも同じです。

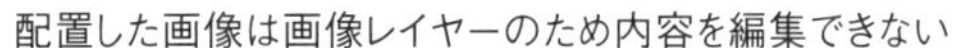

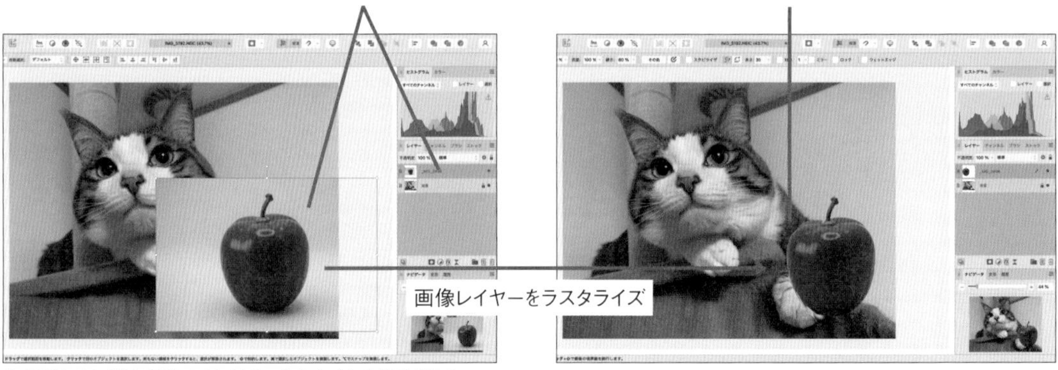

⬆ 配置した画像を編集するにはラスタライズする必要がある

なお、ツールによっては、操作をするとアシスタント機能によって自動的にライタライズされることもあります。ただし、そうでない場合でもエラーメッセージなどは表示されないことがあるので、手作業でラスタライズするほうが確実です。

++ Note ++

最初に開いた画像ファイルは背景のピクセルレイヤーとして扱われますが、レイヤーパネルでロックを解除すると、ハンドルが表示されて画像レイヤーのように変形できるようになります。

●●●●配置ファイルのリンクと埋め込み

ファイルを配置するとき、元のファイルの扱い方には、次の2つがあります。

- 埋め込み：元のファイルをこのafphotoドキュメントへコピーして埋め込みます。
- リンク：元ファイルのデータを参照し、このafphotoドキュメント内には保持しません。

埋め込みではファイルサイズが大きくなりますが、元のファイルの場所や名前が変わったり、ファイルがなくなったりしても影響を受けません。リンクではその逆です。

配置するファイルの扱い方を変えるには、ファイルを配置する前に、[ファイル]→[配置ポリシー]→[埋め込み]または[リンク]を選びます。もしも期待どおりにできないときは、いったん配置した後から、本項内で後述する「リソースマネージャー」を使って変更するほうが確実です。

●●●●リソースマネージャーを使って管理する

配置したファイルを管理するには、[ウィンドウ]→[リソースマネージャー...]を選びます。リストで目的のファイルを選ぶと、ウィンドウ下端のボタンを使って操作できます。

⬆「リソースマネージャー」

- ドキュメント内を検索:選択した画像のレイヤーを選択します。ほかのレイヤーに重なって見えない場合もあるので、必要に応じてレイヤーパネルも調べてください。
- 更新:リンクしている画像が配置後に更新された場合に、更新(再読み込み)します。更新の操作が不要な場合は、ボタンはクリックできません。なお、もしもリンク先のファイルが見つからない場合はボタンの名前が「再リンク」となります。
- 置換...:別のファイルと置換します。
- リンクを作成.../埋め込み:リンクと埋め込みを相互に変更します。
- 収集...:リンクしたファイルに対して実行すると、指定したフォルダにファイルをコピーして、そのファイルを新しいリンク先として変更します。ボタンをクリックすると、収集先のフォルダを指定するウィンドウが開きます。
- 【Mac】Finderで表示 【Windows】Show in Explorer:ファイル管理アプリで、元のファイルがある場所を表示します。

一覧表の「ステータス」の列に「不足」と表示されていたら、リンク先に元のファイルが見つからない状態です。このまま編集を続けるのは現実的に不可能ですので、レイヤーを削除する、ファイルの場所を指定し直す、別のファイルで代用するなどして対処する必要があります。

クリッピングを使った切り抜き

写真のレイヤーと、シェイプや別の画像などのレイヤーを組み合わせて、それらの形に写真を切り抜いてみましょう。このような切り抜きをクリッピングと呼びます。

クリッピングはレイヤーを組み合わせて実現するので、後からそれぞれの素材を差し替えたくなった場合でも、最初からやり直す必要はまずないでしょう。

ここでは、シェイプや、アーティスティックテキストツールを使ったテキスト、ピクセルレイヤーを使って、画像を切り抜いてみましょう。いずれも基本となる操作は同じです。

●●●●シェイプを使う

次の図では、カメラで撮影した画像ファイルを開き、その上層のレイヤーにシェイプを描き、画像をクリッピングしています。

①

②

③

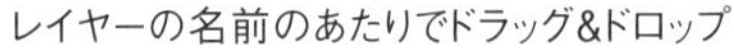

④

 ⬆シェイプを使って画像をクリッピングする

①ベースにしたい画像を開きます。

②クリッピングしたい形でシェイプを描きます。シェイプのサイズを検討するために、シェイプレイヤーの透明度を一時的に操作したりしてもかまいませんが、切り抜いた後から調整できるので、ここでは厳密に決めなくてもかまいません。

③レイヤーパネルで、画像のレイヤーを、シェイプレイヤーの名前のあたりへドラッグ&ドロップします。このとき、マウスのボタンを押し続けると、その位置でドロップしたときにどのような結果になるかをプレビューできます。なお、シェイプレイヤーのプレビューのあたりへドロップすると別の操作になるので注意してください（P.219「マスクレイヤーを使った切り抜き」を参照）。

④ドロップするとレイヤーがグループ化され、画像のレイヤーがシェイプレイヤーの下位に収められます。シェイプの形状や元の画像の位置などを調整する方法はP.218「切り抜いた後の調整」で紹介します。

●●●●テキストを使う

次の図は、アーティスティックテキストツールで入力したレイヤーを使って、写真をクリッピングしています。手順のポイントはシェイプを使うときと同じで、切り抜きに使うレイヤーを画像の上層へ置き、名前のあたりへドラッグ&ドロップすることです。

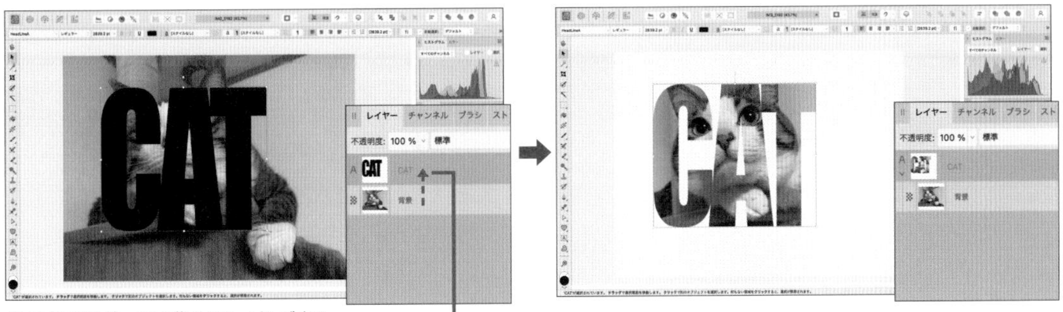

⬆ テキストを使って画像をクリッピングする

画像とテキストは独立しているので、切り抜いた後からテキストを書き換えたり、フォントを変えたりできます。

●●●●背景を透明にしたピクセルレイヤーを使う

次の図は、背景を透明にしたピクセルレイヤーを使って、写真をクリッピングしています。手順は、シェイプやテキストを使うときと同じです。

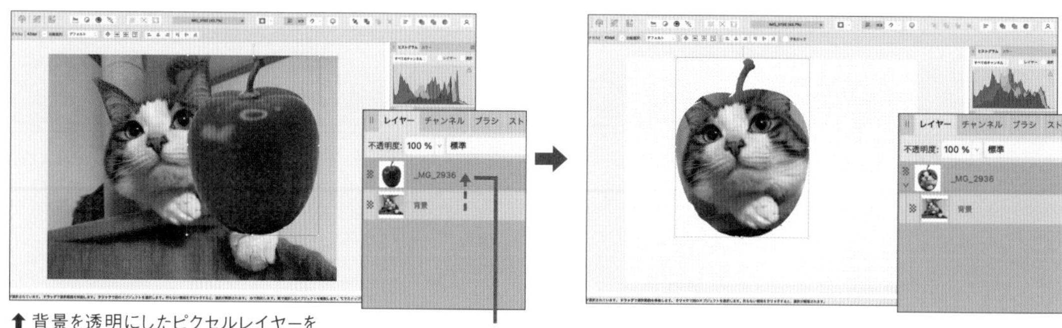

⬆ 背景を透明にしたピクセルレイヤーを使って画像をクリッピングする

レイヤーの名前のあたりでドラッグ&ドロップ

切り抜いた後の調整

クリッピングした後に位置やサイズを調整するときの注意点を紹介します。次の図は、シェイプで画像をクリッピングしたドキュメントを調整しているところです。

上位のシェイプレイヤーを操作

シェイプと同様に操作可能、画像は連動して変化

下位の画像のレイヤーを操作

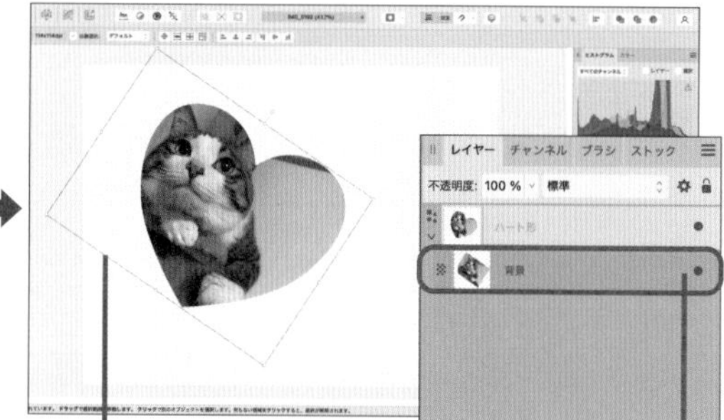

隠れているが、実際にはこのレイヤーの画像がある範囲

背景レイヤーの場合はロックを外す

⬆ クリッピングした後に位置やサイズを調整する

上位にあるシェイプレイヤーを移動ツールで選択すると、シェイプのハンドルが表示されます。クリッピングとは関係なく、ハンドルを操作してサイズを変えたり、回転したりできます。

このとき、クリッピングされた画像のサイズや角度は、連動して変化します。つまり、シェイプを移動したり、拡大したりすると、中の画像も連動して移動したり拡大したりするので、見える範囲は変わりません。

一方、下位にある画像のレイヤーを移動ツールで選択すると、画像の本来のサイズのハンドルが表示されます。画像は上位レイヤーによってクリッピングされているだけで、見えなくなった部分が切り捨てられたわけではないからです。

このハンドルを使ってサイズを変えたり、移動したりすると、上位にあるシェイプを操作せずに、画像のサイズや位置を変えたりできます。つまり、見える範囲が変わります。

なお、上位のレイヤーを操作するときに、下位のレイヤーを連動させたくない場合は、上位のレイヤーを移動ツールで選択してから、コンテキストツールバーにある「子をロック」オプションをオンにしてから操作します。

++ **Note** ++

位置やサイズを決めた後に別のファイル形式で書き出す場合は、[ドキュメント]→[キャンバスをクリップ]を選ぶと、見える要素がある最小の領域でキャンバスをクリップします。

マスクレイヤーを使った切り抜き

マスクを使って別のレイヤーにある画像を切り抜くことができます。クリッピングは上位のレイヤーを使って切り抜くことでしたが、マスクレイヤーを使う場合は、選択していない領域や、ピクセルがない領域をマスクして切り抜く操作になります。結果は似ていますが、手順が異なる点に注目してください。

●●●● 選択範囲を使う

選択範囲を使って切り抜く手順を紹介します。次の図では、範囲を選択して、それをマスクのレイヤーとして作成し、組み合わせることによって切り抜いています。

①

②

⬆ 選択範囲からマスクレイヤーを作成してマスクする

①切り抜きたい範囲を選択します(図はクイックマスクモード)。

②[レイヤー]→[新規マスクレイヤー]を選択するか、レイヤーパネルでマスクレイヤーのアイコンをクリックして、選択範囲をマスクレイヤーとして作成します。

++ **Note** ++

選択範囲をマスクレイヤーにする方法では、範囲を選択してそのままマスクレイヤーにするのではなく、いったんスペアチャンネルとして保存することをおすすめします。スペアチャンネルはドキュメントに影響しませんし、右クリックのメニューから簡単に選択範囲として読み込めます。

●●●●ピクセルレイヤーを使う

ピクセルレイヤーをマスクとして使うこともできます。次の図では、背景を透明にしたレイヤーをマスクレイヤーとして組み込むことで切り抜きをしています。

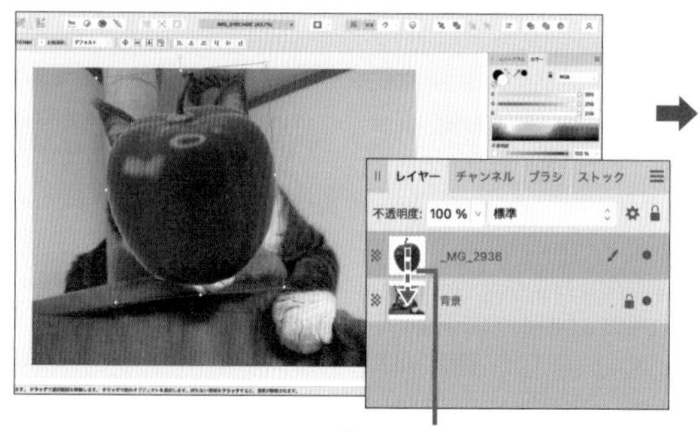

レイヤーのプレビューへドラッグ&ドロップ

下位にマスクレイヤーとして組み込まれた

⬆ピクセルレイヤーを使って画像をマスクする

クリッピングの操作と似ていますが、レイヤーパネルでドラッグ&ドロップする位置が異なることと、グループ化されたときに「切り抜くレイヤーと、切り抜かれるレイヤー」の上下が逆であることに注意してください（P.216「クリッピングを使った切り抜き」も参照）。

Chap 7

ファイルの出入力と作業の効率化

この章では、画像編集そのものではなく、作業を支援するさまざまな方法を紹介します。完成した作品の書き出し、RAWファイルの現像、レイヤーの位置合わせ、履歴の活用、カタログアプリとの連携する方法と、いずれも重要なものです。

7-1

出力する

編集作業が終わったら、
汎用的な形式のファイルへ書き出したり、
印刷したりしてみましょう。
どちらも、メニューからコマンドを選んで、
開いたウィンドウを上から確認していきます。

ファイルとして書き出す

JPEGやPNGなど、afphoto以外の形式のファイルが必要な場合は、書き出し（エクスポート）を行います。これには、次のコマンドを選びます（対応するファイル形式はP.026「対応するファイル形式」を参照）。

【Mac】［ファイル］→［書き出し...］

【Windows】［ファイル］→［エクスポート...］

ウィンドウが開いたら、上から順に設定内容を確認していきます。

●●●● 書き出し作業の流れ

書き出す内容を設定するウィンドウは、大きく分けて左側にプレビュー、右側に設定項目があります。設定項目は、大きく「ファイル形式／ファイル設定／詳細」の3つに分かれています。

つまり、ウィンドウ左側で仕上がりを確認しつつ、右側で上から順番に設定を行い、スクロールして設定を進め、最後に書き出すという流れです。

書き出しを実行するには、ウィンドウ下端にある【Mac】「書き出し」、または、【Windows】「エクスポート」ボタンをクリックします。

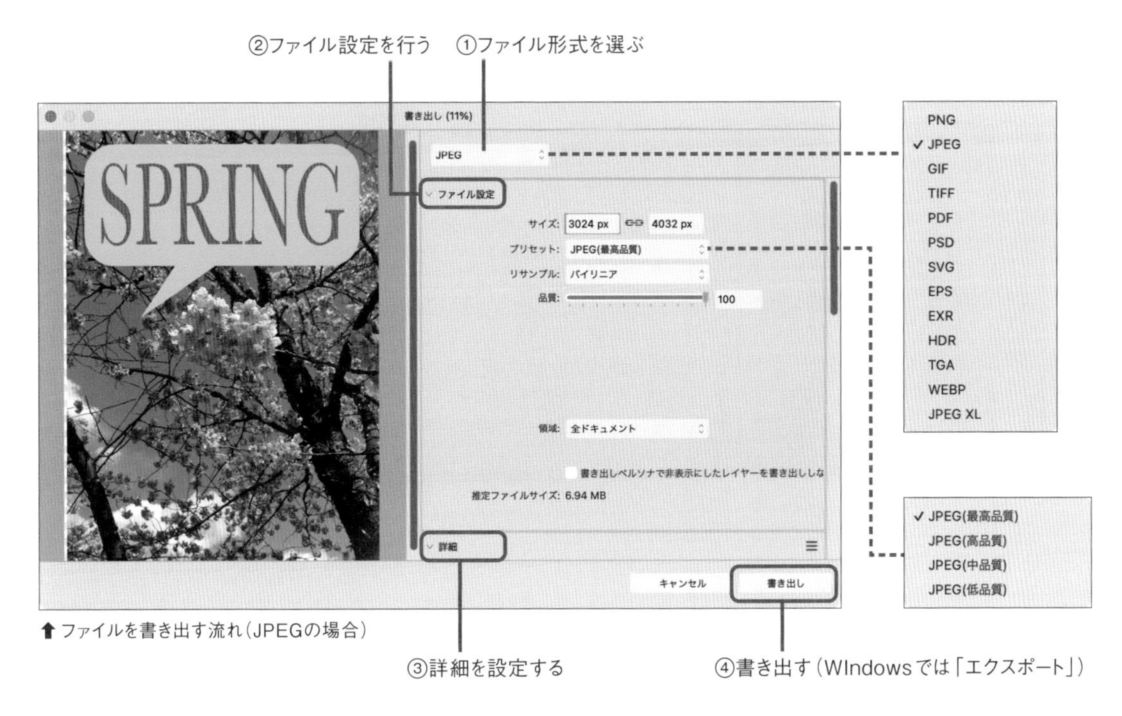

⬆ファイルを書き出す流れ(JPEGの場合)

設定を行うには、最初に、ウィンドウ右上にあるファイル形式をメニューから選びます。この順番は必ず守ってください。ファイル形式に応じて設定できる項目が変わるため、後からファイル形式を変えると、設定をやり直すことになります。

次の「ファイル設定」カテゴリーでは、サイズや画質などを設定します。書き出すときにサイズを変更する場合は、この「サイズ」欄で設定します。「プリセット」欄は、ファイル形式に応じていくつかのプリセットから選べますが、自作もできます(本節の中で紹介します)。

●●●● 詳細設定と、プリセットの作成

続く「詳細」カテゴリーでは、ファイル形式に応じて、さらに細かい項目を設定します。

このカテゴリーの設定内容はプリセットとして保存できます。これには、カテゴリー右上の☰のメニューを使います。いずれかの設定内容を変更すると、保存できるようになります。

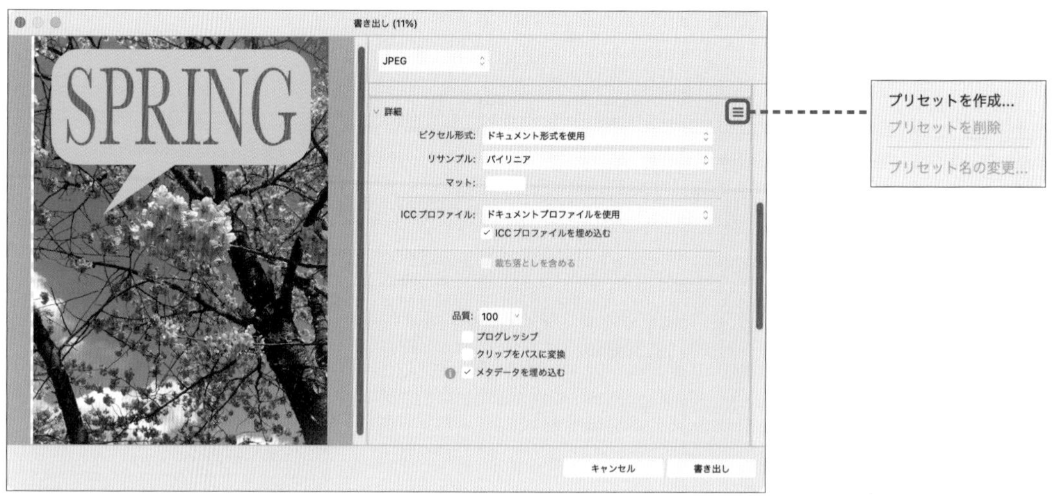

⬆「詳細」カテゴリーの設定内容はプリセットとして保存できる

保存したプリセットを呼び出すには、「ファイル設定」カテゴリーの「プリセット」欄で選びます。「詳細」カテゴリーの中ではないことに注意してください。

プリンターで印刷する

プリンターで印刷するには、【Mac】[ファイル]→[プリント...]、【Windows】[ファイル]→[印刷...]を選びます。ウィンドウが開いたら、上から順に設定内容を確認していきます。

●●●● 印刷作業の流れ

印刷方法を設定するウィンドウは、MacとWindowsでデザインは異なりますが、上から下へ向かって設定を1つずつ確認する点では同じです。

設定を終えて印刷を実行するには、ウィンドウ下端にある【Mac】「プリント」、または【Windows】「OK」ボタンをクリックします。

プレビュー表示に半透明のレッドが重ねられている場合は、ドキュメントサイズと用紙サイズが合っていないために、ドキュメントの全体を印刷できないことを示します。用紙サイズ、スケール、向きなどを確かめてください。

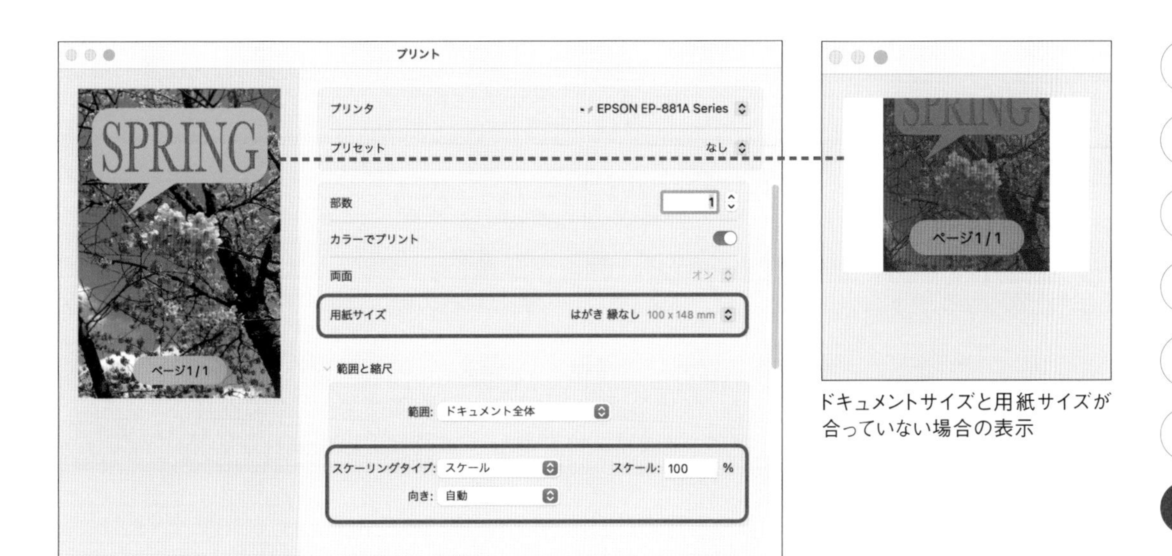

ドキュメントサイズと用紙サイズが合っていない場合の表示

⬆ 印刷設定のウィンドウ【Mac】

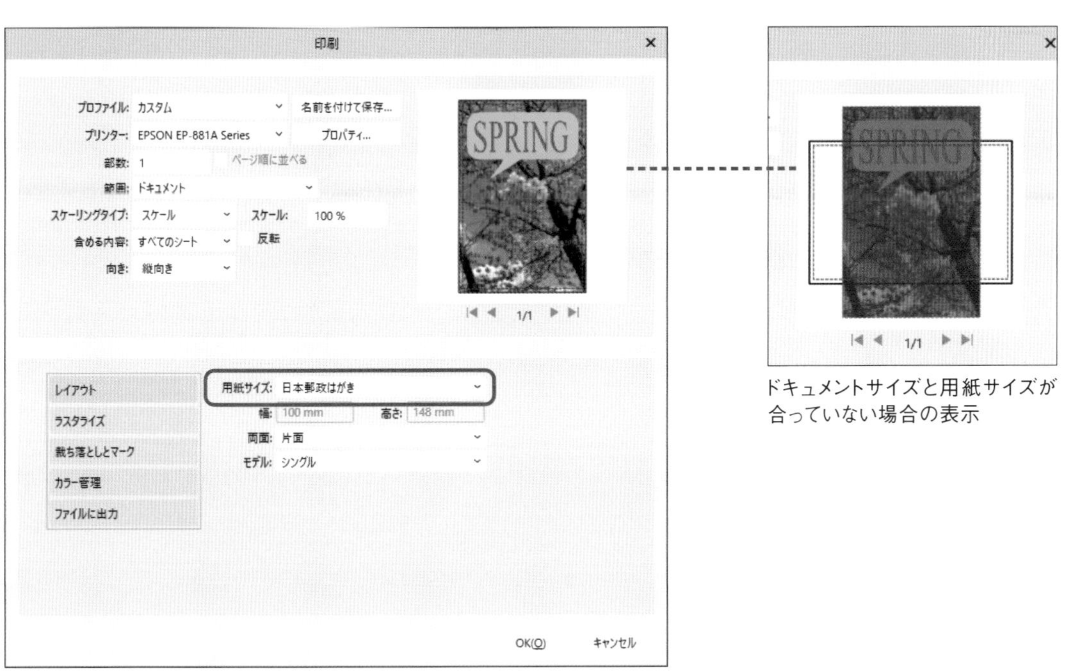

ドキュメントサイズと用紙サイズが合っていない場合の表示

⬆ 印刷設定のウィンドウ【Windows】

7-2

RAW形式のファイルを扱う

RAW形式のファイルを扱うには、最初に「現像」処理を行う必要があります。
現像をいったん終えた後でも、現像をやり直せるように設定することもできるので、
画質を落とさずにさまざまな設定を試すことが可能です。

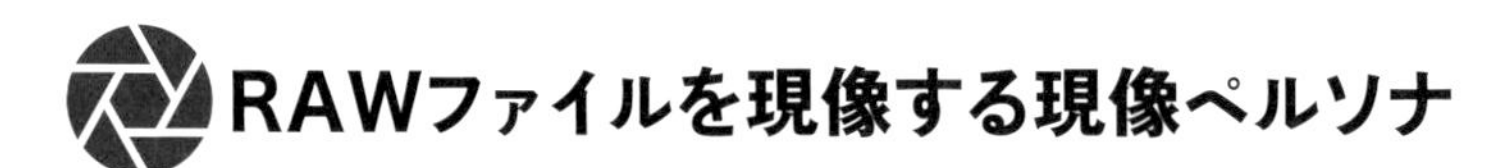

RAWファイルを現像する現像ペルソナ

今日販売されているデジタルカメラの上位機種では、ほとんどの場合、高画質の記録方式として、センサーが受け取ったデータをそのまま記録するRAW形式を選べます。Affinity Photoは数多くの機種のRAW形式ファイルに対応しています（機種の一覧はhttps://affin.co/rawlist）。

ファイルの形式がRAWであっても開く手順は変わりませんが、開くと自動的に現像ペルソナへ移り、最初に「現像」と呼ばれる作業の内容を設定します。これにより、露出やホワイトバランスなど、カメラ本体がJPEGなどの汎用的なファイル形式で保存するときに行う多くの作業を、撮影した後からAffinity Photoでゆっくりと行えます。

現像ペルソナでは、ツールバーとツールパネルで使えるツールや、ウィンドウ右側に現れるパネル類が、現像作業に適したものに変わります。これらを使って、現像時に行う作業の内容を設定します。

設定を終えて現像を実行するには、コンテキストツールバーの左端にある「現像」ボタンをクリックします。すると、通常のPhotoペルソナへ移ります。

⬆ 現像ペルソナではツールやパネルが現像に適したものに変わる

再現像できるRAWレイヤーとして現像する

現像したRAWファイルは、デフォルトでは通常の画像（ピクセルレイヤー）として出力されます。これを、後から現像自体をやり直しできる「RAWレイヤー」として出力するように変更できます。これには、現像ペルソナのコンテキストツールバーにある「出力」オプションを使います。

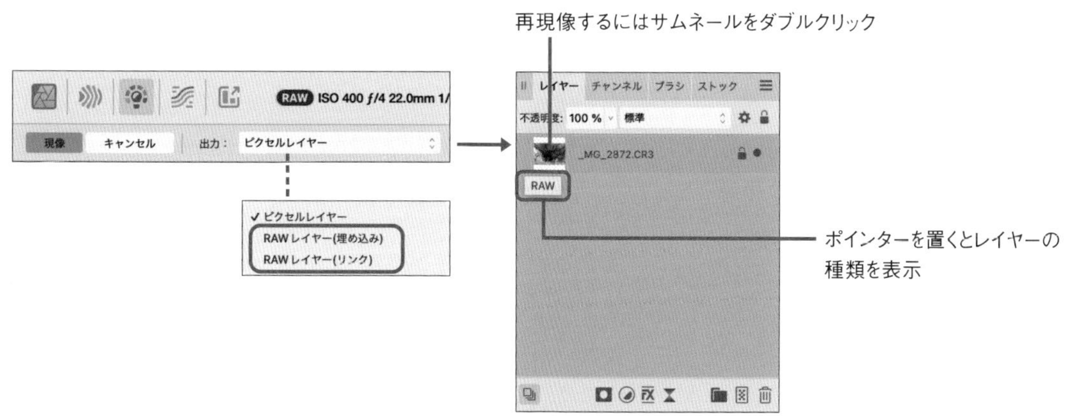

⬆ 現像ペルソナの「出力」オプションと、RAWレイヤーとして読み込まれた結果

［RAWレイヤー（埋め込み）］は、元ファイルをこのafphotoドキュメントへコピーして埋め込む設定です。元のファイルを失っても問題がないため、頻繁にファイルを移動する場合や、ほかのAffinity Photoユーザーにファイルを渡す場合に向いています。ただし、そのぶんファイルサイズは大きくなります。

一方、［RAWレイヤー（リンク）］は、元ファイルのデータを参照する設定です。ファイルサイズは小さくなりますが、参照先のファイルとのリンクを保つ必要があります。作業を行うユーザーや環境が決まっている場合に向いています。

もしも元のファイルの名前や場所が変わるなどしてリンクが失われた場合は、リソースマネージャー（P.215「リソースマネージャーを使って管理する」を参照）を使ってリンクを再設定します。

現像を実行していったんPhotoペルソナへ移った後から、再び現像作業をやり直すには、レイヤーパネルでRAWレイヤーのサムネールをダブルクリックします。レイヤーの種別は、レイヤーパネルに表示されている個別のレイヤーの左端のアイコンにマウスのポインターを重ねると表示されます。

現像ペルソナのツールバー

現像ペルソナのツールバーのうち、重要なものを紹介します。

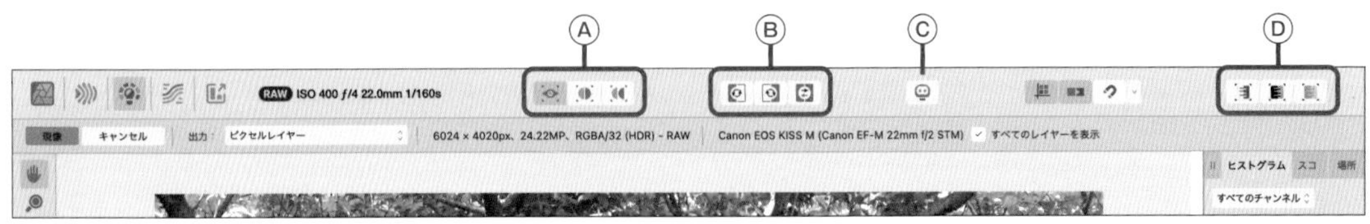

⬆ 現像ペルソナのツールバー

Ⓐシングルビュー／分割表示／ミラー表示：3種類の表示を切り替えて、設定前後の状態を比較しやすくします。画面左側は設定を反映した「後」、右側は反映する「前」の状態です。中央の仕切り線はドラッグして移動できます。

Ⓑ前を同期／後を同期／スワップ：Ⓐの分割表示またはミラー表示を使うときに、何も設定を行っていない元画像と比較するのではなく、段階的に確定して比較するための機能です。「前を同期」ボタンをクリックすると、「前」の表示が、最新の設定まで反映されます。「後を同期」ボタンをクリックすると、「前」の状態から変更された設定が取り消されて、「後」の表示が「前」と同じ段階まで戻ります。ここまでは設定を確定すると決めたときに「前を同期」ボタン、直前に「前を同期」を行ったとき以後の設定を取り消したいときに「後を同期」ボタンを押す使い方が一般的でしょう。

Ⓒ現像アシスタント：現像作業を支援するアシスタント機能を設定します。通常は変更する必要はありませんが、どうしても思い通りにならないときに、一部の設定を「何もしない」へ変更して、その設定をすべて手作業で行うようにするとよい場合があります。

Ⓓクリップされたハイライト／シャドウ／色調を表示：露出レベルが不適切なために中間調のディテールが失われている領域を、それぞれレッド／ブルー／イエローで表示します（ボタンのカラーと同じです）。現像時の設定が強すぎる場合のアラートとして利用できます。

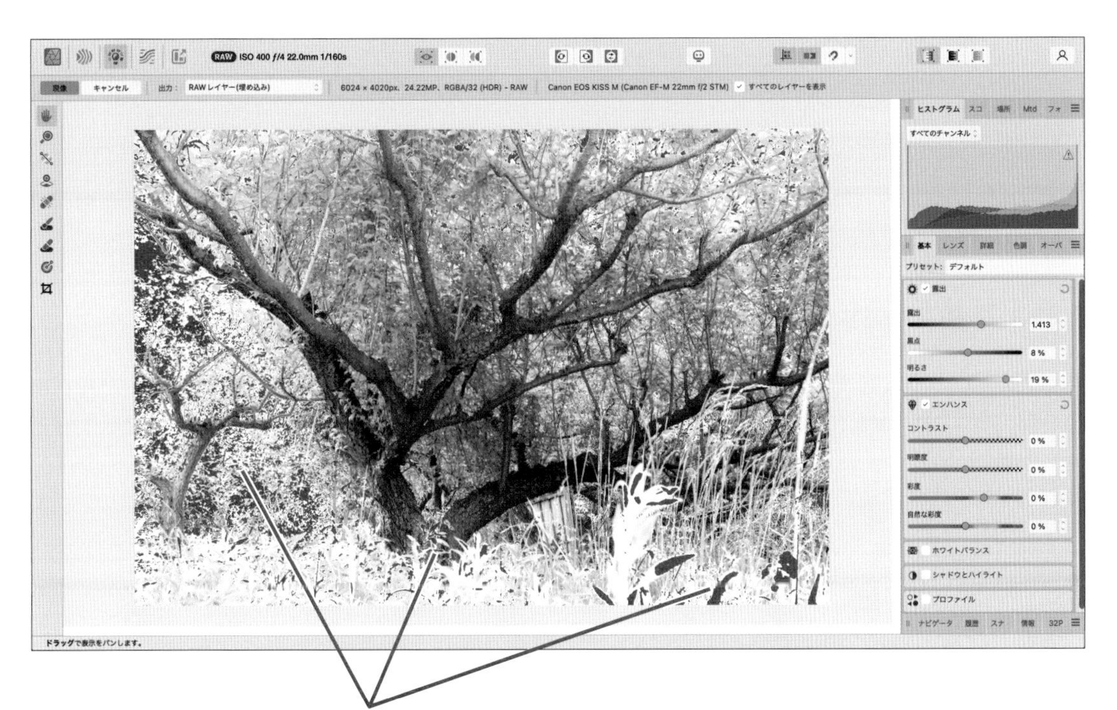

露出を上げすぎてハイライトがクリップ（白飛び）した領域をレッドで表示

++ **Note** ++

ツールパネルにあるズームツールは、Photoペルソナのものと同じです（P.045「拡大率を変える」を参照）。また、拡大率を変えるキーボードショートカットも同じです。パネルの機能のほとんどは、これまで本書で紹介してきた機能や、デジタルカメラが搭載する機能と共通です。パネルの基本的な使い方は「トーンマッピングペルソナを使う」のコラム「パネルのスライダーの使い方」（P.076）を参照してください。

7-3

レイヤーを揃える

レイヤーの位置をきれいに揃えるための、
さまざまな方法を紹介します。
わずかなズレも案外と分かるものですので、
揃えるべきものはこまめに揃えましょう。

ガイドを作って合わせる

複数のアイテムを配置するとき、位置を揃える目安となるガイドを配置できます。ガイドには、ルーラーガイドとカラムガイドの2種類がありますが、一般的にガイドといえばルーラーガイドを指します。

++ **Note** ++

いずれのガイドも、画面に表示されるだけです。ガイドを含めてエクスポートしたり、印刷したりすることはできません。記録したい場合は、スクリーンショットで代用します。

●●●● 目見当で合わせるルーラーガイド

ルーラーガイドは、ルーラーから引き出して配置する、垂直または水平の直線です。ルーラーとは、ドキュメントウィンドウの端に表示できる目盛り（ものさし）のことです。

ルーラーを表示するには、[表示] → [ルーラーを表示] を選んでオプションをオンにします。再度選ぶと、ルーラーを隠します。

ルーラーの単位を変えるには、表示ツールを選んでから、コンテキストツールバーにある「単位」を変更します。

ガイドを配置するには、ルーラーからキャンバスの中央へ向かってドラッグします。ガイドは必要なだけ引き出せます。

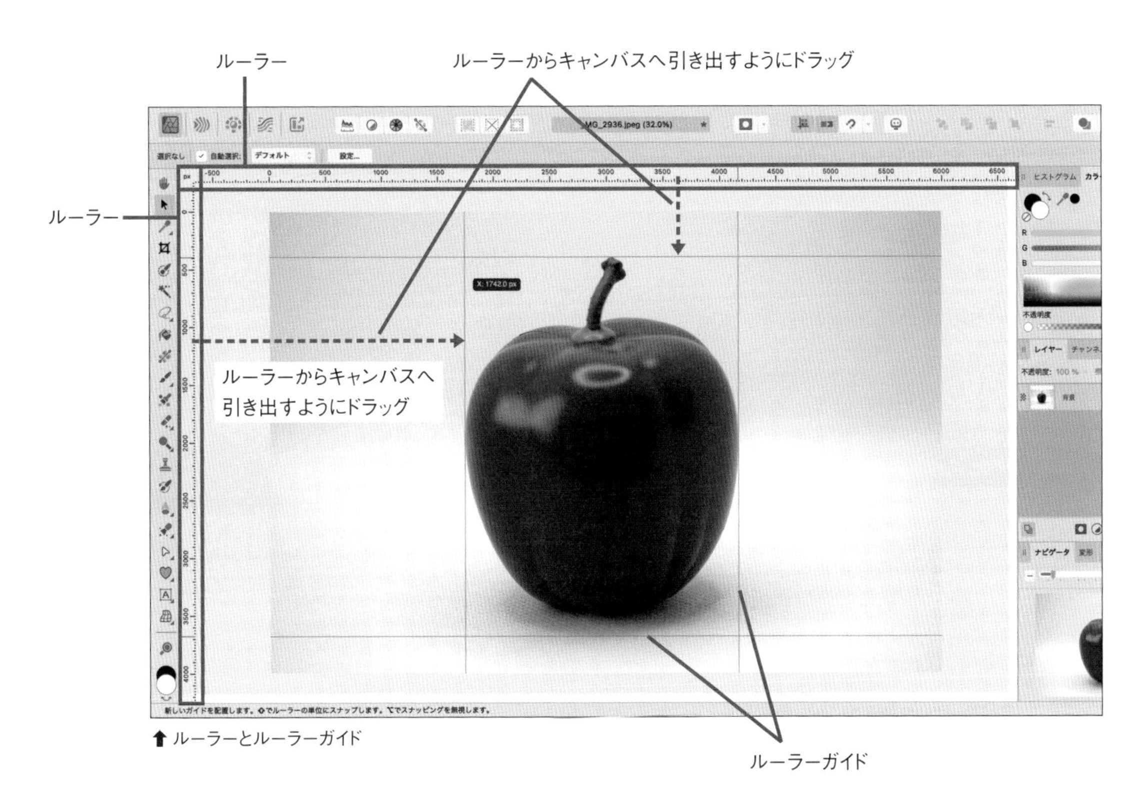

⬆ ルーラーとルーラーガイド

いったん配置したガイドは、ドラッグして移動できます。固定したい場合は、[表示]→[ガイドをロック]を選んで、オプションをオンにします。再度選んでオフにすると、移動できるようになります。

ガイドを削除する方法には、次のものがあります。

- ガイドをキャンバスの外へドラッグします。
- 【Mac】optionキー、【Windows】Altキーを押しながら、ガイドをクリックします。
- 「ガイド」ウィンドウを使います（本項内で後述します）。

ガイドをドラッグしている間は、座標の値が表示されます。いったん配置したガイドを移動するときは、元の値との差も表示されます。ただし、表示を拡大しても正確な位置でドロップするのは難しいことがあるので、あくまでも目見当で合わせるときに使うほうがよいでしょう。

●●●● 数値指定して合わせるガイドウィンドウとカラムガイド

ルーラーガイドの位置を数値で指定したい場合は、「ガイド」ウィンドウを使います。これを開くには、次のどちらかを実行します。

- [表示]→[ガイド...]を選びます。
- 移動ツールを選び、すでに配置したガイドをダブルクリックします。

「ガイド」ウィンドウは開いたままにできるので、このウィンドウを操作しながらガイドの配置、移動、削除ができます。

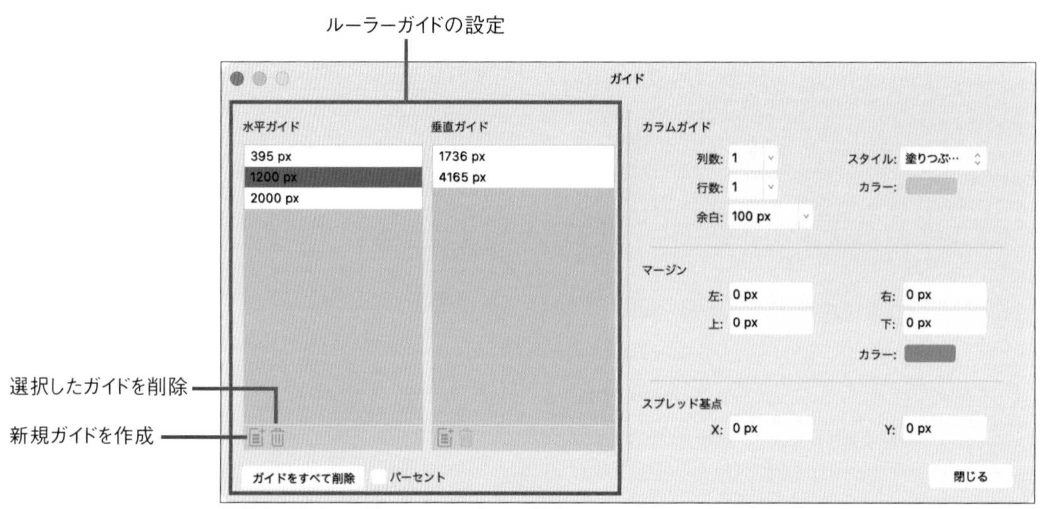

⬆「ガイド」ウィンドウのルーラーガイドの設定

また、「ガイド」ウィンドウの右上の欄を使うと、キャンバス全体を均等に分割して仕切るカラムガイドを使用できます。仕切りのスタイルは「塗りつぶし済み」と「アウトライン」（境界線）から選べます。次の図では、スタイルは「塗りつぶし済み」、列と行の数は「4列、3行」に設定しています。

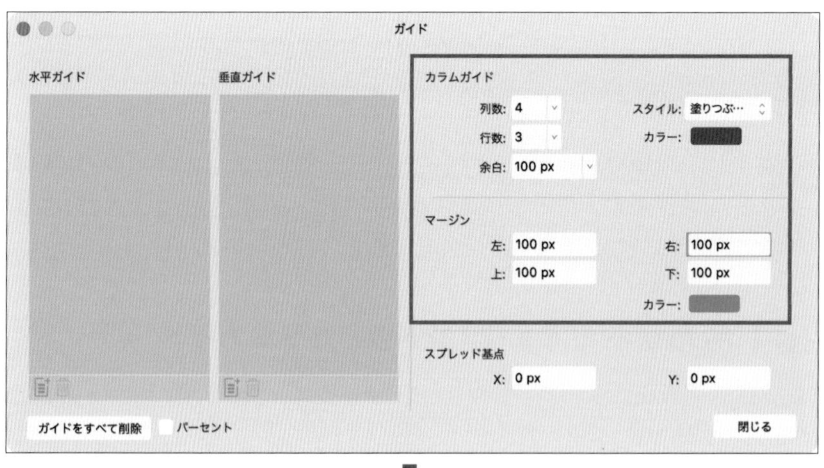

⬆ カラムガイド

●●●● ガイドに吸着させる

ガイドは見た目の目安になるだけでなく、ポインターを近づけたときに吸着させることもできます。この機能を「スナップ」と呼びます。スナップをオンにしてさまざまなツールを使えば、目分量でガイドに近づけるだけで、ガイドの位置に正確に合わせることができます。

スナップを使うには、[表示]→[スナップ...]を選び、ウィンドウが開いたら「スナップを有効にする」オプションをオンにします。スナップを使う対象は細かく設定できるので、必要に応じて変更してください。

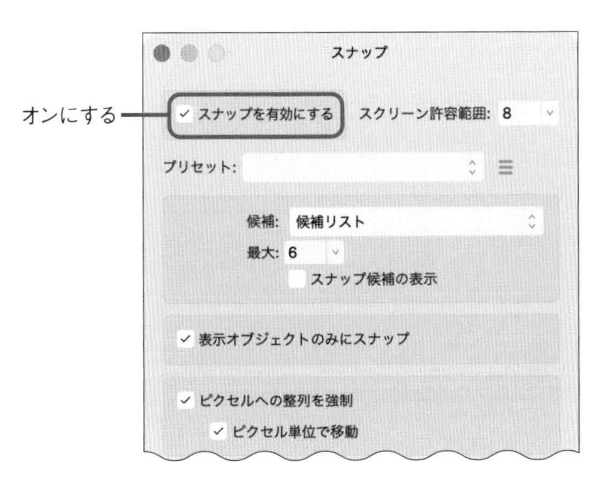

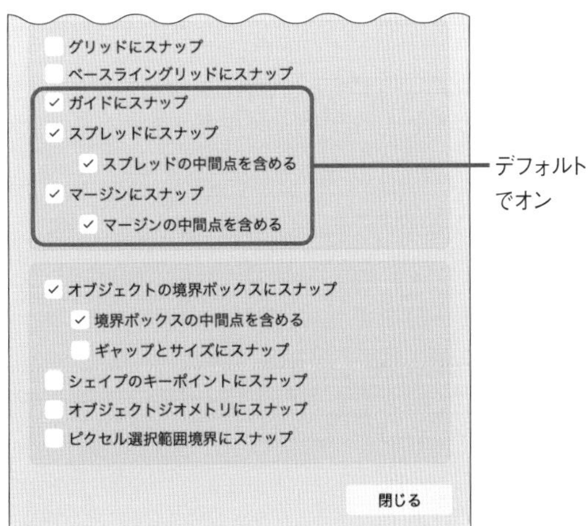

⬆ スナップの設定

次の図は、写真の内容に合わせてルーラーガイドを目見当で配置し、アーティスティックテキストツールでガイドに合わせてテキストのサイズを決めているところです。

⬆ガイドにスナップさせてテキストのサイズを決める

画像を見ながらテキストのサイズを決めるのは難しいことがありますが、あらかじめガイドを使うと、位置合わせの作業が簡単になります。

●●●● ルーラーの起点を移動する

ルーラーで使われる位置の基準は、キャンバスの左上です。これを移動するには、次のどちらかを実行します。

- 「ガイド」ウィンドウを開き、「スプレッド起点」の項目を設定します。数値での指定に向いています。なお、Macで明るいユーザーインターフェイスに設定していると見えませんが、2つの数値の間には縦横比を固定するオプションがあります。クリックすると鎖のアイコンが表示されます。

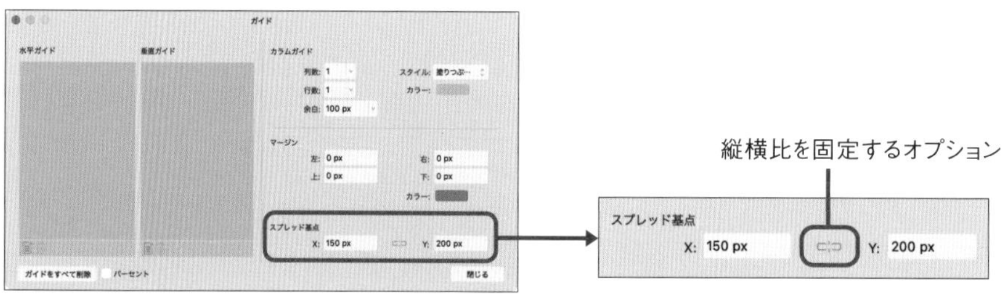

⬆ルーラーの起点を「ガイド」ウインドウで設定する

- ドキュメントウィンドウ左上にある、2つのルーラーが交差するところから、目的の位置へドラッグします。目見当での指定に向いています。

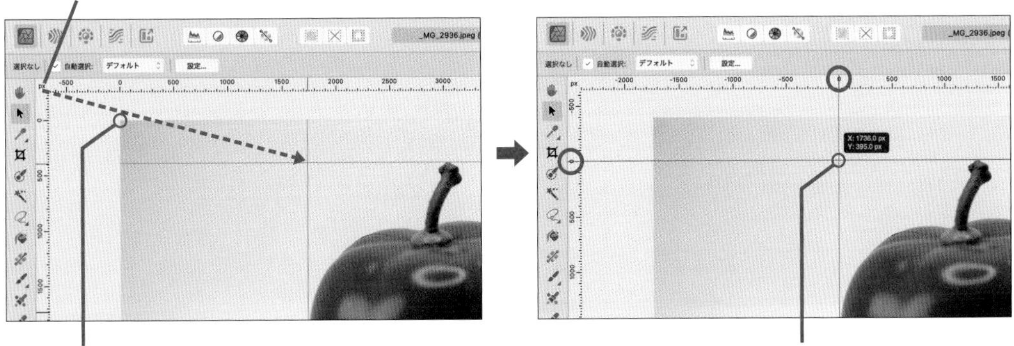

⬆ルーラーの起点をドラッグ&ドロップで移動する

ルーラーの基準を戻すには、2つのルーラーが交差するところをダブルクリックします。

++ **Note** ++

ガイドを引かなくても、レイヤーの要素のキャンバス端からの距離や、ほかの要素との間隔などを計測できます。これには、移動ツールでレイヤーを選択し、command／Ctrlキーを押しながら選択したレイヤーの要素にポインターを重ねます（クリックは不要）。複数のレイヤーを選択しても計測できます。

既存レイヤーの位置を合わせる

複数のレイヤーの位置を正確に合わせられます。これには、上端や左端などで合わせる「整列」と、等間隔に置く「等間隔配置」があります。

●●●● 整列する

整列するには、まず移動ツールを使って目的のレイヤー（あるいは、キャンバス上の要素）を選択します（複数のレイヤーを選ぶ手順はP.081「レイヤーを選ぶ」を参照）。次に、以下のいずれかの方法を実行します（複数のレイヤーを選ぶ手順は「レイヤーを選ぶ」を参照）。

- [重ね順] → [左揃え]、[上揃え] などのコマンドを使います。
- コンテキストツールバーにある整列のボタンを使います。

- ツールバーにある「行揃え」ボタンをクリックし、ウィンドウが開いたら整列のボタンを使います（本項内で後述）。

次の図は、シェイプツールを使って描いた3つのレイヤーを選び、左揃えしたところです。3つあるうちの、もっとも左にある要素に、すべての要素が揃えられています。

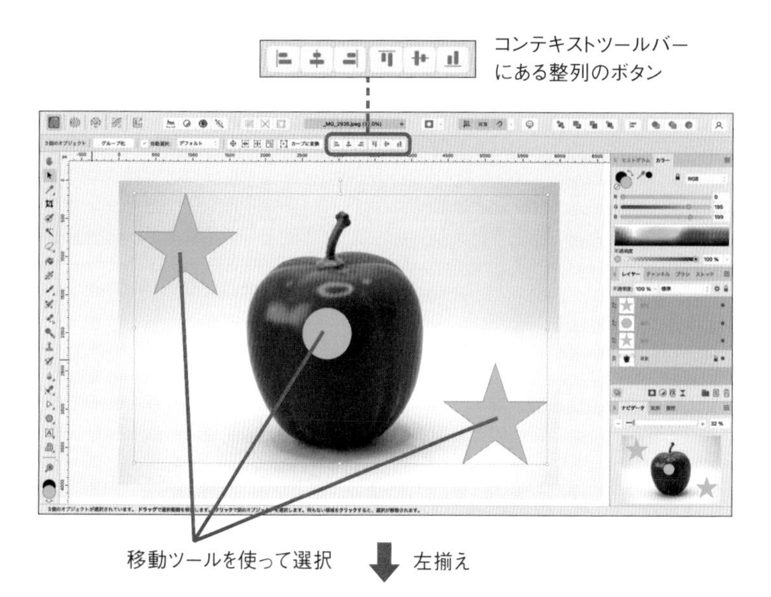

⬆レイヤーを整列する

●●●●等間隔に配置する

等間隔に配置するには、移動ツールを使って目的のレイヤー（あるいは、キャンバス上の要素）を選択し、ツールバーにある「行揃え」ボタンをクリックし、ウィンドウが開いたら等間隔配置のボタンを使います。なお、整列のボタンは、このウィンドウにもあります。

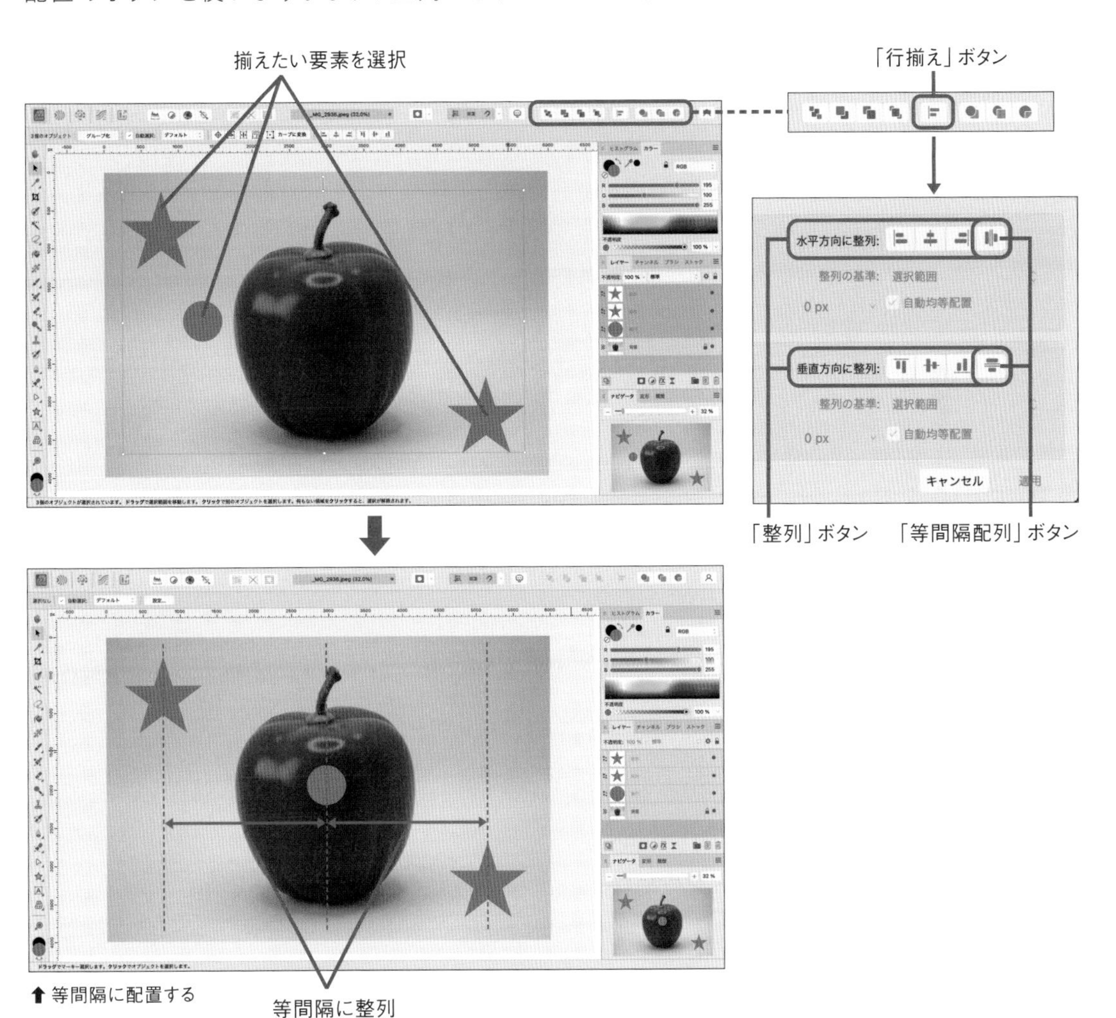

⬆等間隔に配置する

整列や配置のボタンをクリックした後、ウィンドウをそのまま閉じると実行したままになりますが、「キャンセル」ボタンをクリックすると、操作を取り消しできます。期待したとおりにならなかったときはキャンセルしましょう。

7-4

作業を途中で保存する／操作を取り消す

段階的に操作を取り消したり、再び実行するには、
一般的な取り消し／やり直し機能のほかに、操作の履歴機能を使うことができます。
これを活用すると、作業の途中で保存したり、複数の方法で編集して
その結果を比較したりできるようになります。

 履歴を使って操作を取り消す／編集結果を比較する

ドキュメントを開いてから行われた操作は、履歴として管理されます。この一覧は、履歴パネルで操作できます。

●●●● 履歴パネル

履歴パネルは次の図のようになっています。何らかの操作が行われると、編集内容の概略とともに1段階ずつ下へ追加されます。クリックすると、その段階まで戻ったり、進んだりできます。このとき、確認のウィンドウなどは表示されません。また、あらゆる操作が記録されるわけではありません。

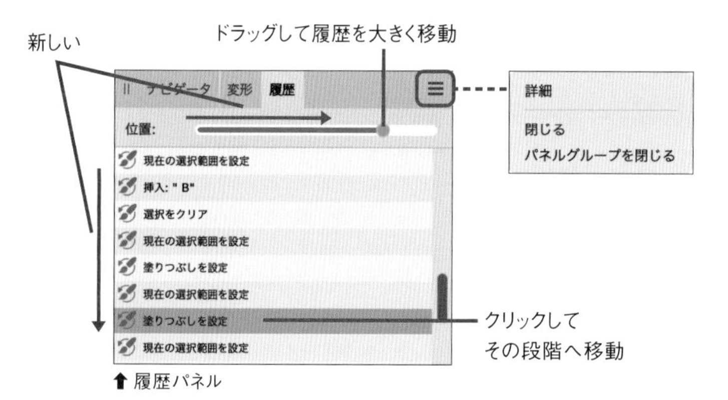

⬆ 履歴パネル

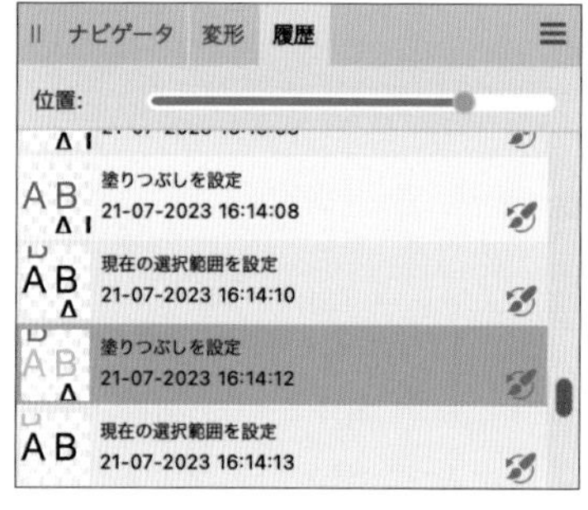

スライドバーは履歴を目分量で大きく動かすものです。操作内容の一覧をスクロールしても同じですが、ファイルを開いた（または作成した）直後の状態まで戻るには、スライダーを左端へ動かす必要があります。一覧では戻せません。

操作した内容は、プレビューや時刻も表示する詳細表示にも切り替えられます。これには、パネル右上にある☰のメニューを開いて、[詳細]を選びます。

●●●● 履歴を保存する

通常、afphoto形式で保存しても、ファイルを閉じると履歴は失われます。履歴を含めて保存したい場合は、[ファイル]→[ドキュメントに関する履歴を保存]オプションをオンにします。再度選んでオフにすると、保存していた履歴はすべて削除されます。

このオプションをオンにするとき、次の図のようなメッセージが表示されます。これはつまり、操作の履歴を残したままファイルが他人の手に渡ると、自分の制作過程が知られてしまい、テクニックの漏えいなどを招くおそれがあるという意味です。

⬆ 履歴保存のオプションをオンにするときのメッセージ

必要に応じて、自分用のファイルとは別に、共有用に名前を変えてファイルを複製し、履歴保存の機能をオフにして上書き保存するなどの対策を採るとよいでしょう。

なお、履歴保存機能を使うと、ファイルサイズが肥大化することがあります。とくに、大きなサイズの素材を扱って履歴を保存するときは注意してください。

●●●● 履歴を分岐する

履歴をさかのぼってから別の編集操作を行うと、その時点から分岐した履歴が自動的に記録されます。分岐した履歴は切り替えて表示できるので、ある時点までの作業を元にして、その後の作業を比較するのに役立ちます。

次の図は、アーティスティックテキストツールを使って分岐した履歴を比較する例です。

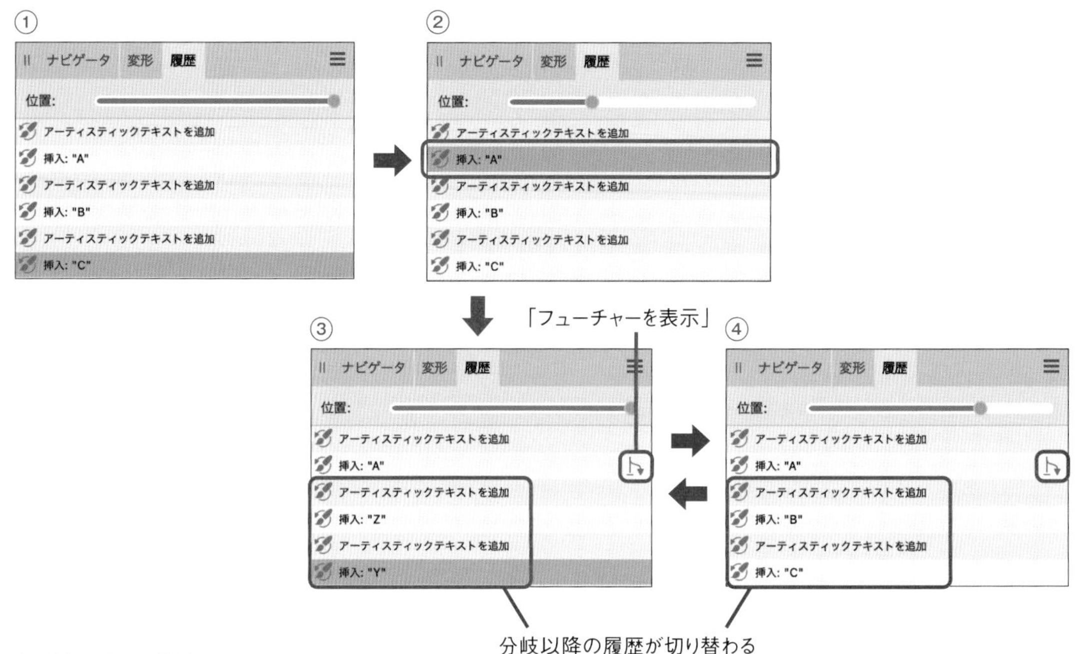

⬆ 分岐した履歴を比較する

①「A、B、C」と1文字ずつ書きます。履歴にも1文字の記入が1段階として記録されます。
② 履歴をクリックして、「A」を書いた段階まで戻ります。
③「Z、Y」と1文字ずつ書きます。「B、C」と書いた履歴と分岐され、分岐した時点に「フューチャーを表示」のアイコンが現れます。
④「A」の履歴にある「フューチャーを表示」のアイコンをクリックするたびに、「B、C」と書いたときの操作と、「Z、Y」と書いたときの操作を切り替えられます。

履歴の分岐は2つだけでなく、1つの履歴から3つ以上の分岐を行ったり、分岐した後にさらに分岐することもできます。分岐にとくに制限はないようです。

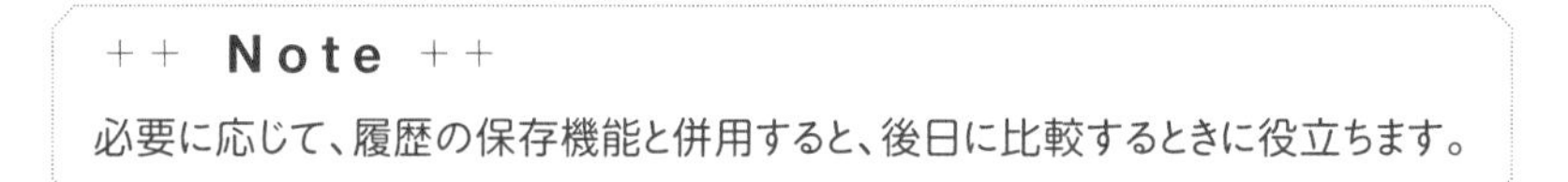
++ Note ++
必要に応じて、履歴の保存機能と併用すると、後日に比較するときに役立ちます。

作業をスナップショットとして保存する

編集作業を任意の段階で保存して、後でその段階へ戻ったり、別のドキュメントとして作成したりできます。この機能をスナップショットと呼びます。作業途中の状態を写真に撮影したように記録する機能といえます。

●●●●スナップショットパネル

スナップショットの管理には、スナップショットパネルを使います。これを開くには、[ウィンドウ]→[スナップショット]を選びます。

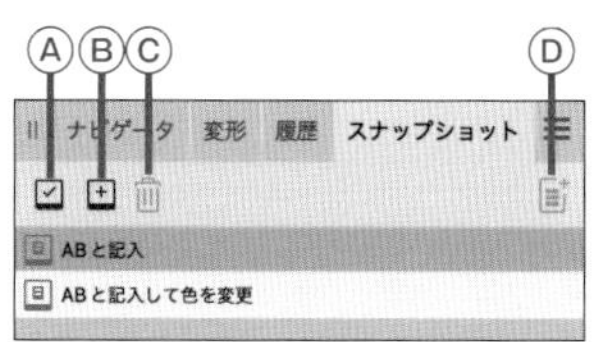

⬆ スナップショットパネル

Ⓐ選択したスナップショットを復元します。

Ⓑ現在の状態をスナップショットに保存します。ウィンドウが表示されたら名前を付けます。区別しやすいように、作業内容が分かるものにしてください。

Ⓒ選択したスナップショットを削除します。

Ⓓ選択したスナップショットを使って、名称未設定の新しいドキュメントを作ります。

スナップショットの復元や削除を行うときに、確認は行われません。すぐに操作を取り消しすれば回復できますが、場合によっては一部の作業を失うことにもなるので、注意して操作してください。復元する前に、最新の状態を保存するのもよいでしょう。

●●●●スナップショットをレイヤーとして追加する

特定のスナップショットを新しいレイヤーとして追加できます。これには、[レイヤー]→[スナップショットからの新規レイヤー]以下からスナップショットの名前を選びます。すると、新しいレイヤーが追加されます。

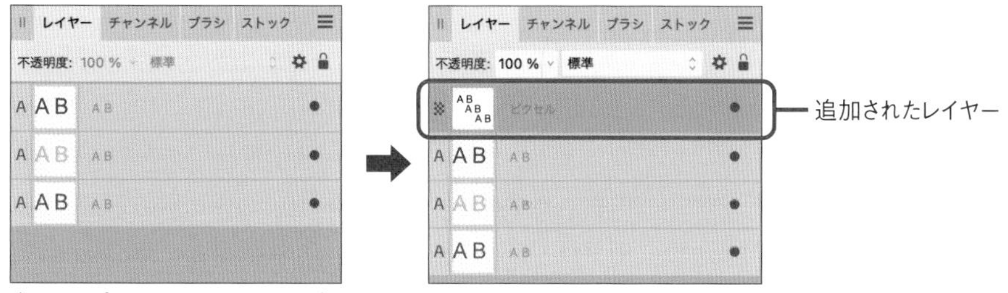

⬆ スナップショットをレイヤーとして追加する

このとき、追加されるレイヤーは1つのピクセルレイヤーに統合されることに注意してください。図の例では、ドキュメントは3つのテキストレイヤーから構成されていますが、[スナップショットからの新規レイヤー]を実行して追加されるレイヤーでは統合されているので、テキストの文字やカラーなどの変更はできません。

取り消しブラシツール

操作の段階ではなく、ブラシで塗った領域だけ取り消しできます。これには、ツールパネルの取り消しブラシツールを使います。塗りの元（ソース）には、履歴パネルやスナップショットパネルを使って、任意の段階を指定できます。

次の図では、空を選択し、塗りつぶしツールを使って何度も空の全体を塗りつぶしています。その後、取り消しブラシツールを使って、一部の領域だけを取り消しています。

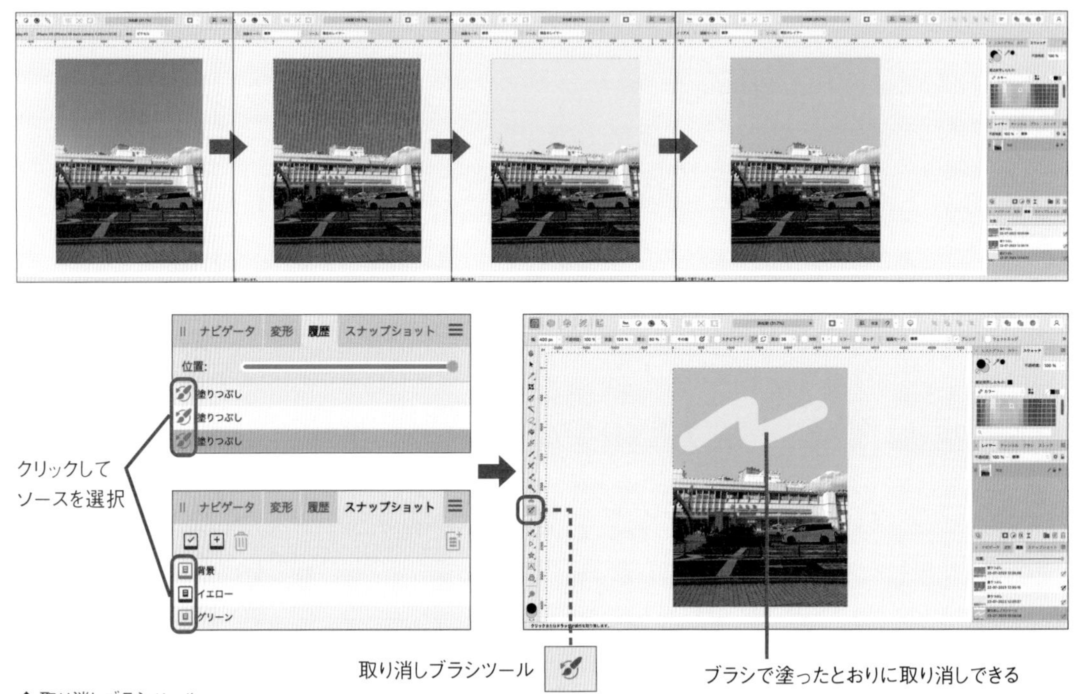

⬆ 取り消しブラシツール

ブラシの形状を選ぶには、ブラシパネルを使います（詳細はP.190のコラム「ブラシ」を参照）。塗りつぶす元を指定するには、履歴パネルのブラシのアイコン、または、スナップショットパネルの各行左端のアイコンをクリックします。履歴パネルでは作業内容が分かりづらいので、自分で名前を付けられるスナップショットパネルを使うほうがよいでしょう。

また、ブラシを使うほかのツールと同様に、キャンバスにポインターを乗せると、操作した結果をプレビューします。実際に操作する前に確認できます。

なお、取り消しブラシツールが使えるのはピクセルデータのみです。シェイプやテキストなどは取り消しできません。

7-5

カタログアプリからファイルを渡す

Affinity Photoは大量の写真を管理するカタログ機能を持っていませんが、
カタログアプリが外部編集アプリへファイルを渡す機能を持っていれば、
Affinity Photoで編集できるかもしれません。
編集を終えたら上書き保存してください。

Macの「写真」アプリから渡す場合

macOSに付属する「写真」アプリは、外部編集アプリとして、ほかのアプリを指定できます。この機能を使うと、「写真」で管理している写真ファイルを、直接Affinity Photoで開いて編集できます。

「写真」アプリで外部編集アプリを使うには、写真を選択してから、[イメージ]→[外部編集]→[Affinity Photo]を選びます。するとAffinity Photoへ切り替わって、選択していた画像が読み込まれます。

[イメージ]→[外部編集]メニューで直前に指定されたアプリは、自動的にデフォルトの外部編集アプリとして設定されます。この場合は、commnd+returnキーのショートカットが使えます。

⬆ 最後に使用した外部編集アプリは、キーボードショートカットで呼び出せる

ただし、RAW形式のファイルは、そのままAffinity Photoへ渡すことができず、TIFF形式などへ変換してから読み込まれます。

Affinity PhotoでRAW形式の現像から編集を始めたい場合は、「写真」アプリで必要な写真を選択してから、[ファイル]→[書き出す]→[～枚の写真の未編集のオリジナルを書き出す]を選び、いったん独立したファイルとして書き出します。

Windowsのカタログアプリから渡す場合

Windowsで、カタログアプリが外部編集アプリへファイルを渡す機能を持っている場合は、Affinity Photoのプログラムファイルのパス(システム上の場所)を指定すれば、利用できるでしょう。

しかし、Windows版のAffinity Photoは、「C:¥Program Files¥WindowsApps」フォルダー以下へインストールされます。このフォルダーは通常の方法ではアクセスできないように設定されているため、ほかのアプリからパスを直接指定できません。

ただし、カタログアプリからは、Affinity Photoのプログラム本体ではなく、ショートカットを使ってもファイルを渡せる場合があります。この場合は、エクスプローラーで通常の手順でアクセスできる場所にAffinity Photoのショートカットを作ってから、カタログアプリでは外部編集アプリとしてショートカットのファイルを指定すれば、利用できる可能性があります。

すべてのカタログアプリで、本書で紹介する方法で対応できるとは限りませんが、必要に応じて試してみてください。具体的な手順は以下のとおりです。

STEP 1 Affinity Photoを起動します。

STEP 2 スタートメニューを右クリックして、メニューが開いたら[タスクマネージャー]を選びます。

STEP 3 ウィンドウ左側で「プロセス」カテゴリーを選び、右側で「アプリ」の見出しから「Affinity Photo 2」を探し、右クリックしてメニューが開いたら[展開]を選びます。

STEP 4 「Affinity Photo 2」が表示されたら右クリックし、メニューが開いたら[ファイルの場所を開く]を選びます(次ページ図)。すると、Affinity Photoがインストールされているフォルダがエクスプローラーで開き、「Photo.exe」が選ばれます。

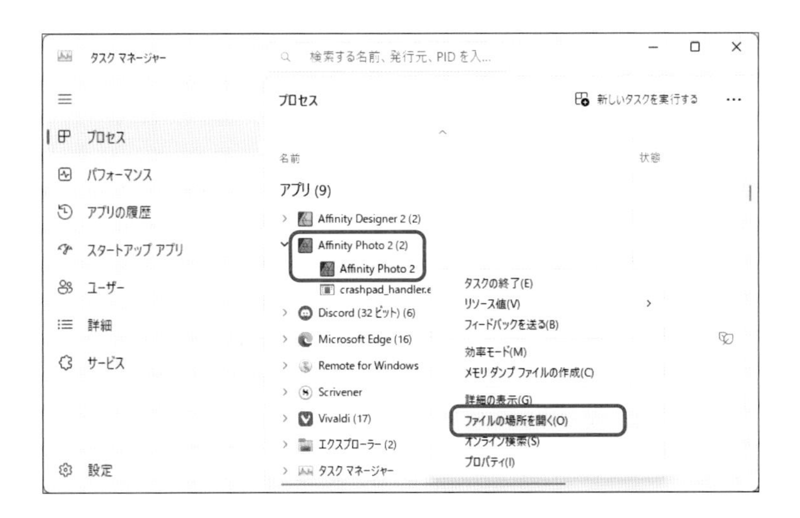

STEP 5 「Photo.exe」のショートカットを適当な場所へ作成します。たとえば、ほかのアプリと同じように扱えるようにするのであれば「C:¥ProgramFiles」がよいでしょう。これで、一般的な手順でほかのアプリから参照できるようになります。

STEP 6 カタログアプリから、前のステップで作成したショートカットファイルを、外部編集アプリとして指定します。

たとえば市川ソフトラボラトリーの「Photo ExpressViewer」では、[ファイル]→[他のアプリケーションで開く]→[アプリケーションの登録...]を選び、[登録...]ボタンをクリックして外部アプリを指定できます。

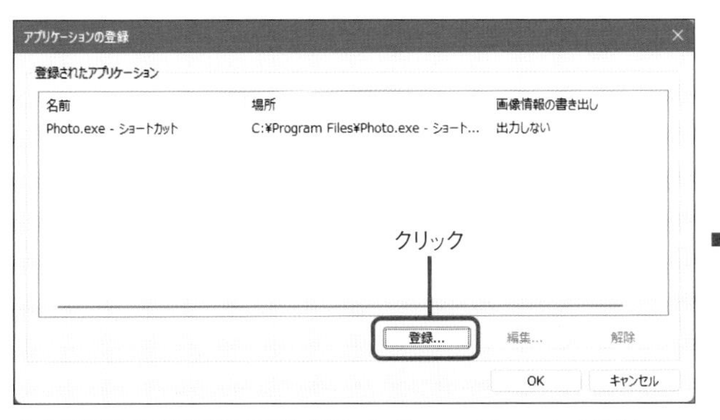

⬆ 外部編集アプリを登録する例（「Photo ExpressViewer」の場合）

カタログアプリから任意の写真を選んでAffinity Photoで編集する手順は、各アプリのヘルプなどを参照してください。なお、「Photo ExpressViewer」では、RAW形式のままファイルを渡すことができました。

INDEX

な

は

ま

や

ら

わ

向井領治　むかい・りょうじ

IT系実用書ライター、エディター。1969年、神奈川県生まれ。信州大学人文学部卒。パソコンショップや出版社などの勤務を経て、96年よりフリー。

単著は『独習Notion』（ラトルズ）、『考えながら書く人のためのScrivener入門　for Windows』（ビー・エヌ・エヌ）、『はじめての技術書ライティング』（インプレスR&D）など。本書で32点目になる。共著は『ノンプログラマーなMacユーザーのためのGit入門 ～知識ゼロでスタート、ゴールはGitHub～』（大津真との共著、ラトルズ）など31点。

Web：mukairyoji.com

Affinity Photoによる画像補正・編集入門　2.1対応

2023年10月31日　初版第1刷発行

◉著者　　向井領治
◉装丁デザイン　小川事務所
◉編集　　ピーチプレス株式会社
◉DTP　　ピーチプレス株式会社

◉発行者　山本正豊
◉発行所　株式会社ラトルズ

〒115-0055　東京都北区赤羽西4丁目52番6号
TEL　03-5901-0220（代表）　　FAX　03-5901-0221
https://www.rutles.co.jp/

◉印刷・製本　株式会社ルナテック

ISBN978-4-89977-535-5